JIADIAN WEIXIU

家电维修

从入门到精通

CONG RUMEN DAO JINGTONG

韩雪涛 主 编

吴 瑛 韩广兴 副主编

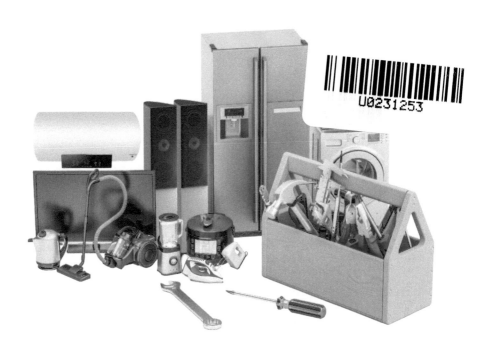

U0231253

化学工业出版社

·北京·

内容提要

本书采用全彩图解的方式按照家电维修的技术要求，全面系统介绍家电维修基础和维修技能。内容分为两篇：第 1 篇为家电维修入门基础，主要介绍家电维修基本方法和安全注意事项、家电产品电路识图、维修工具和仪表、家电产品中电子元器件和功能部件的检测及家电产品中单元电路的识读与检测；第 2 篇为家电维修实战，主要介绍各种家电产品的维修技能及常见故障排除。

本书内容全面系统，由基础到实战，注重实用性和可操作性，全书采用图解和微视频相结合的方式，在重要的知识和技能处附有相应二维码，读者用手机扫描二维码即可观看维修视频，辅助学习书本知识。

本书可供家电维修人员学习使用，也可供职业院校、培训学校相关专业师生学习参考。

图书在版编目（CIP）数据

家电维修从入门到精通 / 韩雪涛主编. —北京：化学工业出版社，2020.8（2024.8 重印）
ISBN 978-7-122-36647-4

Ⅰ.①家… Ⅱ.①韩… Ⅲ.①日用电气器具 - 维修 Ⅳ.① TM925.07

中国版本图书馆 CIP 数据核字（2020）第 079907 号

责任编辑：李军亮　徐卿华　耍利娜　万忻欣　　　　装帧设计：刘丽华
责任校对：杜杏然

出版发行：化学工业出版社（北京市东城区青年湖南街13号　邮政编码100011）
印　　装：北京虎彩文化传播有限公司
787mm×1092mm　1/16　印张21½　字数534千字　2024年8月北京第1版第5次印刷

购书咨询：010-64518888　　　　　　　　　　售后服务：010-64518899
网　　址：http://www.cip.com.cn
凡购买本书，如有缺损质量问题，本社销售中心负责调换。

定　　价：99.00元　　　　　　　　　　　　　　　　版权所有　违者必究

前　言

家用电子产品的发展带动了电子产品设计、生产、销售、维修等一系列产业的繁荣。特别是近几年，随着新技术、新器件、新工艺的应用使得家电产品的品种数量不断增加。为适应社会的需要，各种各样的家电产品不断被研发，推向市场，为我们的工作生活提供方便。这些变化为家电产品生产、调试、销售、维修领域提供了广阔的就业机会，特别是家电维修领域，提供了大量的就业岗位。

面对如此丰富的家电市场，如何能够在短时间内学会家电维修的专业知识，掌握维修家电产品的技能，成为摆在从业人员面前的首要难题。而且，随着技术的发展，家电产品的电路智能化程度越来越高，家电产品的更新换代速度也越来越快。如何能够使知识和技能紧跟市场是摆在从业者面前的又一大难题。

针对上述情况，我们根据国家相关的职业标准，按照家电维修的技术要求，特别编写了《家电维修从入门到精通》。本书将目前市场上流行的家用电子产品囊括其中。从家电维修的基础电路知识入门，系统、全面地讲解了电子电路的知识；元器件的种类、特点及检测方法；电子电路的识图方法与技巧等基础知识。并在此基础上，分别介绍不同类型家电的维修知识和维修方法。

本书采用图解的方式，将家电维修中的知识点和技能操作环节通过图解演示的方式呈现，非常直观，方便读者学习。

为了便于学习和查阅，本书对原始电气线路中不符合国家标准规定的图形及文字符号未作修改，以便读者在学习工作中进行对照，准确查找，在此特别加以说明。

本书由数码维修工程师鉴定指导中心组织编写，由全国电子行业专家韩广兴教授亲自指导，编写人员有行业工程师、高级技师和一线教师，可以将学习和实践中的重点、难点一一化解，大大提升学习效果。另外，本书充分结合多媒体教学的特点，首先，图书在内容的制作上进行多媒体教学模式的创新，将传统的"读文"学习变为"读图"学习。其次，图书还采用了数字媒体与传统纸质载体交互的教学方式。读者可以通过手机扫描书中的二维码，同步实时学习对应知识点的数字媒体资源。数字媒体教学资源与图书的图文资源相互衔接，相互补充，充分调动学习者的主观能动性，确保学习者在短时间内获得最佳的学习效果。

本书由韩雪涛任主编，吴瑛、韩广兴任副主编，参加本书内容整理工作的还有张丽梅、宋明芳、朱勇、吴玮、吴惠英、张湘萍、高瑞征、韩雪冬、周文静、吴鹏飞、唐秀鸾、王新霞、马梦霞、张义伟、黄博翔。

如果读者在学习和考核认证方面有什么问题，可通过以下方式与我们联系：

数码维修工程师鉴定指导中心

联系电话：022-83718162/83715667/13114807267

E-mail：chinadse@163.com

地址：天津市南开区榕苑路 4 号天发科技园 8-1-401

邮编 300384

编者

目录

第1篇　家电维修入门基础

第1章　家电产品检修的基本方法和安全注意事项

第2章　家电产品电路识图

第3章　家电检修工具仪表的功能应用

第4章　家电产品中电子元器件的检测

第5章 家电产品中功能部件的检测

第6章 家电产品中单元电路的识读与检测

第 2 篇　家电维修实战

第7章　液晶电视机维修

第8章　CRT 彩色电视机维修

第9章　组合音响维修

第10章　空调器维修

第11章 电冰箱维修

第12章 洗衣机维修

第13章 电磁炉维修

第18章 空气净化器维修

第19章 加湿器维修

第20章 榨汁机维修

第21章 豆浆机维修

第22章 吸尘器维修

第23章 电风扇维修

第24章 电吹风机维修

第25章 智能手机维修

第1篇

家电维修入门基础

家电产品检修的基本方法和安全注意事项

1.1 家电产品检修的基本方法

1.1.1 家电产品检修的基本规律

检修家电产品时主要应遵循基本的检修顺序和基本的检修原则两大规律。

（1）家电产品的基本检修顺序

由于不同电子产品的电路和结构的复杂性不同，因此在实际检修过程中，仅靠分析和诊断还不能完全判断出故障的确切位置，还需要检测和调整。

对于初学电子产品检修的人员来说，遇到故障机时，首先要了解故障现象，然后分析故障现象和推断故障，进而对可疑电路或电气部件进行检测，最终排除故障，如图 1-1 所示。

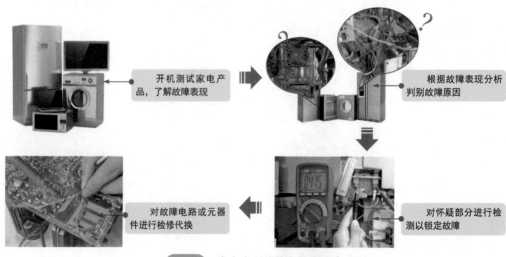

图 1-1　家电产品的基本检修顺序

无论检修何种家电产品，在检修之前，必须要了解故障表现，确定故障症状。

在确定故障时，不要急于动手拆卸家电产品，也不要盲目使用测量仪表或工具对电路进行测量，而是要认真做一次直观检查，观察家电产品工作的环境是否正常，并注意向用户询问故障症状，然后结合用户的描述，在确保安全的前提下，可对故障机进行通电试机操作。通过操控家电产品上的键钮开关，可进一步明确故障表现。

通常，维修人员首先要向用户了解机器购买的时间及使用时间。

其次向用户询问使用情况，根据用户的使用习惯一般可以找到故障的症结。

最后就是询问用户该机器是否有过检修历史，当时故障情况如何、哪里的问题、是否修好、前次检修距现在多长时间等。

通过这些细致的咨询，可缩小故障查找的范围，降低检修难度。

在故障推断环节，对于电路结构复杂的家电产品，检修人员可借助电路图纸来分析和判断。

例如，对于彩色电视机，可通过电路图纸掌握彩色电视机电路的结构组成，进而将复杂的电路图划分成电视信号接收电路部分、音频电路部分、视频电路部分、控制电路部分、电源电路部分及显像管电路部分。如果待修彩色电视机出现控制失常的故障时，便可重点分析控制电路是否存在故障；若待修彩色电视机只是声音失常时，则可重点分析音频电路是否存在故障。

这样就可对单元电路中的信号流程进行细致分析，结合实际故障表现，对照电路板搞清引发故障的原因，做好检修计划。

接下来可借助万用表、示波器等检测仪表对怀疑电路或组成器件进行测量以锁定故障，这也是家电检修中的主要环节。

通常，为便于查找故障，可将被测电路沿信号流程逐级划分若干个检测点，然后使用示波器或万用表对电路中的主信号（电压或电流）进行逐级检测。若检测信号（电压或电流）正常，则说明该部分电路正常，继续对下一个检测点进行测量，直至发现故障，便可将故障锁定在很小的区域。

锁定了故障范围，便可使用万用表对该电路范围中的重点怀疑元器件进行测量，一般便可找到故障来源，如图1-2所示。

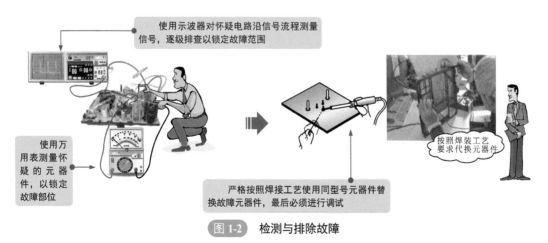

使用示波器对怀疑电路沿信号流程测量信号，逐级排查以锁定故障范围

使用万用表测量怀疑的元器件，以锁定故障部位

严格按照焊接工艺使用同型号元器件替换故障元器件，最后必须进行调试

按照焊装工艺要求代换元器件

图1-2　检测与排除故障

一旦确定了故障根源，就进入排除故障的环节。对于故障的排除要严格遵循检修规范，

本着经济、稳妥、安全的原则，对故障电路或元器件进行修复或代换。

（2）家电产品的基本检修原则

检修时，掌握基本的检修原则可有效降低检修难度，减少检修成本，提高检修效率。图1-3为家电产品的基本检修原则。

| 先"静"后"动"的原则 | 首先，故障机要先"静"后"动"。先不通电检测，多通过观察找到故障线索，然后通电检测。
其次，检修人员要先"静"后"动"。先冷静分析，结合掌握的图纸资料对照故障表现冷静分析，确定检修方案后再动手操作。 |

| 先"外"后"内"的原则 | 先排除家电产品自身意外的故障，如电源线是否良好、连接插头是否插接到位、家电产品上的功能键钮是否在正常状态等。先排除掉外部原因后，再检查家电产品自身。 |

| 先"共"后"专"的原则 | 在检修电路时，要先考虑共用的电路，如电源电路、控制电路等，再考虑家电产品专用的功能电路。 |

| 先"多"后"少"的原则 | 分析故障原因时，要首先考虑最常见的多发性原因，再考虑罕见型产品所表现的故障存在一定的共通性。先考虑常见的多发性原因会大大提升检修的效率。 |

图 1-3　家电产品的基本检修原则

1.1.2　家电产品检修的常用方法

常见的家电产品在检修时，用到的方法主要有直观检查法、对比代换法、信号注入法和电阻与电压检测法。

（1）直观检查法

直观检查法是检修判断过程的第一步，也是最基本、最直接、最重要的一种方法，主要是通过看、听、嗅、摸来判断故障可能发生的原因和位置，记录其发生时的故障现象，从而有效地制定解决办法。图1-4为采用直观检查法检查家电产品的明显故障。

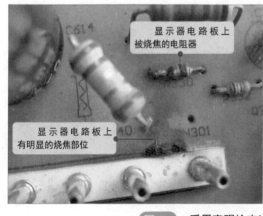
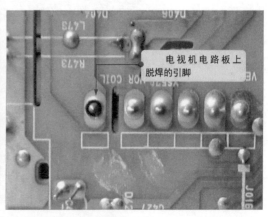

显示器电路板上被烧焦的电阻器

显示器电路板上有明显的烧焦部位

电视机电路板上脱焊的引脚

图 1-4　采用直观检查法检查家电产品的明显故障

① 观察家电产品是否有明显的故障现象，如是否存在元器件脱焊断线及印制板有无翘起、裂纹等现象，以此缩小故障的范围。

② 听产品内部有无明显声音，如继电器吸合、电动机磨损噪声等。

③ 打开外壳后，依靠嗅觉来检查有无明显烧焦等异味。

④ 利用手触摸元器件，如晶体管、芯片是否比正常情况下发烫或松动，机器中的机械部位有无明显卡紧无法伸缩等，如图 1-5 所示。

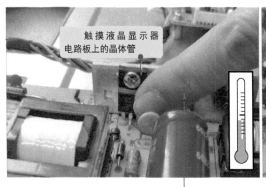

触摸液晶显示器电路板上的晶体管

在采用触摸法时，应特别注意安全，一般可将机器通电一段时间，切断电源后，再触摸检查

触摸彩色电视机电路板上的芯片

图 1-5　采用触摸法检查家电产品是否存在故障

（2）对比代换法

对比代换法是用好的部件去代替可能有故障的部件，以判断故障可能出现的位置和原因。

例如，检修电磁炉等产品时，若怀疑 IGBT（电磁炉中关键的器件）故障，则可用已知良好的晶体管代换，如图 1-6 所示。若代换后故障被排除，则说明可疑元器件确实损坏；如果代换后故障依旧，则说明可能另有原因，需要进一步核实检查。

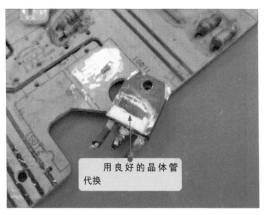

拆焊电路板上怀疑的故障元器件

用良好的晶体管代换

图 1-6　使用对比代换法代换电磁炉中的 IGBT

使用对比代换法时还应该注意以下几点。

① 依照故障现象判断故障　根据故障现象类别来判断是不是由某一个部件引起的故障，

从而考虑需要代换的部件或设备。

② 按先简单再复杂的顺序进行代换　家电产品通常发生故障的原因是多方面的，而不是仅仅局限于某一点或某一个部件上，在使用代换法检测故障而又不明确具体的故障原因时，则要按照先简单后复杂的代换法来进行代换。

③ 优先检查供电故障　优先检查怀疑有故障部件的电源、信号线，其次代换怀疑有故障的部件，接着是代换供电部件，最后是代换与之相关的其他部件。

④ 重点检测故障率高的部件　经常出现故障的部件应最先考虑。若判断可能是由于某个部件所引起的故障，但又不敢肯定是否一定是由此部件引起的故障时，可以先用好的部件代换以便进行测试。

（3）信号注入法

信号注入法是应用最为广泛的一种检修方法，具体的方法是，为待测设备输入相关的信号，通过对该信号处理过程的分析和判断，检查各级处理电路的输出端有无该信号，从而判断故障所在。

该方法遵循的基本判断原则即为，若一个元器件输入端信号正常而无输出，则可怀疑该元器件损坏（注意，有些元器件需要为其提供基本工作条件，如工作电压，只有在输入信号和工作电压均正常的前提下，无输出时，才可判断为该元器件损坏）。

图 1-7 为采用信号注入法检修彩色电视机。

VCD的AV输出信号送到电视机AV输入端，为其提供音频、视频信号

待检测的彩色电视机

利用示波器检测彩色电视机电路板测试点波形

检彩色电视机电路板背面

利用VCD/DVD作为信号源

示波器

图 1-7　采用信号注入法检修彩色电视机是否正常

（4）电阻与电压检测法

电阻检测法是指在断电状态下，使用万用表检测怀疑元器件的阻值，并根据检测结果判断待测设备中的故障范围或故障元器件。图 1-8 为采用电阻检测法测量家电产品中元器件的阻值。

电压检测法是指在通电状态下，使用万用表检测怀疑电路中某部位或某元器件引脚端的电压值，并根据检测结果判断待测设备中的故障范围或故障元器件。

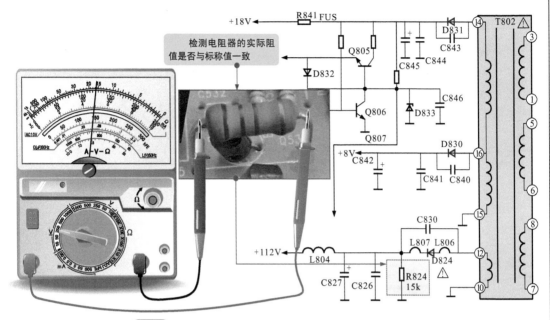

图 1-8　采用电阻检测法测量家电产品中元器件的阻值

1.2

家电产品检修的安全注意事项

1.2.1　家电产品检修过程中的设备安全

在家电产品检修过程中需要注意设备的安全，如拆装过程、检测过程、焊接过程及代换过程中的设备安全。

（1）家电产品拆装过程中安全注意事项

家电产品在拆装过程中，需要注意的安全事项主要有操作环境的安全和操作过程中的安全。在拆卸家电产品前，首先需要对现场环境进行清理，拆装一些电路板集成度比较高、采用贴片式元器件较多的家电产品时，应采取相应的防静电措施，如操作台采用防静电桌面、佩戴防静电手套、手环等，如图 1-9 所示。

很多家电产品外壳采用卡扣卡紧，在拆卸外壳时，首先注意先"感觉"一下卡扣的位置和卡紧方向，必要时应使用专业的撬片（如拆卸液晶显示器、手机时），避免使用铁质工具强行撬开，否则会留下划痕，甚至会造成外壳开裂，影响美观。除此之外，还应注意将外壳轻轻提起一定缝隙，通过缝隙观察外壳与电路板之间是否连接有数据线缆，再进行相应操作，如图 1-10 所示。

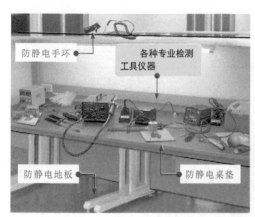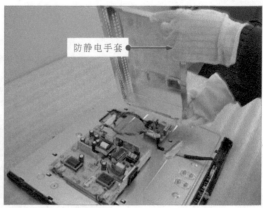

防静电手环　　各种专业检测
　　　　　　　工具仪器

防静电手套

防静电地板　　　防静电桌垫

图 1-9　防静电操作环境及防静电设备

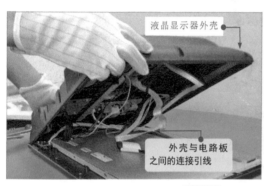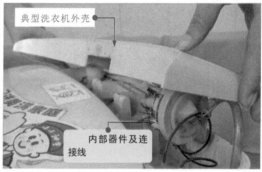

液晶显示器外壳

典型洗衣机外壳

外壳与电路板
之间的连接引线

内部器件及连
接线

图 1-10　拆卸外壳时的注意事项

拆卸部件时，应先整体观察所拆器件与其他电路板之间是否有引线连接、弹簧、卡扣等，并注意观察与其他部件或电路板之间的安装关系、位置等，防止安装不当引起的故障。图 1-11 为拆卸家电产品典型部件时的注意事项。

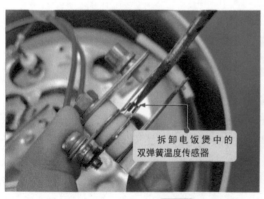

拆卸电风扇中
的启动电容

拆卸电饭煲中的
双弹簧温度传感器

图 1-11　拆卸家电产品部件时的注意事项

在插拔内部接插件时，一定要用手抓住插头后再插拔，不可抓住引线直接拉拽，以免造成连接引线或接插件损坏。另外，插拔时还应注意插件的插接方向，如图 1-12 所示。

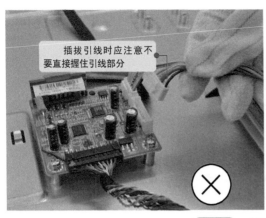
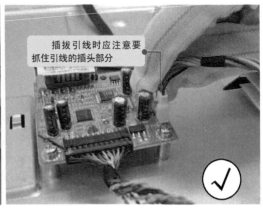

图 1-12　插拔时的注意事项

（2）家电产品检测过程中安全注意事项

为了防止在检测过程中出现新的故障，除了遵循正确的操作规范和保持良好的习惯外，针对不同类型元器件的检测应采取相应的安全操作方法。下面分别针对分立元器件、贴片元器件和集成电路介绍具体的检测注意事项。

分立元器件是指普通直插式的电阻、电容、晶体管、变压器等，在动手对这些元器件进行检修前需要首先了解其基本的检修注意事项。

静态环境下检测分立元器件是指在不通电状态下的检测。在这种环境下的检测较为安全，但对于大容量的电容器等元器件，即使在静态环境下检测，在检测之前也需要对其进行放电操作。因为大容量电容器存储有大量电荷，若不放电直接检测，则极易造成设备损坏。

图 1-13 为在检测数码相机中电容器的错误操作。

该电容器在检测前由于未经放电处理，电容器内大量电荷在两表笔接触引脚的瞬间产生"火球"，对测量造成一定程度的危害。

正确方法是在检测之前用一只小电阻与电容器两引脚相接，释放掉存储于电容器中的电荷，防止在检测时发生此类危险事故。

图 1-13　检测电容器时的错误操作

在通电检测元器件时，通常是检测其电压及信号波形，此时需要将检测仪器的相关表笔或探头接地，首先找到准确的接地点后再测量，即测量前可了解电路板上哪一部分带有交流220V电压，通常与交流火线相连的部分被称为"热地"，不与交流220V电源相连的部分被称为"冷地"，如图1-14所示。

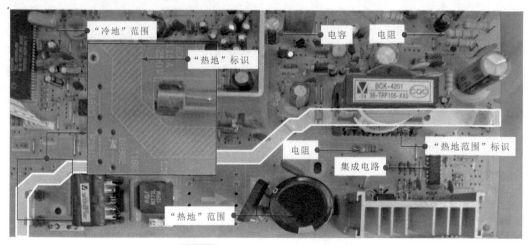

图 1-14 "热地、冷地"区域标识

除了要注意电路板上的"热地"和"冷地"外，还要注意在通电检修前要安装隔离变压器，严禁在无隔离变压器的情况下，用已接地的示波器检测"热地"区域内电路元器件的信号波形，检测与交流市电相连接的电路时，由于该电路未与交流市电隔离，会产生触电危险，因此对被测电路应使用隔离变压器进行供电，避免元器件的损坏，避免人身触电事故发生。

检测时，接地安全操作是非常重要的，应首先将仪器、仪表的接地端接地，避免测量时误操作引起短路的情况。若某一电压直接加到晶体管或集成电路的某些引脚上，则可能会将元器件击穿损坏。正确的操作方法如图1-15所示。

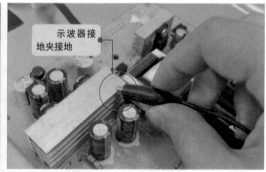

图 1-15 检测设备接地端接地

另外，在检修过程中，不要佩戴金属饰品，如有人带着金属手链检修液晶显示器时，手链滑过电路板会造成某些部位短路，损坏电路板上的晶体管和集成电路，使故障扩大。

（3）家电产品焊装过程中安全注意事项

在家电产品的检修过程中，元器件代换是检修中的关键步骤，在该步骤中经常会使用到电烙铁、吸锡器等焊接工具，由于焊接工具在通电的情况下使用并且温度很高，因此检修人员要正确使用焊接工具，以免烫伤。图1-16为焊接工具的正确使用方法。

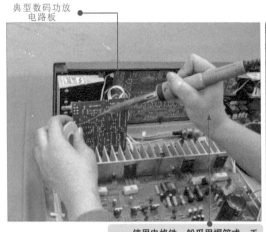

典型数码功放电路板

使用热风焊枪时需要垂直放置在待焊元器件的上方，使其均匀受热

典型数码影碟机电路板

使用电烙铁一般采用握笔式，手不要碰触到电烙铁头金属部分

图 1-16   焊接工具的正确使用方法

焊接工具使用完毕后，要将电源切断，放到不易燃的容器或专用电烙铁架上，以免因焊接工具温度过高而引起易燃物燃烧，引起火灾。

另外，焊接场效应管和集成电路时，应先把电烙铁的电源切断后再进行，以防电烙铁漏电造成元器件损坏。通电检查功放电路部分时，不要让功率输出端开路或短路，以免损坏厚膜块或晶体管。

（4）电子元器件代换过程中安全注意事项

初步判断故障后，代换损坏器件是检修中的重要步骤，在该步骤中需要特别注意的是要保证代换的可靠性。

更换大功率晶体管和厚膜块时，要装上散热片。若晶体管底板不是绝缘的，则应注意安装云母绝缘片，如图1-17所示。

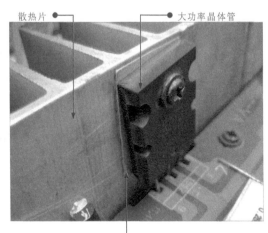

散热片   大功率晶体管

散热片   大功率晶体管

更换功放设备中的大功率晶体管时要安装在散热片上

云母绝缘片

图 1-17   更换大功率晶体管时的注意事项

代换一般的电阻器、电容器等元器件时，应尽量选用与原元器件参数、类型、规格相同的元器件。另外，选用元器件代换时应注意元器件质量，切忌不可贪图便宜使用劣质产品。对于一些没有代换件的集成电路和厚膜块等，需要采用外贴元器件修复或用分立元器件来模拟替代时，也要反复试验，确认其工作正常，确保其可靠后才能代换或改动。

更换损坏的元器件后，不要急于开机验证故障是否被排除，应注意检测与故障元器件相关的电路，防止存在其他故障未被排除，在试机时，再次烧坏所代换上的元器件。例如，在检查电视机电路时发现电源开关管、行输出管损坏后，更换新管的同时要注意行输出变压器是否存在故障，可先检测行输出变压器，更换新管后，开机一会儿即关机，用手摸一下开关管、行输出管是否烫手，若温度高，则要进一步检查行输出变压器，否则会再次损坏开关管、行输出管。

（5）家电产品维修过程中的安全操作规程

仪表是维修工工作中必不可少的设备，在较大的维修站，设备的数量和品种比较多。通常要根据各维修站的特点，制定自己的仪表使用管理及操作规程。每种仪表都应有专人负责保管和维护。使用要有手续，主要是保持设备的良好状态，此外还要考虑使用时的安全性（人身安全和设备安全两个方面）。

检测设备通常还要经常进行校正，以保证测量的准确性。每种设备都应有安全操作规程和使用说明书。使用设备前应认真阅读使用说明书及注意事项，使用后应有登记，注明时间及工作状态。特殊设备使用前，还应对使用人员进行培训。

1.2.2 家电产品检修过程中的人身安全

由于检修家电产品常常需要整机拆卸、带电检测和焊接操作，因此除注意设备安全外，还要特别注意人身安全。

如图 1-18 所示，对于一些体积较大的家电产品，在拆卸过程中，常常由于电器使用时间较长或机体衔接处生锈、卡死等情况造成拆卸困难，此时检修人员一定不要着急，可使用润滑松锈剂辅助拆卸，切忌盲目大力操作，否则常常会因用力过猛无法控制动作，导致划伤、磕伤的事故。

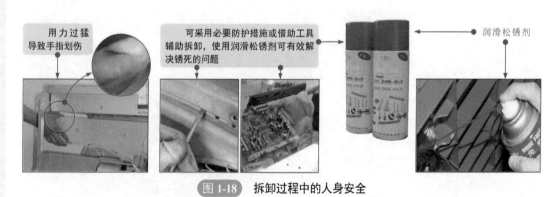

图 1-18 拆卸过程中的人身安全

如图 1-19 所示，目前现代家电产品多采用开关电源，由于电路的特点和结构的差异，使得电路板整体或局部带电。为确保安全，检修人员最好采用 1∶1 隔离变压器，将故障家电与交流市电完全隔离，保证人身安全。另外，在更换元器件或电路板之前，一定要在断电的情况下进行，以防触电。

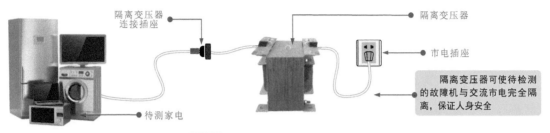

隔离变压器连接插座

隔离变压器

市电插座

待测家电

隔离变压器可使待检测的故障机与交流市电完全隔离，保证人身安全

图 1-19 人身安全隔离防护示意图

家电产品电路识图

2.1 家电产品电路图与实物的对应关系

2.1.1 家电产品中的电阻元件

电阻元件是家电产品中最基本、最常用的电子元器件之一。它利用自身对电流的阻碍作用，可以通过限流电路为其他电子元器件提供所需的电流，通过分压电路为其他电子元器件提供所需的电压。电阻种类很多，根据功能和应用领域的不同，主要可以分为阻值固定电阻器和阻值可变电阻器两大类。

（1）阻值固定电阻器

固定电阻通常按照结构和外形可分为炭膜电阻器、金属膜电阻器、金属氧化膜电阻器、合成炭膜电阻器、玻璃釉电阻器、水泥电阻器、排电阻器、熔断电阻器以及实心电阻器。

常见几种阻值固定电阻器的种类特点见表 2-1。

表 2-1 常见几种阻值固定电阻器的种类特点

名称和符号	外形	特点	规格
炭膜电阻器（RT） —▭—		炭膜电阻器就是将炭在真空高温的条件下分解的结晶炭蒸镀沉积在陶瓷骨架上制成的，这种电阻的电压稳定性好，造价低，在普通电子产品中应用非常广泛	其额定功率主要有：1/8W，1/4W，1/2W，1W，2W，3W 等几种

名称和符号	外形	特点	规格
金属膜电阻器 （RJ） ——▭——		金属膜电阻器是将金属或合金材料在真空高温的条件下加热蒸发沉积在陶瓷骨架上制成的电阻。这种电阻器具有较高的耐高温性能、温度系数小、热稳定性好、噪声小等优点	其额定功率主要有：1/8W，1/4W，1/2W，1W，2W 等几种
金属氧化膜电阻器 （RY） ——▭——		金属氧化膜电阻器就是将锡和锑的金属盐溶液进行高温喷雾沉积在陶瓷骨架上制成的。比金属膜电阻更为优越，具有抗氧化、耐酸、抗高温等特点	其额定功率主要有：1/4W，1/2W，1W，2W，3W，4W，5W，7W，10W 等
合成炭膜电阻器 （RH） ——▭——		合成炭膜电阻器是将炭黑、填料还有一些有机黏合剂调配成悬浮液，喷涂在绝缘骨架上，再进行加热聚合而成的。合成炭膜电阻器是一种高压、高阻的电阻器，通常它的外层被玻璃壳封死	阻值范围：$10 \sim 10^6 M\Omega$。一般额定功率为：1/8W，1/4W，1/2W，1W，2W，5W，10W
玻璃釉电阻器 （RI） ——▭——		玻璃釉电阻器就是将银、铑、钌等金属氧化物和玻璃釉黏合剂调配成浆料，喷涂在绝缘骨架上，再进行高温聚合而成的，这种电阻具有耐高温、耐潮湿、稳定、噪声小、阻值范围大等特点	阻值范围：$4.7 \sim 200M\Omega$。一般额定功率为：1/8W，1/4W，1/2W，1W，2W；大功率有 500W
水泥电阻器 ——▭——		水泥电阻器是采用陶瓷、矿质材料封装的电阻器件，其特点是功率大，阻值小，具有良好的阻燃、防爆特性	其额定功率主要有：2W，3W，4W，5W，10W，15W，20W 等几种
排电阻器 ┌─▭─▭─•••─▭─┐		排电阻器（简称排阻）是一种将多个分立的电阻器按照一定规律排列集成为一个组合型电阻器，也称集成电阻器或电阻器网络	排电阻规格按照其排列电阻形式和数量决定其额定功率的大小
熔断电阻器 ——▭——		熔断电阻器又叫保险丝电阻器，具有电阻器和过流保护熔断丝双重作用，在电流较大的情况下熔化断裂从而保护整个设备不受损坏	额定功率有：1/4W，1/2W，1W，2W，3W 等几种；阻值：0.33Ω、0.38Ω、0.68Ω

名称和符号	外形	特点	规格
实心电阻器 —▭—		实心电阻器是由有机导电材料或无机导电材料及一些不良导电材料混合并加入黏合剂后压制成的。这种电阻器通阻值误差较大，稳定性较差，因此目前电路中已经很少采用	额定功率有：1/4W，1/2W，1W，2W，5W；阻值范围：2.2Ω～22MΩ
熔断器 —▭— 或 —〰—	熔断器	熔断器又称保险丝，阻值接近零，是一种安装在电路中，保证电路安全运行的电器元件。它会在电流异常升高到一定的强度时，自身熔断切断电路，从而起到保护电路安全运行的作用	其额定电流主要有 2A，3A，5A，10A 等，电阻值为 0Ω

（2）阻值可变电阻器

阻值可变电阻器主要有两种，一种是可变电阻器，这种电阻器的阻值可以根据需要人为调整；另一种是敏感电阻器，这种电阻器的阻值会随周围环境的变化而变化。

① 可变电阻器　常见几种阻值可变电阻器的种类特点见表 2-2。

表 2-2　常见几种阻值可变电阻器的种类特点

名称和符号	外形	特点	规格
可调电阻器（RP） —⟍▭—		可变电阻器的阻值是可以调整的，常用在电阻值需要调整的电路中，如电视机的亮度调谐器件或收音机的音量调节器件等。该电阻器由动片和定片构成，通过调节动片的位置，改变电阻值的大小	常用 ● 0.5～1W ● 1～100kΩ
线绕电位器 —⟍▭—		线绕电位器是用铜镍合金丝和镍铬合金丝绕在一个环状支架上制成的。具有功率大、耐高温、热稳定性好且噪声低的特点，阻值变化通常是线性的，用于大电流调节的电路中。但由于电感量大，不宜用在高频电路场合	常用 ● 4.7～100kΩ
炭膜电位器 —⟍▭—		炭膜电位器的电阻体是在绝缘基体上蒸涂一层炭膜制成的。具有结构简单、绝缘性好、噪声小且成本低的特点，因而广泛用于家用电子产品	常用 ● 1W ● 4.7～100kΩ

名称和符号	外形	特点	规格
合成炭膜电位器		合成炭膜电位器是由石墨、石英粉、炭黑、有机黏合剂等配成的一种悬浮液，涂在纤维板或胶纸板上制成的。具有阻值变化连续、阻值范围宽、成本低，但对温度和湿度的适应性差等特点。常见的片状可调电位器、带开关电位器、精密电位器等都属于此类电位器	常用 ● 0.5～1 W ● 4.7～100kΩ
实心电位器		实心电位器用炭黑、石英粉、黏合剂等材料混合加热压制构成电阻体，然后再压入塑料基体上经加热聚合而成的。具有可靠性高，体积小，阻值范围宽，耐磨性、耐热性好，过负载能力强的特点。但是噪声较大，温度系数较大	常用 ● 0.5～1W ● 4.7～100kΩ
导电塑料电位器		导电塑料电位器就是将DAP（邻苯二甲酸二烯丙酯）电阻浆料覆在绝缘机体上，加热聚合成电阻膜。该器件具有平滑性好、耐磨性好、寿命长、可靠性极高、耐化学腐蚀的特点。可用于宇宙装置、飞机雷达天线的伺服系统等	常用 ● 0.5 W ● 1～100kΩ
单联电位器		单联电位器有自己独立的转轴，常用于高级收音机、录音机、电视机中的音量控制的开关式旋转电位器	常用 ● 1 W ● 1～100kΩ
双联电位器		双联电位器是两个电位器装在同一个轴上，即同轴双联电位器。常用于高级收音机、录音机、电视机中的音量控制的开关式旋转电位器。采用双联电位器可以减少电子元器件的使用数量，美化电子设备的外观	常用 ● 1W ● 1～100kΩ
单圈电位器		普通的电位器和一些精密的电位器多为单圈电位器	常用 ● 0.5W ● 1～100kΩ
多圈电位器		多圈电位器的结构大致可以分为两种： ①电位器的动接点沿着螺旋形的绕组作螺旋运动来调节阻值； ②通过蜗轮、蜗杆来传动，电位器的接触刷装在轮上并在电阻体上作圆周运动	常用 ● 1/4W ● 1～100kΩ

名称和符号	外形	特点	规格
直滑式电位器		直滑式电位器采用直滑方式改变阻值的大小，一般用于调节音量。通过推移拨杆改变阻值，即改变输出电压的大小，进而达到调节音量的目的	常用 ● 0.5W ● 4.7～47kΩ

②敏感电阻器　常见几种敏感电阻器的种类特点见表2-3。

表 2-3　常见几种敏感电阻器的种类特点

名称和符号	外形	特点
热敏电阻器（MZ、MF）		热敏电阻的阻值会随温度的变化而变化，可分为正温度系数（PTC）和负温度系数（NTC）两种热敏电阻。正温度系数热敏电阻的阻值随温度的升高而升高，随温度的降低而降低；负温度系数热敏电阻的阻值随温度的升高而降低，随温度的降低而升高
光敏电阻器（MG）		光敏电阻器的特点是当外界光照强度变化时，光敏电阻器的阻值也会随之变化
湿敏电阻器（MS）		湿敏电阻的阻值随周围环境湿度的变化，常用作湿度检测元件
气敏电阻器（MQ）		气敏电阻器是一种新型半导体元件，这种电阻器是利用金属氧化物半导体表面吸收某种气体分子时，发生氧化反应或还原反应而使电阻值改变的特性而制成的电阻器
压敏电阻器（MY）		压敏电阻器是敏感电阻器中的一种，是利用半导体材料的非线性特性的原理制成的，当外加电压施加到某一临界值时，电阻的阻值急剧变小

2.1.2 家电产品中的电容元件

电容元件是一种可贮存电能的元件（储能元件）。电容器是由两个极板构成的，具有存储电荷的功能，在电路中常用于滤波、与电感器构成谐振电路、作为交流信号的传输元件等。

电容元件的种类很多，几乎所有的电子产品中都有电容器。根据制作工艺和功能的不同，主要可以分为固定电容器和可变电容器两大类，其中固定电容器还可以细分为无极性固定电容器和有极性固定电容器两种。

（1）固定电容器

固定电容器是指电容器经制成后，其电容量不能发生改变的电容器。该类电容器还可以细分为无极性固定电容器和有极性固定电容器两种。

① 无极性固定电容器　无极性固定电容器是指电容器的两个金属电极（引脚）没有正负极性之分，使用时两极可以交换连接。

无极性固定电容器的种类特点见表2-4。

表 2-4 　无极性固定电容器的种类特点

名称和符号	外形	特点	规格
纸介电容器（CJ） —||—		纸介电容器的价格低、体积大、损耗大且稳定性较差，并且由于存在较大的固有电感，故不宜在频率较高的电路中使用，主要应用在低频电路或直流电路中。 该电容器容量范围在几十皮法（pF）到几微法（μF）之间。耐压有250V、400V和600V等几种，容量误差一般为±5%、±10%、±20%	①中小型纸介电容 容量范围：470pF ～ 0.22μF；直流工作电压：63 ～ 630V；运用频率：8MHz以下；漏电阻：>5000MΩ ②金属壳密封纸介电容 容量范围：0.01pF ～ 10μF；直流工作电压：250 ～ 1600V；运用频率：直流、脉动直流；漏电阻：1000 ～ 5000MΩ ③中、小型金属化纸介电容 容量范围：0.01 ～ 0.22μF；直流工作电压：160、250、400V；运用频率：8MHz以下；漏电阻：>2000MΩ ④金属壳密封金属化纸介电容 容量范围：0.22 ～ 30μF；直流工作电压：160 ～ 1600V；运用频率：直流、脉动直流；漏电阻：30 ～ 5000 MΩ
瓷介电容器（CC） —||—		瓷介电容器是以陶瓷材料作为介质，在其外层常涂以各种颜色的保护漆，并在陶瓷片上覆银制成电极。这种电容器的损耗小，稳定性好，且耐高温高压	容量范围：1pF ～ 0.1μF； 直流工作电压：63 ～ 630V； 运用频率：50 ～ 3000MHz以下； 漏电阻：>10000MΩ
云母电容器（CY） —||—		云母电容器是以云母作为介质。这种电容器的可靠性高，频率特性好，适用于高频电路	容量范围：10pF ～ 0.5μF； 直流工作电压：100 ～ 7000V； 运用频率：75 ～ 250MHz以下； 漏电阻：>10000MΩ

名称和符号	外形	特点	规格
涤纶电容器（CL） —||—		涤纶电容器采用涤纶薄膜为介质，这种电容器的成本较低，耐热、耐压和耐潮湿的性能都很好，但稳定性较差，适用于稳定性要求不高的电路	电容量：40pF ～ 4μF； 额定电压：63 ～ 630V
玻璃釉电容器（CI） —||—		玻璃釉电容器使用的介质一般是玻璃釉粉压制的薄片，通过调整釉粉的比例，可以得到不同性能的电容器，这种电容器介电系数大、耐高温、抗潮湿性强、损耗低	电容量：10pF ～ -0.1μF； 额定电压：63 ～ 400V
聚苯乙烯电容器（CB） —||—		聚苯乙烯电容器是以非极性的聚苯乙烯薄膜为介质制成的，这种电容器成本低、损耗小，充电后的电荷量能保持较长时间不变	电容量：10pF ～ 1μF； 额定电压：100V ～ 30kV

② 有极性固定电容器　有极性固定电容器亦称电解电容器，按电极材料的不同，常见的有极性固定电解电容器有铝电解电容器和钽电解电容器两种。有极性固定电容器种类特点见表 2-5。

表 2-5　有极性固定电容器的种类特点

名称和符号	外形	特点	规格
铝电解电容器（CD） —||+—		铝电解电容器体积小，容量大。与无极性电容器相比绝缘电阻低，漏电流大，频率特性差，容量和损耗会随周围环境和时间的变化而变化，特别是当温度过低或过高的情况下，且长时间不用还会失效。因此，铝电解电容器仅限于低频、低压电路（例如电源滤波电路、耦合电路等）	容量范围：0.47 ～ 10000μF； 直流工作电压：4 ～ 500V； 运用频率：< 1MH
钽电解电容器（CA） —||+—		钽电解电容器的温度特性、频率特性和可靠性都较铝电解电容好，特别是它的漏电流极小，电荷储存能力好，寿命长，误差小，但价格昂贵，通常用于高精密的电子电路中	容量范围：0.1 ～ 1000μF； 直流工作电压：6.3 ～ 160V； 运用频率：< 1MH

由于有极性固定电容器需区分其正负极接入电路中，在选用及设计电路时，需要注意区分其极性。

（2）可变电容器

可变电容器是指电容量可以调整的电容器。这种电容器主要用在接收电路中选择信号（调谐）。可变电容器按介质的不同可以分为空气介质和有机薄膜介质两种。

常见可变电容器种类特点见表2-6。

表 2-6　常见可变电容器种类特点

名称和符号	外形	特点	规格
微调电容器 ⌿		微调电容器又叫半可调电容器，这种电容器的容量较固定电容器小，常见的有瓷介微调电容器、管型微调电容器（拉线微调电容器）、云母微调电容器和薄膜微调电容器等	容量范围：2/7 ～ 7/25pF； 直流工作电压：250 ～ 500V以上； 运用频率：高频； 漏电电阻：1000 ～ 10000MΩ
单联可变电容器 ⌿		单联可变电容器的内部只有一个可调电容器。该电容器常用于直放式收音机电路中，可与电感组成调谐电路	容量范围：7 ～ 1100pF； 直流工作电压：100V 以上； 运用频率：低频、高频； 漏电电阻：>500MΩ
双联可变电容器 ⌿ ⌿	2个补偿电容器	双联可变电容器是由两个可变电容器组合而成的。对该电容器进行手动调节时，两个可变电容器的电容量可同步调节	容量范围：7 ～ 1100pF； 直流工作电压：100V 以上； 运用频率：低频、高频； 漏电电阻：>500MΩ
四联可变电容器 ⌿⌿⌿⌿ 或 ⌿…⌿	2个补偿电容器	四联可变电容器的内部包含有4个可变电容器，4个电容可同步调整	同上

2.1.3　家电产品中的电感元件

电感元件是一种利用线圈产生的磁场阻碍电流变化通直流、阻交流的元器件，在家电产品中主要用于分频、滤波、谐振和磁偏转等。

电感元件的种类繁多，分类方式也多种多样，按照其电感量，电感器可分为固定电感器和可变电感器。

（1）固定电感器

常见固定电感器的实物外形及特点见表2-7。

表2-7　常见固定电感器的实物外形及特点

名称和符号	外形	特点	规格
固定色环电感器 ∿		固定色环电感器的电感量固定，它是一种具有磁芯的线圈，将线圈绕制在软磁性铁氧体的基体上，再用环氧树脂或塑料封装，并在其外壳上标以色环表明电感量的数值	电感量：0.1μH～22mH；型号：0204、0307、0410、0512
固定色码电感器 ∿		固定色码电感器与色环电感器都属于小型的固定电感器，色码电感器中用色点标识参数信息外形结构为直立式；性能比较稳定，体积小巧。固定色环或色码电感器被广泛用于电视机、收录机等电子设备中的滤波、陷波、扼流及延迟线等电路中	电感量：0.1μH～22mH；型号：0405、0606、0607、0909、0910
片状电感器 ∿		外形体积与贴片式普通电阻器类似，常采用"Lxxx""Bxxx"形式标识其代号	电感量：0.01～200μH，额定电流最高为100mA

（2）可变电感器

常见可变电感器的实物外形及特点见表2-8。

表2-8　常见可变电感器的实物外形及特点

名称和符号	外形	特点
空心线圈 ∿		空心线圈没有磁芯，通常线圈绕的匝数较少，电感量小。微调空心线圈电感量时，可以调整线圈之间的间隙大小，为了防止空心线圈之间的间隙变化，调整完毕后用石蜡加以密封固定，这样不仅可以防止线圈的形变，同时可以有效地防止线圈振动
磁棒线圈 ∿		磁棒线圈的基本结构是在磁棒上绕制线圈，这样会大大增加线圈的电感量。可以通过调整线圈磁棒的相对位置来调整电感量的大小，当线圈在磁棒上的位置调整好后，应采用石蜡将线圈固定在磁棒上，以防止线圈左右滑动而影响电感量的大小
磁环线圈 ∿		磁环线圈的基本结构是在铁氧体磁环上绕制线圈，如在磁环上两组或两组以上的线圈可以制成高频变压器 磁环的存在大大增加了线圈电感的稳定性。磁环的大小、形状、铜线的多种绕制方法都对线圈的电感量有决定性影响。改变线圈的形状和相对位置也可以微调电感量

名称和符号	外形	特点
微调电感器 （符号）		微调电感器的磁芯制成螺纹式，可以旋到线圈骨架内，整体同金属封装起来，以增加机械强度。磁芯帽上设有凹槽可方便调整
偏转线圈		偏转线圈是 CRT 电视机的重要部件，套装在显像管的管颈上。移动线圈的位置可改磁场的强度和磁场分布状态。电子枪发射的电子束在行、场偏转线圈的作用下，使电子束可以在屏幕上扫描运动，形成光栅图像，最终实现电视机的成像目的

2.1.4 家电产品电路图中的二极管器件

二极管是一种常用的具有一个 PN 结的半导体器件，它具有单向导电性，通过二极管的电流只能沿一个方向流动。二极管只有在所加的正向电压达到一定值后才能导通。

二极管种类有很多，根据制作半导体材料的不同，可分为锗二极管（Ge 管）和硅二极管（Si 管）。根据结构的不同，可分为点接触型二极管、面接触型二极管。根据实际功能的不同，又可分为整流二极管、检波二极管、稳压二极管、开关二极管、变容二极管、发光二极管、光敏二极管等。

常见二极管的实物外形及特点见表 2-9。

表 2-9 常见二极管的实物外形及特点

名称和符号	外形	特点
整流二极管 （VD）		整流二极管外壳封装常采用金属壳封装、塑料封装和玻璃封装。由于整流二极管的正向电流较大，所以整流二极管多为面接触型二极管，结面积大、结电容大，但工作频率低
检波二极管 （VD）		检波二极管是利用二极管的单向导电性把叠加在高频载波上的低频信号检出来的器件。这种二极管具有较高的检波效率和良好的频率特性
稳压二极管 或 （ZD）		稳压二极管是由硅材料制成的面结合型晶体二极管，利用 PN 结反向击穿时其电压基本上保持恒定的特点来达到稳压的目的。主要有塑料封装、金属封装和玻璃封装三种封装形式

名称和符号	外形	特点
发光二极管 （VD 或 LED）		发光二极管是一种利用正向偏置时 PN 结两侧的多数载流子直接复合释放出光能的发射器件
光敏二极管 （光电二极管） （VD）		光敏二极管又称为光电二极管，光敏二极管的特点是当受到光线照射时，二极管反向阻抗会随之变化（随着光照射的增强，反向阻抗会由大到小），利用这一特性，光敏二极管常用作光电传感器件使用 　光敏二极管在光线照射下反向电阻会由大变小，其顶端有能射入光线的窗口，光线可通过该窗口照射到管芯上
变容二极管 （VD）		变容二极管是利用 PN 结的电容随外加偏压而变化这一特性制成的非线性半导体器件，在电路中起电容器的作用。它被广泛地用于超高频电路中的参量放大器、电子调谐及倍频器等高频和微波电路中
开关二极管		开关二极管是利用半导体二极管的单向导电性，为在电路上进行"开"或"关"的控制而特殊设计的一类二极管。这种二极管导通／截止速度非常快，能满足高频和超高频电路的需要，广泛应用于开关及自动控制等电路
双向触发 二极管 （VD）		双向触发二极管（简称 DIAC）是具有对称性的两端半导体器件。常用来触发双向晶闸管，或用于过压保护、定时、移相电路
快恢复二极管 （VD）		快恢复二极管（简称 FRD）也是一种高速开关二极管。这种二极管的开关特性好，反向恢复时间很短，正向压降低，反向击穿电压较高。主要应用于开关电源、PWM 脉宽调制电路以及变频等电子电路中

2.1.5 家电产品电路图中的三极管器件

三极管又称晶体管，是各种家电设备中的信号放大器件，其特点就是在一定的条件下具有电流放大作用，其内部是一种具有两个 PN 结的半导体器件，在家电产品的电路中应用比较广泛。

晶体三极管的种类很多，在电路中所起的作用也各不相同，因此在识别晶体三极管时，应根据晶体三极管的种类、作用进行判别。

常见三极管的实物外形及特点见表 2-10。

表 2-10　常见三极管的实物外形及特点

名称和符号	外形	特点
小功率晶体三极管 	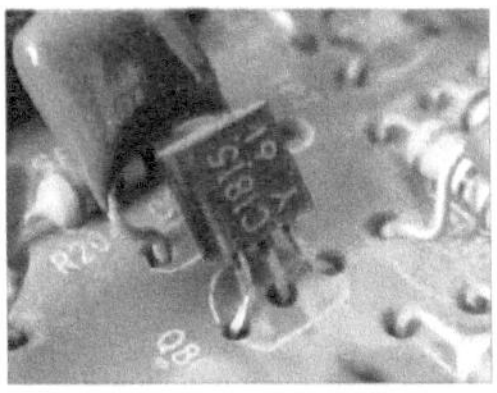	小功率晶体三极管的功率 P_C 一般小于 0.3W，它是电子电路中用得最多的晶体三极管之一。主要用来放大交、直流信号或应用在振荡器、变换器等电路中
中功率晶体三极管 		中功率晶体三极管的功率 P_C 一般在 0.3～1W 之间，这种晶体三极管主要用于驱动电路和激励电路之中，或者是为大功率放大器提供驱动信号。根据工作电流和耗散功率，应采用适当的选择散热方式
大功率晶体三极管 		大功率晶体三极管的功率 P_C 一般在 1W 以上，这种晶体三极管由于耗散功率比较大，工作时往往会引起芯片内温度过高，所以通常需要安装散热片，以确保晶体三极管良好的散热
低频晶体三极管 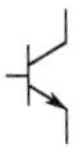		低频晶体三极管的特征频率 f_T 小于 3MHz，这种晶体三极管多用于低频放大电路，如收音机的功放电路等
高频晶体三极管 		高频晶体三极管的特征频率 f_T 大于 3MHz，这种晶体三极管多用于高频放大电路、混频电路或高频振荡等电路
表面封装形式的晶体三极管 		采用表面封装形式的晶体三极管体积小巧，多用于数码产品的电子电路中

名称和符号	外形	特点
金属封装形式的晶体三极管	采用B型封装形式的高频小功率三极管 采用F型封装形式的低频大功率三极管	采用金属封装形式的晶体三极管主要有 B 型、C 型、D 型、E 型、F 型和 G 型。其中，小功率晶体三极管（以高频小功率晶体三极管为主）主要采用 B 型封装形式，F 型和 G 型封装形式主要用于低频大功率晶体三极管
光敏晶体管 或		光敏晶体管是一种具有放大能力的光电转换器件，因此相比光敏二极管它具有更高的灵敏度。需要注意的是，光敏晶体管既有三个引脚的，也有两个引脚的，使用时要注意辨别，不要误认为两个引脚的光敏晶体三极管为光敏二极管

2.1.6　家电产品电路图中的场效应管器件

场效应管也是一种具有 PN 结结构的半导体器件，与普通半导体三极管的不同之处在于它是电压控制型器件。

场效应晶体管按其结构不同分为两大类，即绝缘栅型场效应晶体管和结型场效应晶体管。

绝缘栅型场效应晶体管由金属、氧化物和半导体材料制成，简称 MOS 管。MOS 管按其工作状态可分为增强型和耗尽型两种，每种类型按其导电沟道不同又分为 N 沟道和 P 沟道两种。结型场效应晶体管按其导电沟道不同也分为 N 沟道和 P 沟道两种。

场效应晶体管一般具有 3 个极（双栅管具有 4 个极），即栅极 G、源极 S 和漏极 D，它们的功能分别对应于晶体三极管双极型的基极 B、发射极 E 和集电极 C。

场效应管的图形符号见表 2-11。

表 2-11　场效应管的图形符号

名称	图像符号	
	N 沟道	P 沟道
结型场效应晶体管	结型N沟道	结型P沟道

名称	图像符号	
绝缘栅型场效应晶体管	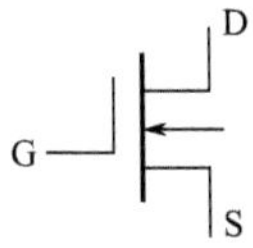 MOS耗尽型单栅N沟道	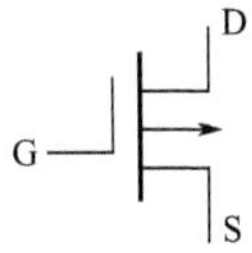 MOS耗尽型单栅P沟道
	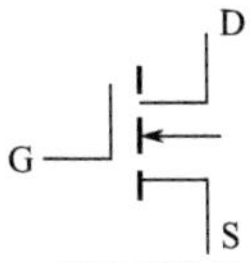 MOS增强型单栅N沟道	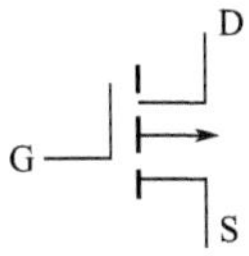 MOS增强型单栅P沟道
	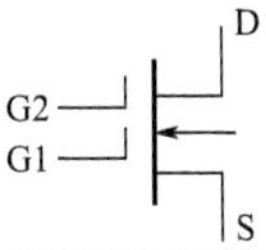 MOS耗尽型双栅N沟道	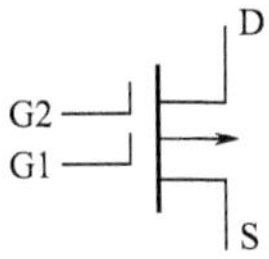 MOS耗尽型双栅P沟道

由于场效应晶体管的源极 S 和漏极 D 在结构上是对称的，因此在实际使用过程中有一些可以互换。

2.1.7 家电产品电路图中的晶闸管器件

晶闸管是一种可控硅，也是一种半导体器件，它除了有单向导电的整流作用外，还可作为可控开关使用。其主要的特点是能用较小的功率控制较大的功率，因此常用于电机驱动控制电路中，以及在电源中作为过载保护器件等。

晶闸管有很多种，通常可分为单结晶体管、单向晶闸管、双向晶闸管、可关断晶闸管、快速晶闸管等。

常见晶闸管的实物外形及特点见表 2-12。

表 2-12 常见晶闸管的实物外形及特点

名称和符号	外形	特点
单结晶体管 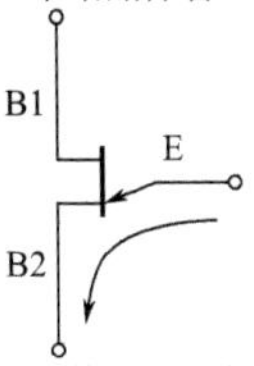 N型单结晶体管 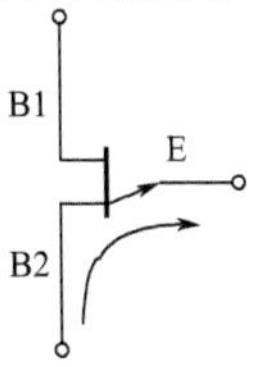 P型单结晶体管	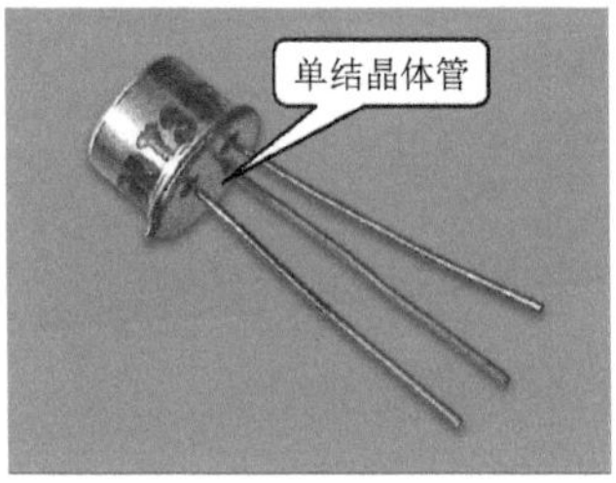 单结晶体管	单结晶体管（UJT）也称双基极二极管。从结构功能上类似晶闸管，它是由一个 PN 结和两只内电阻构成的三端半导体器件，有一个 PN 结和两个基极。具有电路简单、热稳定性好等优点，广泛用于振荡、定时、双稳及晶闸管触发等电路

名称和符号	外形	特点
单向晶闸管	单向晶闸管	单向晶闸管（SCR）是 P-N-P-N 4 层 3 个 PN 结组成的，它被广泛应用于可控整流、交流调压、逆变器和开关电源电路中。单向晶闸管阳极 A 与阴极 K 之间加有正向电压，同时控制极 G 与阴极间加上所需的正向触发电压时，方可被触发导通。触发脉冲消失，仍维持导通状态
双向晶闸管	双向晶闸管	双向晶闸管又称双向可控硅，属于 N-P-N-P-N 5 层半导体器件，有第一电极（T1）、第二电极（T2）、控制极（G）3 个电极，在结构上相当于两个单向晶闸管反极性并联。T1 和 T2 之间有触发信号，可正向导通也可反向导通
可关断晶闸管	可关断晶闸管	可关断晶闸管（GTO）也称门控晶闸管。其主要特点是当门极加负向触发信号时晶闸管能自行关断
快速晶闸管	快速晶闸管	快速晶闸管是一个 P-N-P-N 4 层三端器件，可以在 400Hz 以上频率工作。其开通时间为 4 ~ 8μs，关断时间为 10 ~ 60μs。主要用于较高频率的整流、斩波、逆变和变频电路
螺栓型晶闸管	螺栓型晶闸管	螺栓型普通晶闸管的螺栓一端为阳极 A，较细的引线端为控制极 G，较粗的引线端为阴极 K，是一种大电流晶闸管

2.1.8　家电产品电路图中的集成电路器件

集成电路是利用半导体工艺将电阻器、电容器、晶体管以及连接线制作在很小的半导体材料或绝缘基板上，形成一个完整的电路，并封装在特制的外壳之中。它具有体积小、重量轻、性能稳定、集成度高等特点。

根据外形和封装形式的不同，主要可分为金属封装（CAN）型集成电路、单列直插（SIP）型集成电路、双列直插（DIP）型集成电路、扁平封装（FP）型集成电路、针脚插入型集成电路以及球栅阵列型集成电路等。集成电路在电路中的名称标识通常为"IC"或"N"或"U"。

常见集成电路的实物外形及特点见表2-13。

表2-13　常见集成电路的实物外形及特点

名称	外形	特点
金属封装型集成电路		金属封装型集成电路的功能较为单一，引脚数较少。其安装及代换都十分方便
功率塑封型集成电路		功率塑封型集成电路一般只有一列引脚，引脚数目较少一般也为3～16只。其内部电路简单，且都是用于大功率的电路；通常都设有散热片，可以贴装在其他金属散热片上，通常情况下其引脚也不进行特殊的弯折处理
单列直插型集成电路		单列直插型集成块内部电路相对比较简单。其引脚数较少（3～16只），只有一排引脚。这种集成电路造价较低，安装方便。小型的集成电路多采用这种封装形式
双列直插型集成电路		双列直插型集成电路多为长方形结构，两排引脚分别由两侧引出，这种集成电路内部电路较复杂，一般采用陶瓷塑封，耐高温好，安装比较方便，应用广泛，其引脚通常情况下都是直的，没有进行特殊的弯折处理
双列表面安装型集成电路		双列表面安装型集成电路的引脚是分布在两侧的，引脚数目较多，一般为5～28只。双列表面安装式集成电路引脚很细，有特殊的弯折处理，便于粘贴在电路板上
扁平封装型集成电路		扁平封装型集成电路的引脚数目较多，且引脚之间的间隙很小。主要通过表面安装技术安装在电路板上。这种集成电路在数码产品中十分常见，其功能强大，体积较小，检修和更换都较为困难（需使用专业工具）

第 2 章　家电产品电路识图

第①篇／家电维修入门基础

续表

名称	外形	特点
矩形针脚插入型集成电路	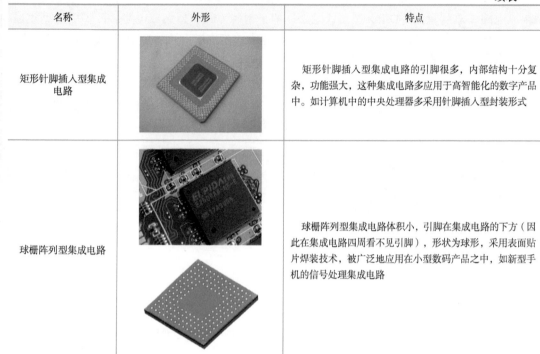	矩形针脚插入型集成电路的引脚很多，内部结构十分复杂，功能强大，这种集成电路多应用于高智能化的数字产品中。如计算机中的中央处理器多采用针脚插入型封装形式
球栅阵列型集成电路		球栅阵列型集成电路体积小，引脚在集成电路的下方（因此在集成电路四周看不见引脚），形状为球形，采用表面贴片焊装技术，被广泛地应用在小型数码产品之中，如新型手机的信号处理集成电路

电路原理图的特点与识读

2.2.1 整机电路原理图的特点与识读

整机电路原理图是指通过一张电路图纸便可将整个电路产品的结构和原理进行体现的原理图。图2-1为变频空调器室内机整机电路原理图。

整机电路原理图包括整个电子产品所涉及的所有电路，因此可以根据该电路从宏观上了解整个电子产品的信号流程和工作原理，为分析、检测和检修产品提供重要的理论依据。

该类电路图具有以下特点和功能。

① 电路图中包含元器件最多，是比较复杂的一张电路图。

② 表明了整个产品的结构、各单元电路的分割范围和相互关系。

③ 电路中详细标出了各元器件的型号、标称值、额定电压、功率等重要参数，为检修和更换元器件提供重要的参考数据。

④ 复杂的整机电路原理图一般通过各种接插件建立关联，识别这些接插件的连接关系更容易理清电子产品各电路板与电路板模块之间的信号传输关系。

⑤ 同类电子产品的整机电路原理图具有一定的相似之处，可通过举一反三的方法练习识图；不同类型产品的整机电路原理图相差很大，若能够真正掌握识图方法，也能够做到"依此类推"。

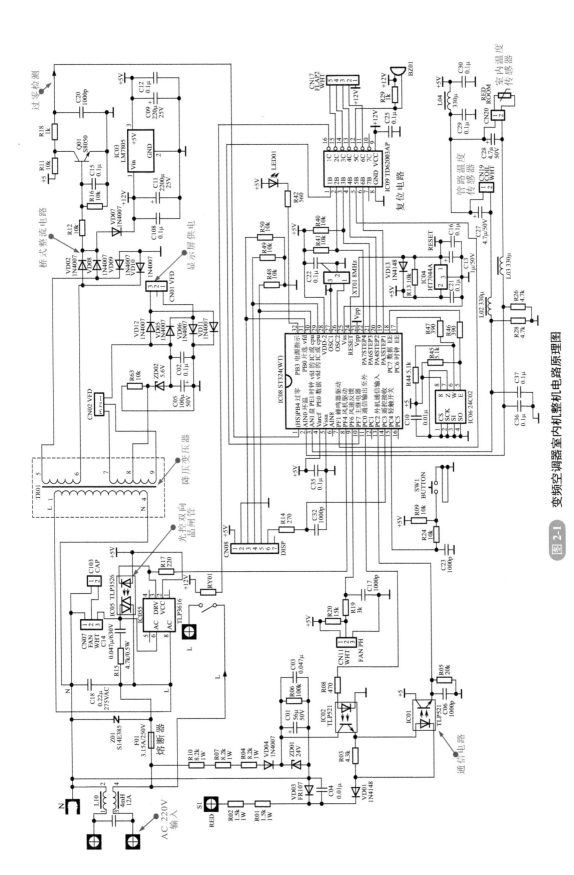

图 2-1 变频空调器室内机整机电路原理图

2.2.2　单元电路原理图的特点与识读

单元电路原理图是电子产品中完成某一个电路功能的最小电路单位。它可以是一个控制电路或某一级的放大电路等，是构成整机电路原理图的基本元素。

单元电路原理图一般只画出与功能相关的部分，省去无关的元器件和连接线、符号等，相比整机电路原理图来说比较简单、清楚，有利于排除外围电路影响，实现有针对性的分析和理解。

例如，图 2-2 为电磁炉电路中直流电源供电电路，为整个电磁炉电原理图中的一个功能电路单元，可实现将 220V 市电转化为多路直流电压的过程，与其他电路部分的连接处用一个小圆圈代替，可排除其他部分的干扰，从而很容易地对这一个小电路单元进行分析和识读。

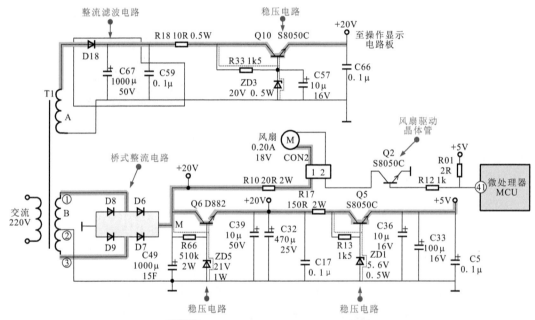

图 2-2　电磁炉电路中直流电源供电电路

图中，交流 220V 进入降压变压器 T1 的初级绕组，次级绕组 A 经半波整流滤波电路（整流二极管 D18、滤波电容 C67、C59）整流滤波，再经 Q10 稳压电路稳压后，为操作显示电路板输出 20V 供电电压。

降压变压器的次级绕组 B 中有 3 个端子。其中，①和③两个端子经桥式整流电路（D6 ～ D9）输出直流 20V 电压，在 M 点上分为两路输送：一路经插头 CON2 为散热风扇供电；另一路送给稳压电路，晶体管 Q6 的基极设有稳压二极管 ZD5，经 ZD5 稳压后，晶体管 Q6 的发射极输出 20V 电压，再经稳压电路后，输出 5V 直流电压。

 提示

为了更好地反映电子产品的工作原理和信号流程，整机电路原理图一般会根据功能划分成许多单元电路，然后再分别对各个单元电路进行识读就容易多了。

2.3 框图的特点与识读

2.3.1 整机框图的特点与识读

整机电路框图是指用简单的几个方框、文字说明及连接线来表示电子产品的整机电路构成和信号传输关系。图 2-3 为收音机的整机电路框图。

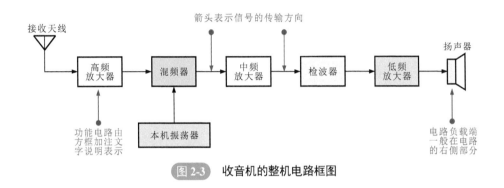

图 2-3 收音机的整机电路框图

整机电路框图是粗略表达整机电路图的框图，可以了解整机电路的组成和各部分单元电路之间的相互关系，并根据带有箭头的连线了解到信号在整机各单元电路之间的传输途径及顺序等。例如，图 2-3 中，根据箭头指示可以知道，在收音机电路中，由天线接收的信号需先经过高频放大器、混频器、中频放大器后送入检波器，最后才经低频放大器后输出，由此可以简单地了解大致的信号处理过程。

 提示

整机电路框图与整机电路原理图相比，一般只包含方框和连线，几乎没有其他符号。框图只是简单地将电路按照功能划分为几个单元，将每个单元画成一个方框，在方框中加上简单的文字说明，并用连线（有时用带箭头的连线）连接说明各个方框之间的关系，体现电路的大致工作原理，可作为识读电路原理图前的索引，先简单了解整机由哪些部分构成，简单理清各部分电路关系，为分析和识读电路原理图理清思路。

2.3.2 功能框图的特点与识读

功能框图是体现电路中某一功能电路部分的框图，相当于将整机电路框图中一个方框的内容进行具体体现的电路，属于整机电路框图下一级的框图，如图 2-4 所示。

功能框图比整机电路框图更加详细。通常，一个整机电路框图是由多个功能框图构成的，因此也称功能框图为单元电路框图。

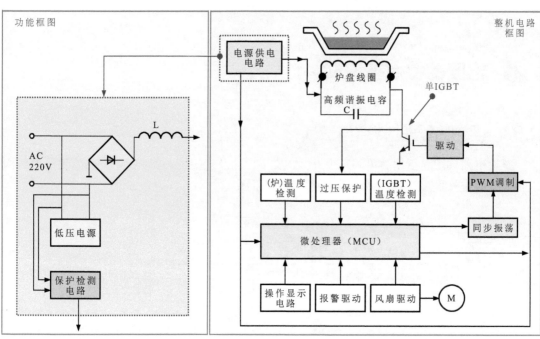

图 2-4 电磁炉的整机电路框图和电源部分的功能框图

2.4

元器件分布图的特点与识读

2.4.1 元器件分布图的特点

元器件分布图简称元件分布图，是一种直观表示实物电路中元器件实际分布情况的图样资料，如图 2-5 所示。

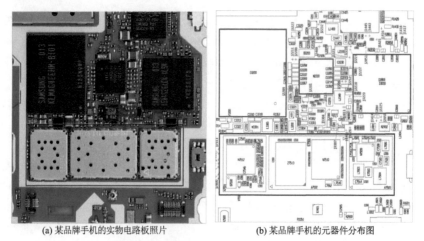

(a) 某品牌手机的实物电路板照片　　　　(b) 某品牌手机的元器件分布图

图 2-5 典型电子产品中的元器件分布图

由图可知，元器件分布图与实际电路板中的元器件分布情况是完全对应的，简洁、清晰地表达了电路板中构成的所有元器件的位置关系。

2.4.2 元器件分布图的识读

元器件分布图标明了各个元器件在线路板中的实际位置，同时，由于分布图中一般标注了各个元器件的标号，对照元器件分布图和电路原理图可以很方便地找到各个元器件在实物线路板中的具体位置，如图 2-6 所示，因此，元器件分布图在维修过程中起着非常重要的作用。

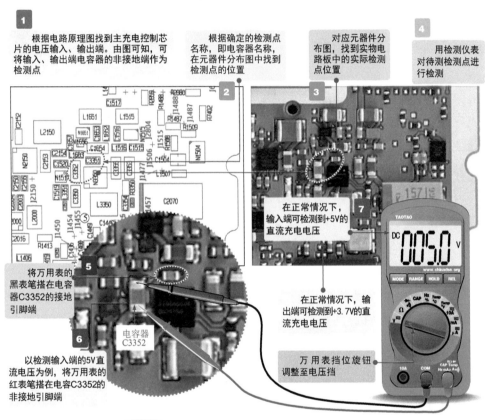

1 根据电路原理图找到主充电控制芯片的电压输入、输出端。由图可知，可将输入、输出端电容器的非接地端作为检测点

2 根据确定的检测点名称，即电容器名称，在元器件分布图中找到检测点的位置

3 对应元器件分布图，找到实物电路板中的实际检测点位置

4 用检测仪表对待测检测点进行检测

在正常情况下，输入端可检测到+5V的直流充电电压

5 将万用表的黑表笔搭在电容器C3352的接地引脚端

6 以检测输入端的5V直流电压为例，将万用表的红表笔搭在电容C3352的非接地引脚端

电容器 C3352

在正常情况下，输出端可检测到+3.7V的直流充电电压

万用表挡位旋钮调整至电压挡

图 2-6 元器件分布图在维修过程中的识读应用

第3章

家电检修工具仪表的功能应用

3.1 电路检修工具的功能与应用

3.1.1 常用拆装工具的功能与应用

（1）螺钉旋具的功能与应用

图 3-1 为常用的螺钉旋具实物外形。常见的螺钉旋具分为一字螺钉旋具和十字螺钉旋具。

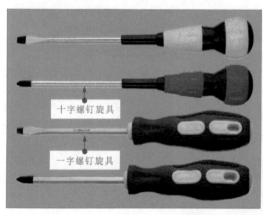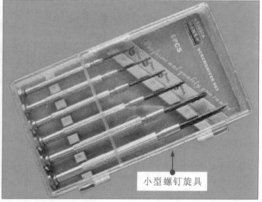

图 3-1　常用的螺钉旋具实物外形

在拆装过程中，需根据固定螺钉的规格选择相应的螺钉旋具。图 3-2 所示为螺钉旋具在拆卸过程中的应用。

使用2mm规格刀头的十字螺钉旋具来拆卸外壳上的固定螺钉

使用1.0mm规格刀头的十字螺钉旋具来拆卸液晶屏上的固定螺钉

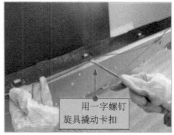
用一字螺钉旋具撬动卡扣

图 3-2　螺钉旋具在拆装过程中的应用

（2）钳子工具的功能与应用

常用的钳子工具实物外形如图 3-3 所示。常见的钳子分为偏口钳和尖嘴钳。

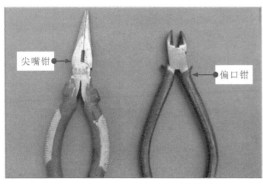
尖嘴钳　　偏口钳

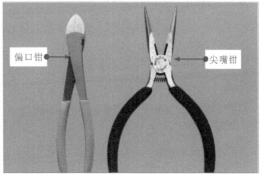
偏口钳　　尖嘴钳

图 3-3　常用的钳子工具实物外形

图 3-4 为钳子在实际拆装过程中的应用。偏口钳主要用来夹断导线或损坏的元器件引脚。尖嘴钳主要用来夹持主电路板上拆卸下来的元器件或辅助拆卸机械强度较大的零部件。

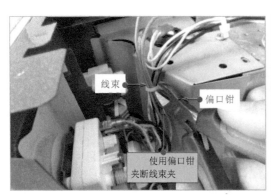
线束　　偏口钳
使用偏口钳夹断线束夹

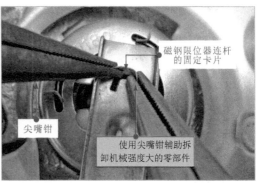
磁钢限位器连杆的固定卡片
尖嘴钳
使用尖嘴钳辅助拆卸机械强度大的零部件

图 3-4　钳子在拆装过程中的应用

3.1.2　常用焊接工具的功能与应用

（1）电烙铁、吸锡器及焊接辅料的功能与应用

图 3-5 为电烙铁、吸锡器及焊接辅料的实物外形。

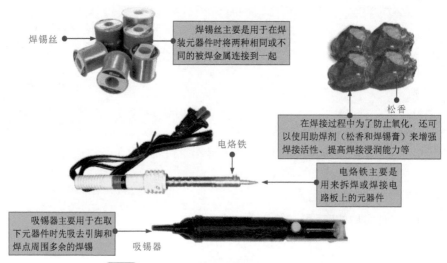

焊锡丝

焊锡丝主要是用于在焊装元器件时将两种相同或不同的被焊金属连接到一起

松香

在焊接过程中为了防止氧化，还可以使用助焊剂（松香和焊锡膏）来增强焊接活性、提高焊接浸润能力等

电烙铁

电烙铁主要是用来拆焊或焊接电路板上的元器件

吸锡器主要用于在取下元器件时先吸去引脚和焊点周围多余的焊锡

吸锡器

图 3-5　电烙铁、吸锡器及焊接辅料的实物外形

电烙铁、吸锡器及焊接辅料主要用于焊接或代换电路中的分立式元器件。图 3-6 为电烙铁及辅助工具在焊接中的实际应用。

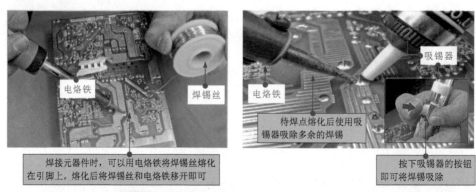

电烙铁

焊锡丝

吸锡器

电烙铁

待焊点熔化后使用吸锡器吸除多余的焊锡

焊接元器件时，可以用电烙铁将焊锡丝熔化在引脚上。熔化后将焊锡丝和电烙铁移开即可

按下吸锡器的按钮即可将焊锡吸除

图 3-6　电烙铁及辅助工具在焊接中的实际应用

（2）热风焊机的功能与应用

热风焊机是专门用来拆焊、焊接贴片元器件和贴片集成电路的焊接工具，它主要由主机和风枪等部分构成，热风焊机配有不同形状的喷嘴，在进行元器件的拆卸时根据焊接部位的大小选择适合的喷嘴即可，如图 3-7 所示。

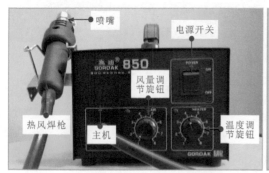
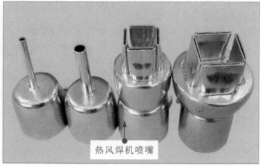

喷嘴　电源开关　风量调节旋钮　热风焊枪　主机　温度调节旋钮　热风焊机喷嘴

图 3-7　热风焊机的实物外形

在使用热风焊机时，首先要进行喷嘴的选择安装及通电等使用前的准备，然后才能使用热风焊机进行拆卸，图 3-8 为使用热风焊机拆卸四面贴片式集成电路的操作应用。

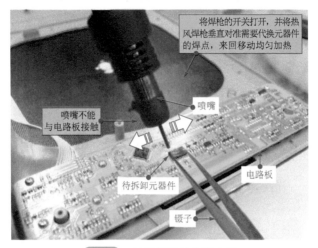

将焊枪的开关打开，并将热风焊枪垂直对准需要代换元器件的焊点，来回移动均匀加热

喷嘴

喷嘴不能与电路板接触

待拆卸元器件

电路板

镊子

图 3-8　热风焊机的实际应用

3.2 电路检测仪表的功能与应用

3.2.1　万用表的功能与应用

万用表是检测电子电路的主要工具，主要用于检测电路是否存在短路或断路故障，电路中元器件性能是否良好，供电条件是否满足等。维修中常用的万用表主要有指针万用表和数字万用表两种，其外形如图 3-9 所示。

万用表的种类和键钮分布

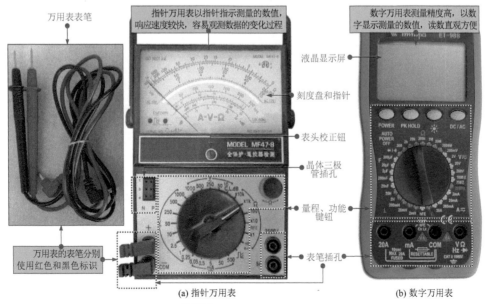

万用表表笔

指针万用表以指针指示测量的数值，响应速度较快，容易观测数据的变化过程

数字万用表测量精度高，以数字显示测量的数值，读数直观方便

液晶显示屏

刻度盘和指针

表头校正钮

晶体三极管插孔

量程、功能键钮

表笔插孔

万用表的表笔分别使用红色和黑色标识

(a) 指针万用表　　　　　　　　　　(b) 数字万用表

图 3-9　万用表的实物外形

万用表的功能有很多，可以实现对电阻、电压、电流等的测量，对于一些功能强大的万用表还设有一些其他扩展功能，如对温度、频率、晶体管放大倍数等参量的测量。

（1）使用万用表测电阻

测量电阻值是万用表的功能之一。通过万用表对元器件电阻值的测量，即可判断元器件的性能是否良好。如图 3-10 所示为指针万用表检测电阻值的方法。

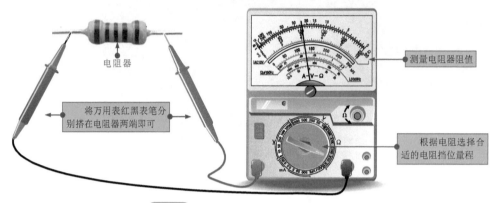

电阻器

测量电阻器阻值

将万用表红黑表笔分别搭在电阻器两端即可

根据电阻选择合适的电阻挡位量程

图 3-10 指针万用表检测电阻值的方法

（2）使用万用表测直流电压

测量直流电压是指针万用表的功能之一，应用十分广泛。如图 3-11 所示为指针万用表检测直流电压的方法。

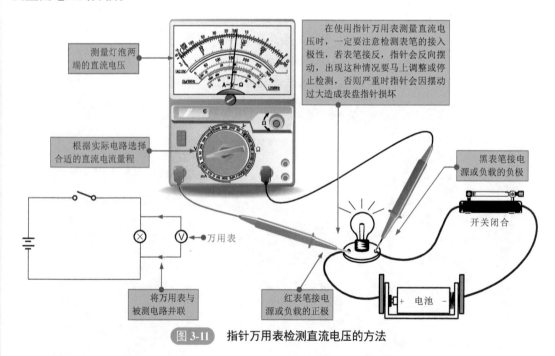

测量灯泡两端的直流电压

在使用指针万用表测量直流电压时，一定要注意检测表笔的接入极性，若表笔接反，指针会反向摆动，出现这种情况要马上调整或停止检测，否则严重时指针会因摆动过大造成表盘指针损坏

黑表笔接电源与负载的负极

根据实际电路选择合适的直流电流量程

开关闭合

万用表

电池

将万用表与被测电路并联

红表笔接电源或负载的正极

图 3-11 指针万用表检测直流电压的方法

（3）使用万用表测电容量

使用数字万用表测量电容量时，可借助附加测试器进行检测，将附加测试器插入数

字万用表的表笔插孔中，再将电容器插入附加测试器的电容量检测插孔中进行检测，数字万用表液晶显示屏上即可显示出相应的数值。数字万用表测量电容量的示意如图 3-12 所示。

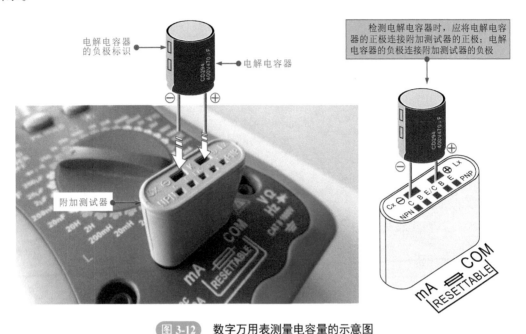

电解电容器的负极标识

电解电容器

附加测试器

检测电解电容器时，应将电解电容器的正极连接附加测试器的正极；电解电容器的负极连接附加测试器的负极

图 3-12　数字万用表测量电容量的示意图

（4）使用万用表测温度

使用数字万用表测量温度时，主要是通过附加测试器和热电偶传感器结合温度检测挡位进行检测，然后由数字万用表的液晶显示屏显示出当前所测得的温度值。数字万用表测量温度的示意如图 3-13 所示。

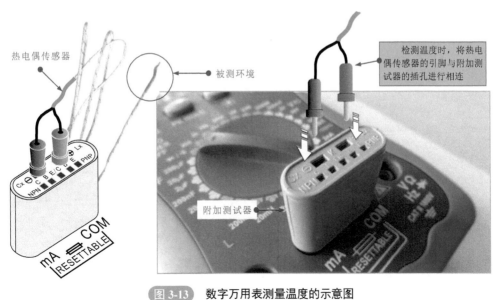

热电偶传感器

被测环境

检测温度时，将热电偶传感器的引脚与附加测试器的插孔进行相连

附加测试器

图 3-13　数字万用表测量温度的示意图

3.2.2 示波器的功能与应用

示波器是一种用来展示和观测信号波形及相关参数的电子仪器，它可以观测信号波形的形状，直接测量信号波形的幅度和周期。一切可以转化为电信号的电学参量或物理量都可转换成等效的信号波形来观测，如电流、电功率、阻抗、温度、位移、压力、磁场等参量的波形，以及它们随时间变化的过程都可用示波器来观测。如图 3-14 所示，示波器主要可以分为模拟示波器和数字示波器两种。

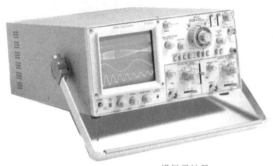
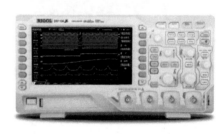

模拟示波器　　　　　　　　　　　　　　　　数字示波器

图 3-14　模拟示波器和数字示波器

示波器常用于电子电路的生产调试和维修领域，一般可通过观察示波器显示的信号波形，来判断电路性能是否正常。

图 3-15 为示波器在检测电磁炉电路中的应用。正常情况下将示波器的探头靠近 IGBT，便可以感应到脉冲信号波形，若无法感应到脉冲信号，则说明前级电路中有损坏的元器件，或 IGBT 已经损坏。

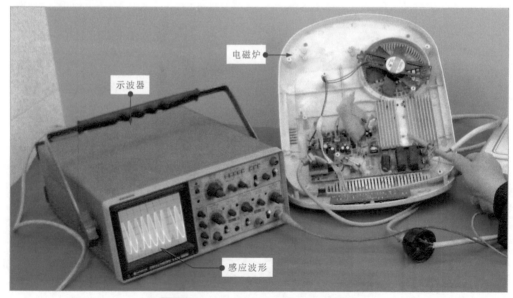

图 3-15　示波器在维修电磁炉中的应用

3.2.3　信号发生器的功能与应用

信号发生器是一种可以产生不同频率、不同幅度及规格波形信号的仪器，它也可以成为信号源。信号发生器在电子产品的生产、调试以及维修中广泛应用，它可以使电子电器在特定的信号下呈现出性能的好坏。

从输出波形类型来分，信号发生器可分为正弦信号发生器、函数（波形）信号发生器、脉冲信号发生器和随机信号发生器四种，如图 3-16 所示。

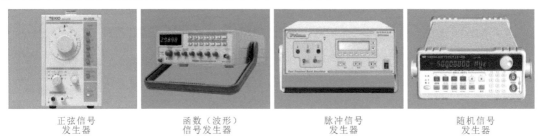

正弦信号
发生器

函数（波形）
信号发生器

脉冲信号
发生器

随机信号
发生器

图 3-16　输出波形类型不同的信号发生器

将信号发生器作为信号源直接连入被测电路的输入端，即可为被测电路提供标准的测试信号，这种方式非常简便。

如图 3-17 所示，在检测收音机低频功率放大器时，可使用低频信号发生器作为信号源来为测试电路提供低频信号，然后通过示波器对检测点的信号波形进行检测，从而判别电路是否存在故障。

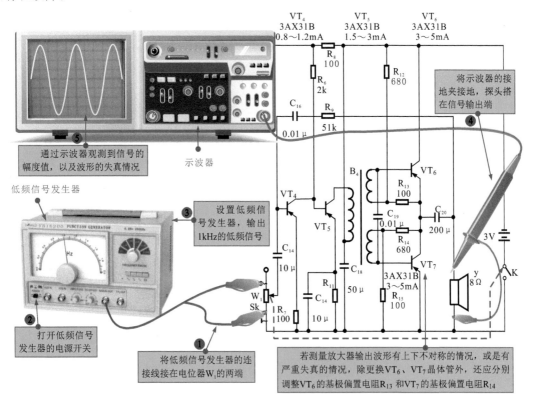

图 3-17　使用信号发生器为测试电路提供低频信号的方法

提示

　　将低频信号发生器作为信号源，设置其输出 1kHz 的低频信号，将信号加到电位器 W_1 上。用示波器检测低频功率放大器的输出信号，调整电位器 W_1，使示波器上显示的信号幅度为最大。

　　在调整时改变低频信号发生器的输出幅度或调整电路中的电位器 W_1，看示波器上的波形变化情况。应注意最大不失真输出波形的幅度。通常可以从示波器上观测到信号的幅度值，以及波形的失真情况。

　　如果波形有明显失真，则表明电路焊装有问题，或选用元器件不当，应查出不良元器件并更换。

家电产品中电子元器件的检测

4.1 电阻器的检测

4.1.1 电阻器的特点

电阻器简称"电阻"，是电子产品中最基本、最常用的电子元器件之一。

电阻器是限制电流的元器件，是电子产品中最基本、最常用的电子元器件之一。几种常见电阻器的实物外形见图 4-1。

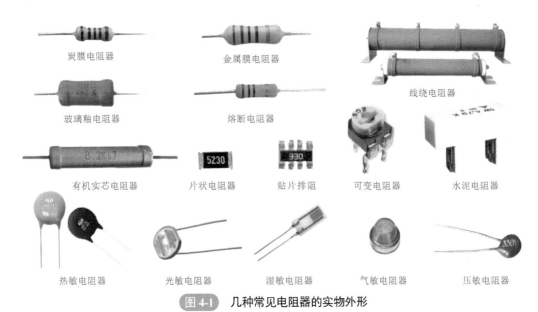

炭膜电阻器	金属膜电阻器	
玻璃釉电阻器	熔断电阻器	线绕电阻器
有机实芯电阻器	片状电阻器	贴片排阻	可变电阻器	水泥电阻器
热敏电阻器	光敏电阻器	湿敏电阻器	气敏电阻器	压敏电阻器

图 4-1 几种常见电阻器的实物外形

4.1.2 普通电阻器的检测

通常，对于普通电阻器的检测，可通过万用表对待测电阻器的阻值进行测量，将测量结果与待测电阻器的标称阻值进行比对，即可判别电阻器的性能。

图4-2为待测的普通电阻器的实物外形。根据电阻器上的色环标注或直接标注识，便能读该电阻器的阻值。可以看到，该电阻器是采用色环标注法。色环从左向右依次为"红""黄""棕""金"。可以识读出该电阻器的阻值为240Ω，允许偏差为±5%。

图 4-2　待测的普通电阻器的实物外形

在检测电阻器时，可以采用万用表检测其电阻阻值的方法，进行判断其好坏。

将万用表的量程调整至欧姆挡，并将其挡位调整至"×10Ω"挡后，旋转调零旋钮，进行调零校正，如图4-3所示。

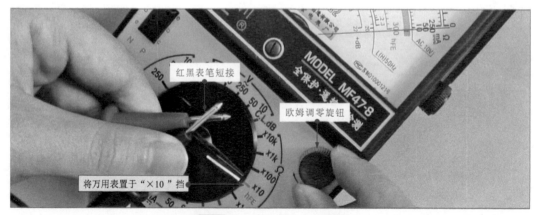

图 4-3　万用表的零欧姆校正

将万用表的红、黑表笔分别搭在待测电阻器的两引脚上，观察万用表的读数，如图4-4所示。若测得的阻值与标称值相符或相近，则表明该电阻器正常，若测得的阻值与标称值相差过多，则该电阻器可能已损坏。

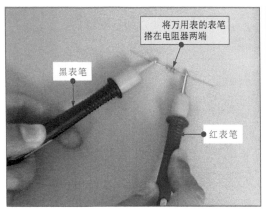

图 4-4　普通电阻器的检测方法

 提示

　　无论是使用指针式万用表还是数字式万用表，在设置量程时，要选择尽量与测量值相近的量程以保证测量值准确。如果设置的量程范围与待测值之间相差过大，则不容易测出准确值。这在测量时要特别注意。

4.1.3　可变电阻器的检测

　　对于可变电阻器的检测，可使用万用表对待测可变电阻器的阻值进行检测。在检测过程中，调整可变电阻器的阻值。正常情况下应该能够检测出阻值的变化。否则说明可变电阻器性能异常。

　　如图 4-5 所示为待测可变电阻器的实物外形。

图 4-5　待测可变电阻器的实物外形

　　将万用表的量程调至"2 k"电阻挡，将万用表红、黑表笔分别搭在可变电阻器的两定片引脚上，并调整旋钮，如图 4-6 所示。

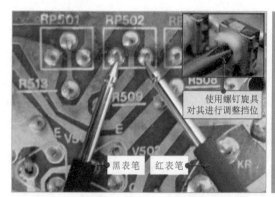

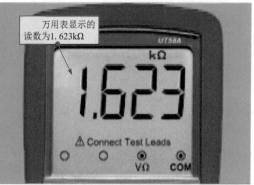

图 4-6　检测可变电阻器的最大阻值

万用表的量程不变，将万用表的红、黑表笔分别搭在可变电阻器的动片和定片引脚上，并调整旋钮，如图 4-7 所示。

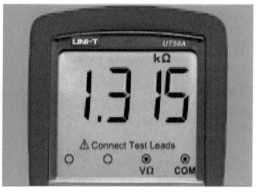

图 4-7　可变电阻器的检测方法

正常情况下，测得可变电阻器的定片与定片之间的阻值最大，测动片与定片之间阻值时，其阻值不固定，若检测动片与定片之间阻值时，调整旋钮，阻值没有变化，说明该可变电阻器已损坏。

电容器的检测

4.2.1　电容器的特点

在对电容器进行检测之前，首先要了解电容器的种类和功能特点，以便对电容器进行检测。

电容器是一种可储存电能的元器件（储能元器件），通常简称为电容。其结构非常简单，主要是由两个互相靠近的导体，中间夹一层不导电的绝缘介质构成的。几种常见电容器的实物外形见图 4-8。

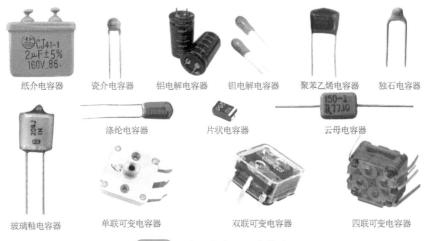

| 纸介电容器 | 瓷介电容器 | 铝电解电容器 | 钽电解电容器 | 聚苯乙烯电容器 | 独石电容器 |

| 涤纶电容器 | 片状电容器 | 云母电容器 |

| 玻璃釉电容器 | 单联可变电容器 | 双联可变电容器 | 四联可变电容器 |

图 4-8   常见电容器的实物外形

在实际电容器表面，也可以找到与电子电路图中对应的标识信息，通常标识有电容器的电容量，有极性的电容器还标有负极性。

电容器的容量值标法通常使用直标法，就是通过一些代码符号将电容的容量值及主要参数等标识在电容器的外壳上。根据我国国家标准的规定，电容器型号命名由 4 个部分构成，容量值由 2 个部分构成。

无极性电容器的标注实例如图 4-9 所示。该电容器的标注为 "CZJD 1μF±10% 400V 80.4"。其中 "C" 表示电容；"Z" 表示纸介电容；"J" 表示金属化电容；"D" 表示铝材质；"1μF" 表示电容量值大小；"±10%" 表示电容允许偏差。因此该电容标识为：金属化纸介铝电容，电容量为 1μF±10%，"400V" 就表示该电容的额定电压。通常电容器的直标采用的是简略方式，只标识出重要的信息，并不是所有的信息都被标识出来。而有些电容还会标识出其他参数，如额定工作电压。

图 4-9   无极性电容器的标注实例

有极性的电容器的标注实例见图 4-10。该电容标识为 "2200μF 25V+85℃ M CE"。其中 "2200μF" 表示电容量大小；"25V" 表示电容的额定工作电压；"+85℃" 表示电容器正常工作的温度范围；"M" 表示允许偏差为 ±20%；"C" 表示电容；"E" 表示其他材料电解电容。所以该电容标识为：其他材料电解电容，大小为 2200μF，正常工作温度不超过 +85℃。由于电容器直标法采用的是简略方式，因此只标识出重要的信息，有些则被省略。

 提示

对于有极性电容器来说，由于引脚有极性之分，为确保安装正确，有极性电容器除了标注出该电容器的相关参数外，而且对电容器引脚的极性也进行了标注。如图 4-11 所示，电容器外壳上标注有 "−" 的引脚为负极性引脚，用以连接电路的低电位。

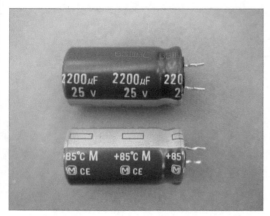

图 4-10 有极性电容器的标注实例

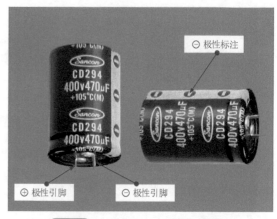

图 4-11 直接标注法识别电容器极性

4.2.2 固定电容器电容量的检测

固定电容器是指电容器经制成后，其电容量不能发生改变的电容器。图 4-12 为待测固定电容器的实物外形，观察该电容器标识，根据标识可以识读出该电容器的标称容量值为 220nF，即 0.22μF。

使用万用表对其进行检测，一般选择带有电容量测量功能的数字式万用表进行。首先将万用表的电源开关打开。将万用表调至

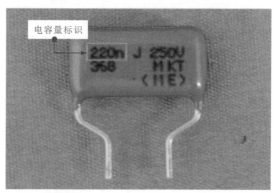

图 4-12 待测固定电容器的实物外形

电容挡，根据电容器上标识的电容值，应当将万用表的量程调至"2μF"，如图 4-13 所示。

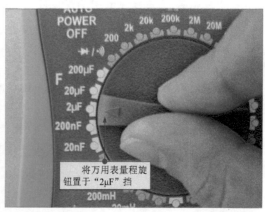

图 4-13 打开万用表开关并调整量程

然后，将附加测试器插座插入万用表的表笔插座中，如图 4-14 所示。

将待测电容器的引脚插入测试插座的"Cx"电容输入插孔中，观测万用表显示的电容读数，测得其电容量为 0.231nF，如图 4-15 所示。根据计算 $1μF=10^3nF=10^6pF$，即 $0.231μF=231nF$，与电容器标称容量值基本相符。

普通电容器的检测

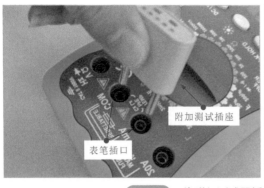 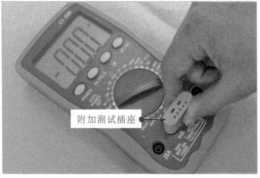

附加测试插座

表笔插口

附加测试插座

图 4-14 将附加测试器插座插入万用表的表笔插座中

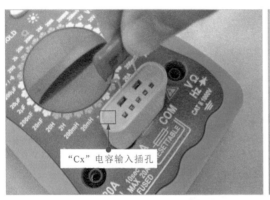 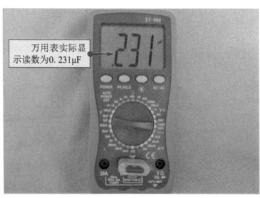

"Cx"电容输入插孔

万用表实际显示读数为0.231μF

图 4-15 对固定电容器进行检测

4.2.3 电解电容器充放电性能的检测

电解电容属于有极性电容,从电解电容的外观上即可判断。一般在电解电容的一侧标记为"−",则表示这一侧的引脚极性即为负极,而另一侧引脚则为正极。电解电容的检测是使用万用表对其漏电电阻值的检测来判断电解电容性能的好坏,图4-16为待测电解电容器的实物外形。

对于大容量电解电容在工作中可能会有很多电荷,如短路会产生很强的电流,为防止损坏万用表或引发电击事故,应先用电阻对其放电,然后再进行检测。对大容量电解电容放电可选用阻值较小的电阻,将电阻的引脚与电容的引脚相连即可,图4-17为电解电容器的放电过程。

用万用表检测电解电容器的充放电性能时,为了能够直观地看到充放电的过程,我们通常选择指针式万用表进行检测。

电解电容器放电完成后,将万用表旋至欧姆挡,量程调整为"R×10k"挡。测量电阻值需先进行欧姆调零,将万用表两表笔短接,调整调零旋钮使指针指示为0。

将万用表红表笔接至电解电容器的负极引脚上,黑表笔接至电解电容器的正极引脚上,观测其指针摆动幅度,如图4-18所示。

在刚接通的瞬间,万用表的指针会向右(电阻小的方向)摆动一个较大的角度。当表针摆动到最大角度后,接着表针又会逐渐向左摆回,直至表针停止在一个固定位置,这说明该电解电容有明显的充放电过程。所测得的阻值即为该电解电容的正向漏电阻,该阻值在正常情况下应比较大。

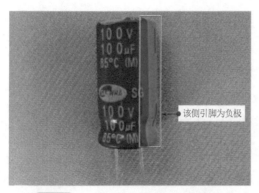

图 4-16 待测电解电容器的实物外形

100 V
100 µF
85℃ (M)

该侧引脚为负极

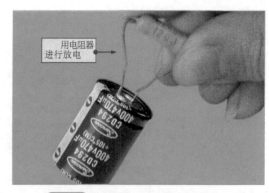

图 4-17 电解电容器的放电过程

用电阻器
进行放电

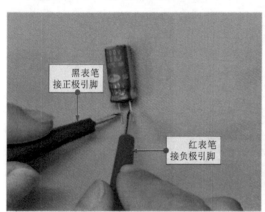

黑表笔
接正极引脚

红表笔
接负极引脚

图 4-18 万用表指针向左逐渐摆回至某一固定位置

若表笔接触到电解电容引脚后，表针摆动到一个角度后随即向回稍微摆动一点，即并未摆回到较大的阻值，此时可以说明该电解电容漏电严重，如图 4-19 所示。

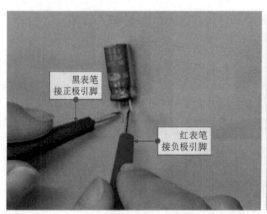

黑表笔
接正极引脚

红表笔
接负极引脚

图 4-19 万用表指针达到的最大摆动幅度与最终停止时的角度

若表笔接触到电解电容引脚后，表针即向右摆动，并无回摆现象，指针就指示一个很小的阻值或阻值趋近于 0，这说明当前所测电解电容已被击穿短路（损坏），如图 4-20 所示。

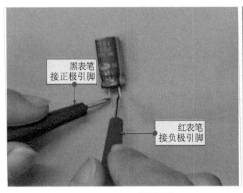

图 4-20 万用表指针向右摆动其趋近于 0

若表笔接触到电解电容引脚后，表针并未摆动，仍指示阻值很大或趋于无穷大，则说明该电解电容中的电解质已干涸，失去电容量（损坏），如图 4-21 所示。

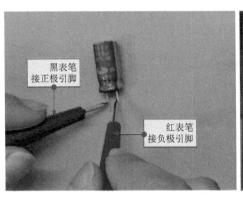

图 4-21 万用表指针无摆动其趋近于无穷大

上述方法用于判断电容器的好坏或性能，若需要对其电容量进行检测，通常可使用数字万用表的电容量挡进行检测（200nF ～ 100μF 范围内）。

4.2.4 可变电容器的检测

在对可变电容器进行检测之前，应首先检查可变电容器在转轴时是否能感觉转轴与动片引脚之间应有一定的黏合性，不应有松脱或转动不灵的情况，如图 4-22 所示。

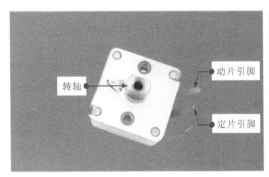
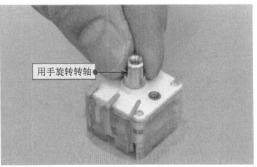

图 4-22 检查可变电容器的转轴

将万用表旋至欧姆挡，量程调整为"R×10k"挡。测量电阻值需先进行欧姆调零，将万用表两表笔短接，调整调零旋钮使指针指示为0。

将万用表的表笔分别接在可变电容动片引脚和定片引脚上，观测万用表读数为无穷大，如图4-23所示。

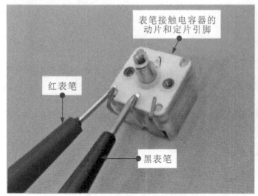

图 4-23 检测压敏电阻器的阻值（1）

用手或螺钉旋具缓慢转动转钮，继续检测阻值，此时观测万用表读数为无穷大，如图4-24所示。

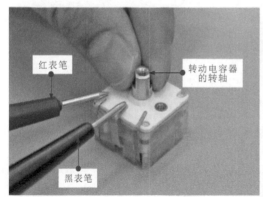

图 4-24 检测压敏电阻器的阻值（2）

这种电容器的电容量很小，通常不超过360pF，用万用表检测不出容量值。只能检测是否内部有碰片短路的情况，即绝缘介质是否有损坏的情况。正常状态下使用万用表检测其阻值应为无穷大。若转轴转动到某一角度，万用表测得的阻值很小或为零，则说明该可变电解电容短路，很有可能是动片与定片之间存在接触或电容器膜片存在严重磨损（固体介质可变电容器）。

4.3

电感器的检测

4.3.1 电感器的特点

在对电感器进行检测之前，首先要了解电感器的种类和功能特点，以便对电感器进行检测。

电感元器件是一种储能元件，它可以把电能转换成磁能并储存起来，是电子产品中最基本、最常用的电子元器件之一。

常见电感器的实物外形见图4-25。

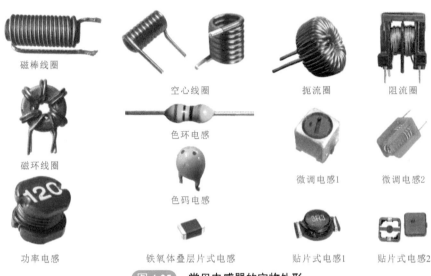

磁棒线圈　空心线圈　扼流圈　阻流圈

磁环线圈　色环电感

功率电感　色码电感　微调电感1　微调电感2

铁氧体叠层片式电感　贴片式电感1　贴片式电感2

图 4-25　常见电感器的实物外形

电感通常采用直标法或色环法标注信息。

在一些实际电感元器件表面，也可以找到与电子电路图中对应的标识信息，电感元器件直标法采用的是简略方式，也就是说只标识出重要的信息。

直接标记法的电感器实物如图4-26所示。标识为"5L713 G"。其中"L"表示电感；"713G"表示电感量。其中英文字母"G"相当于小数点的作用，由于"G"跟在数字"713"之后，因此该电感的电感量为713μH。通常电感器的直标法采用的是简略方式，也就是说只标识出重要的信息，而不是所有的都被标识出来。

图 4-26　直标法标注的电感器

 提示

此外，许多贴片式电感由于体积较小，通常只通过有效数字的标注方式标注该电感的电感量。这种标注方式主要有两种方法：第一种是全部采用数字标注的方式，这种标注方式第1个和第2个数字都分别表示该电感的有效数值，第三个数字则表示10的倍乘数。默认单位为微亨（μH）。全数字标注的电感器实物如图4-27所示。

图中所示的电感标注为"101"，根据规定，前两位数字表示电感量的有效值，即为"10"，第三位的"1"表示"10^1"，因此，该电感的电感量为$10×10^1$μH=100μH。

采用色环标记法标注的电感器如图 4-28 所示。其色环颜色依次为"棕""橙""金""银"。"棕色"表示有效数字 1；"橙色"表示有效数字 3；"金色"表示倍乘数 10^{-1}；"银色"表示允许偏差 ±10%。因此该电感量标识为 1.3μH±10%。

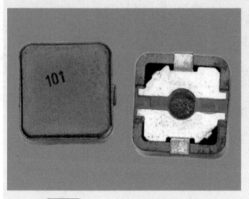

图 4-27　全数字标注的电感器

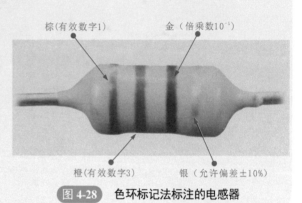

图 4-28　色环标记法标注的电感器

不同颜色的色环代表的意义不同，相同颜色的色环排列在不同位置上的意义也不同，具体见表 4-1 所列。

表 4-1　色标法的含义表

色环颜色	色环所处的排列位		
	有效数字	倍乘数	允许偏差 /%
银色	—	10^{-2}	±10
金色	—	10^{-1}	±5
黑色	0	10^0	—
棕色	1	10^1	±1
红色	2	10^2	±2
橙色	3	10^3	—
黄色	4	10^4	—
绿色	5	10^5	±0.5
蓝色	6	10^6	±0.25
紫色	7	10^7	±0.1
灰色	8	10^8	—
白色	9	10^9	±5
			−20
无色	—	—	±20

提示

通常，在没有明确标注单位的情况下，电感元件默认的单位都为微亨（μH）。

4.3.2　固定电感器的检测

对固定电感器的检测，可使用数字万用表的电感测量功能直接检测待测电感器的电感量。图 4-29 为待测固定电感器的实物外形，观察该电感器色环，其采用四环标注法，颜色从左至右分别为"棕""黑""棕""银"，根据色环颜色定义可以识读出该四环电感器的标称阻值为"100μH"，允许偏差值为 ±1%。

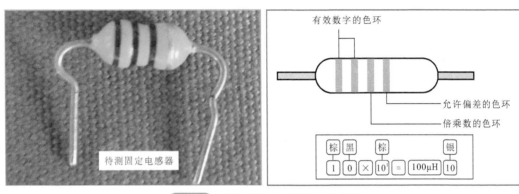

图 4-29　待测固定电感器的实物外形

如图 4-30 所示，根据待测电感器的电感量标称值，将万用表挡位旋钮调至"2mH"挡，然后将附加测试插座插入万用表的表笔插口中，

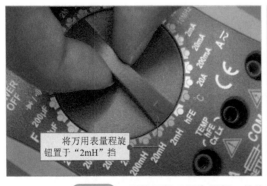

图 4-30　调整量程万用表量程，并将附加测试插座插入万用表的表笔插座中

将待测四环电感器插入附加测试插座"Lx"电感量输入插孔中，对其进行检测。观测万用表显示的电容读数，测得其电感量为 0.114mH，如图 4-31 所示。根据计算 1mH $=1\times10^3$μH，即 0.114mH=114μH，与该电容器的标称值基本相符。

色环电感器的检测

电感检测专用接口

图 4-31　对固定电感器进行检测

4.3.3　微调电感器的检测

　　微调电感器又叫半可调电感器，这种电感器同固定电感器一样，电阻值比较小，因此可以选用数字万用表进行检测。图 4-32 为微调电感器的实物外形。

待测电感器

内接电感线圈的三只引脚

图 4-32　微调电感器的实物外形

　　使用万用表对其进行检测，首先将万用表的电源开关打开。将万用表调至欧姆挡，用于其阻值较小，应当将万用表的量程调至 200Ω 挡位，如图 4-33 所示。

将万用表开关打开

根据电阻器的标称阻值调整量程为"200"欧姆挡

图 4-33　打开万用表开关，并调整量程

　　将万用表的红黑表笔分别搭在内接电感线圈及中心触头的引脚上，观察万用表的读数为0.5Ω，如图 4-34 所示。

第1篇／家电维修入门基础

红表笔

黑表笔

图 4-34 对固定电感器进行检测

若它们之间均有固定阻值，说明该电感正常，可以使用；若测得微调电感器的阻值趋于无穷大，则表明电感器已损坏。

4.4 二极管的检测

4.4.1 二极管的特点

二极管是非常重要的半导体元器件，电子电路中有着广泛的应用。

二极管是一种常用的半导体元器件，它是由一个 P 型半导体和 N 型半导体形成的 PN 结，并在 PN 结两端引出相应的电极引线，再加上管壳密封制成的。

几种常见二极管的实物外形见图 4-35。

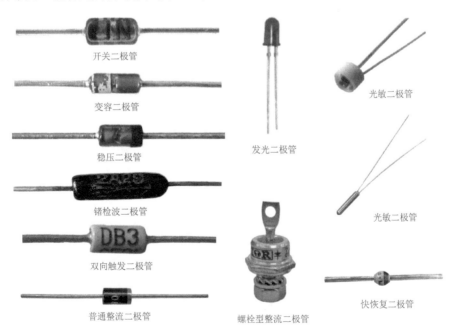

开关二极管

变容二极管

稳压二极管

锗检波二极管

双向触发二极管

普通整流二极管

发光二极管

螺栓型整流二极管

光敏二极管

光敏二极管

快恢复二极管

图 4-35 常见二极管的实物外形

4.4.2　普通二极管的检测

对于普通二极管的检测可利用二极管的单相导电性，分别检测正反向阻值。

首先如图 4-36 所示，根据二极管标识区分待测二极管引脚的正负极。之后，将指针万用表量程调整至"$R \times 1k$"欧姆挡，并进行零欧姆调整。

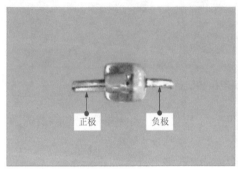 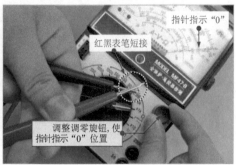

图 4-36　区分待测二极管引脚的正负极，并对万用表进行零欧姆调整

将万用表的红表笔搭在二极管负极引脚上，黑表笔搭在二极管正极引脚上，测得二极管的正向阻值并记为 R_1，其电阻值约为 5kΩ，如图 4-37 所示。

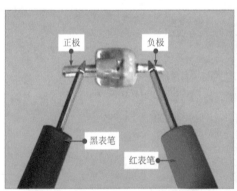 

图 4-37　检测二极管的正向阻值

调换表笔，将黑表笔搭在二极管负极引脚上，红表笔搭在二极管正极引脚上，此时，测得二极管的反向阻值并记为 R_2，其电阻值为无穷大，如图 4-38 所示。

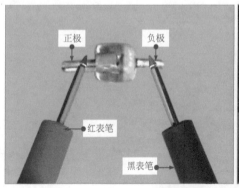 

图 4-38　检测二极管的反向阻值

4.4.3 发光二极管的检测

图 4-39 为待测发光二极的实物外形,在对检测发光二极管进行检测时,通常需要先辨认发光二极管的正极性和负极性,引脚长的为正极,引脚短的为负极。

检测时,首先将万用表量程旋至欧姆挡,量程调整为 "$R \times 1k$" 欧姆挡。之后,再将万用表两表笔短接,调整调零旋钮使指针指示为 0。

将万用表黑表笔搭在发光二极管正极引脚,红表笔搭在发光二极管负极引脚,检测时二极管会发光。观测万用表显示读数,将所测得的正向阻值记为 R_1,其电阻值通常为 20kΩ,如图 4-40 所示。

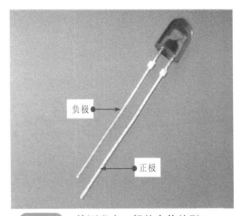

图 4-39 待测发光二极的实物外形

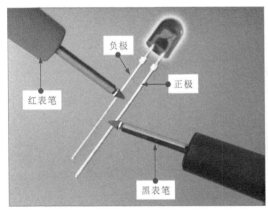

图 4-40 检测发光二极管的正向阻值

调换表笔,将黑表笔搭在发光二极管负极引脚,红表笔搭在发光二极管正极引脚。观测万用表显示读数,将所测得的反向阻值记为 R_2,通常为无穷大,如图 4-41 所示。

若正向阻值 R_1 有一固定电阻值(20kΩ),而反向阻值 R_2 趋于无穷大,即可判定发光二极管良好;若正向阻值 R_1 和反向阻值 R_2 都趋于无穷大,则二极管存在断路故障;若 R_1 和 R_2 数值都很小或趋于 0,可以断定该二极管已被击穿。

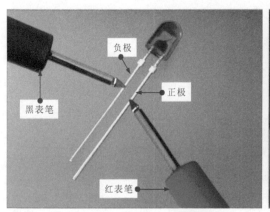

负极

正极

黑表笔

红表笔

图 4-41　检测发光二极管的反向阻值

发光二极管
的检测

4.5

三极管的特点与检测

4.5.1　三极管的特点

　　三极管是非常重要的半导体元器件，这种半导体器件的种类繁多，应用十分广泛。几种常见三极管的实物外形见图 4-42。

NPN型三极管　　　　　PNP型三极管　　　　达林顿三极管　　　　带阻尼三极管

开关三极管　　　　光敏三极管

高频三极管　　　高频小功率三极管　　　金属封装大功率三极管

图 4-42　常见三极管的实物外形

　　三极管应用广泛、种类繁多。根据制作工艺和内部结构的不同，可以分为 NPN 型三极管和 PNP 型三极管（其中又可细分成平面型管、合金型管）；根据功率的不同，可以分为小功率三极管、中功率三极管和大功率三极管；根据工作频率的不同可以分为低频三极管和高频三极管；根据封装形式的不同，主要可分为金属封装型、塑料封装型、贴片式封装型等；根据功能的不同又可以分为放大三极管、开关三极管、光敏三极管、超高频三极管等。

4.5.2　三极管的阻值检测法

以 NPN 型三极管为例，当使用万用表阻值功能检测 NPN 型三极管。万用表黑表笔接 NPN 型三极管的基极时，检测的为三极管基极与集电极、基极与发射极之间的正向阻值，通常只有这两组值有固定数值，其他两两引脚间电阻值均为无穷大。

首先，将万用表量程调整为"$R \times 10k$"欧姆挡。测量电阻值需先进行欧姆调零，将万用表两表笔短接，调整调零旋钮使指针指示为 0。

将万用表的黑表笔搭在三极管的基极引脚上，红表笔搭在三极管的集电极引脚上。观测万用表显示读数，测得基极与集电极之间的正向阻值记为 R_1，其阻值为 4.5kΩ，如图 4-43 所示。

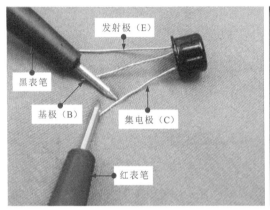

图 4-43　检查晶体三极管基极与集电极之间的正向阻值

调换表笔，将万用表的红表笔搭在晶体三极管的基极引脚上，黑表笔搭在集电极引脚上。观测万用表显示读数，测得基极与集电极之间的反向阻值记为 R_2，其电阻值趋于无穷大，如图 4-44 所示。

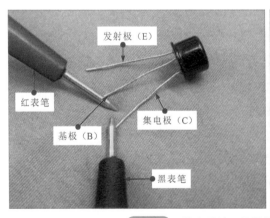

图 4-44　检查晶体三极管基极与集电极之间的反向阻值

将万用表的黑表笔搭在晶体三极管的基极引脚上，红表笔搭在晶体三极管的发射极引脚上。观测万用表显示读数，测得基极与发射极之间的正向阻值记为 R_3，其电阻值约为 8kΩ，如图 4-45 所示。

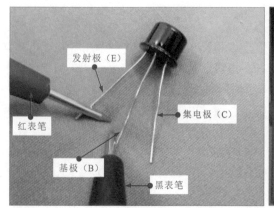

图 4-45　检查晶体三极管基极与发射极之间的正向阻值

　　调换表笔，即万用表的红表笔搭在晶体三极管的基极引脚上，黑表笔搭在晶体三极管的发射极引脚上。观测万用表显示读数，测得基极与发射极之间的反向阻值记为 R_4，其电阻值趋于无穷大，如图 4-46 所示。

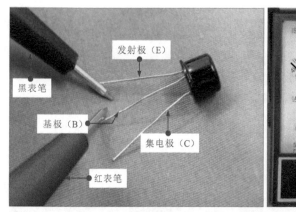

图 4-46　检查晶体三极管基极与发射极之间的反向阻值

　　若 R_2 远大于 R_1、R_4 远大于 R_3、R_1 约等于 R_3，可以断定该 NPN 型三极管正常；若以上条件有任何一个不符合，可以断定该 NPN 型三极管不正常。

 提示

　　PNP 型三极管的阻值检测方法同 NPN 型三极管基本相同，只是测量 PNP 型三极管时，需使用红表笔接基极，此时检测的为三极管基极与集电极、基极与发射极之间的正向阻值，且一般只有这两个值有一固定数值，其他两两引脚间电阻值均为无穷大。

4.5.3　三极管的放大倍数测量法

　　三极管的主要功能就是具有对电流放大的作用，其放大倍数一般可通过万用表的三极管放大倍数检测插孔进行检测，如图 4-47 所示分别为指针万用表和数字万用表晶体三极管放大倍数检测插孔的外形。

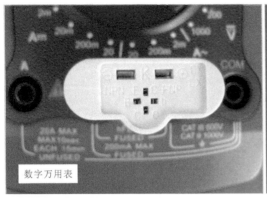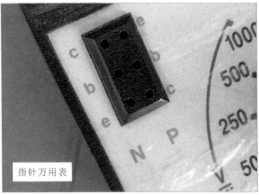

数字万用表

指针万用表

图 4-47　指针万用表和数字万用表晶体三极管放大倍数检测插孔的外形

　　使用数字万用表进行测量时，首先打开万用表的电源开关。将万用表的量程调整至专用于检测三极管放大倍数的"hFE"挡。将万用表附加的测试插座插入表笔的插孔中。如图 4-48 所示。

"hFE"挡位显示

"hFE"挡

附加测试插座

图 4-48　调整万用表量程，并将附加的测试插座插入表笔的插孔中

　　待测的 NPN 型三极管插入"NPN"输入插孔，插入时应注意引脚的插入方向。观察万用表的放大倍数，得到三极管的放大倍数为 354 倍，如图 4-49 所示。

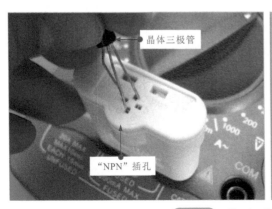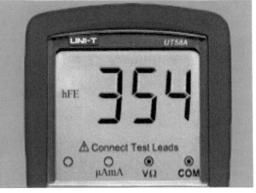

晶体三极管

"NPN"插孔

图 4-49　检测晶体三极管的放大倍数

4.6 场效应晶体管的检测

4.6.1 场效应晶体管的特点

场效应晶体管（Field-Effect Transistor，简称 FET）是一种典型的电压控制型半导体元器件，具有输入阻抗高、噪声小、热稳定性好、容易被静电击穿等特点。

图 4-50 为几种常见场效应晶体管的实物外形。场效应晶体管也是一种具有 PN 结结构的半导体元器件。

结型场效应晶体管（塑料封装）　结型场效应晶体管（金属封装）　绝缘栅型场效应晶体管（塑料封装）　绝缘栅型场效应晶体管（贴片式）　场效应晶体管（金属封装）

图 4-50 常见场效应晶体管的实物外形

场效应晶体管是一种电压控制器件，多应用于各种电压放大电路中。如图 4-51 所示，结型场效应晶体管与三极管相似，可用来制作信号放大器、振荡器和调制器等。由结型场效应晶体管组成的放大器基本结构有 3 种，即共源极（S）放大器、共栅极（G）放大器和共漏极（D）放大器。

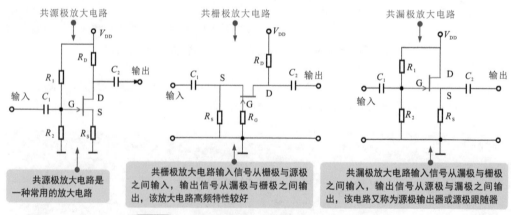

图 4-51 结型场效应晶体管构成的电压放大电路

4.6.2 场效应晶体管放大特性的检测方法

场效应晶体管是一种常见电压控制器件，由于其易被静电击穿损坏，因此原则上不能用万用表直接检测各引脚之间的正、反向阻值，可以在电路板上在路检测，或根据其在电路中的功能，搭建相应的电路，然后进行检测。

图 4-52 为场效应晶体管作为驱动放大器件的测试电路。图中发光二极管是被驱动器件。场效应晶体管 VF 作为控制器件。场效应晶体管漏极 D 和源极 S 之间的电流受栅极 G 电压的控制，其特性如图所示。

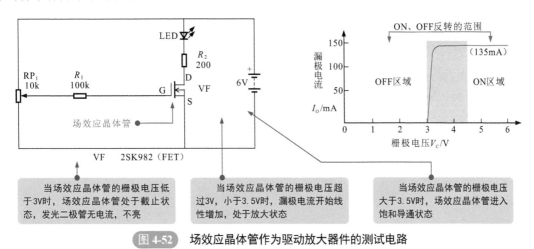

图 4-52 场效应晶体管作为驱动放大器件的测试电路

如图 4-53 所示，使用数字万用表对场效应晶体管的驱动放大性能进行检测。

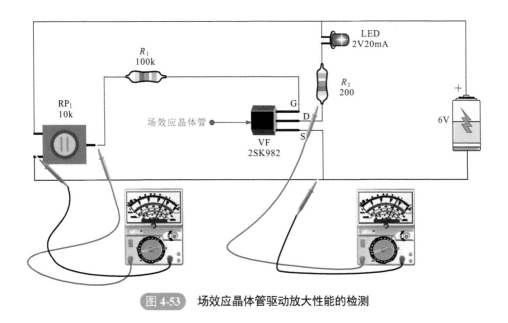

图 4-53 场效应晶体管驱动放大性能的检测

电路中 RP_1 的动片经 R_1 为场效应晶体管栅极提供电压，微调 RP_1，分别输出低于 3V、3 ~ 3.5V、高于 3.5V 几种电压，用数字万用表检测场效应晶体管漏极 D 对地的电压，即可了解其导通情况。

同时，观察 LED 的发光状态。场效应晶体管截止时，LED 不亮；场效应晶体管放大时，LED 微亮；场效应晶体管饱和导通时，LED 全亮。

当场效应晶体管饱和导通时，LED 压降为 2V，R_2 压降为 4V，电流则为 20mA。

4.7 晶闸管的检测

4.7.1 晶闸管的特点

晶闸管是晶体闸流管的简称，它是一种可控整流半导体元器件，也称为可控硅。

图 4-54 为几种常见晶闸管的实物外形。电子电路中，常用的晶闸管根据不同分类方式可分为多种类型。

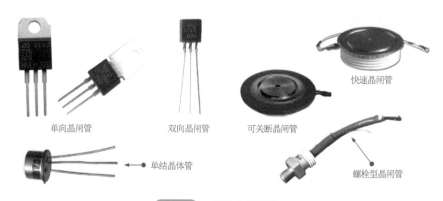

单向晶闸管　　　双向晶闸管　　　可关断晶闸管　　　快速晶闸管

单结晶体管　　　螺栓型晶闸管

图 4-54　常见的晶闸管

晶闸管在一定的电压条件下，只要有一个触发脉冲就可导通，触发脉冲消失，晶闸管仍然能维持导通状态，以微小的功率控制较大的功率，因此，常作为电动机驱动、电动机调速、电量通断、调压、控温等的控制器件，广泛应用于电子电器产品、工业控制及自动化生产领域。

4.7.2　单向晶闸管触发能力的检测

单向晶闸管作为一种可控整流器件，采用阻值检测方法无法判断内部开路状态。因此一般不直接用万用表检测阻值判断，但可借助万用表检测其触发能力。图 4-55 为单向晶闸管触发能力的具体检测方法。

单向晶闸管触发能力的检测

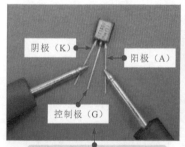

阴极（K）　阳极（A）　控制极（G）

1 将万用表的黑表笔搭在单向晶闸管阳极（A），红表笔搭在阴极（K）上

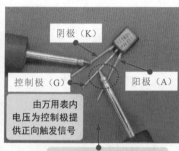

阴极（K）　控制极（G）　阳极（A）

由万用表内电压为控制极提供正向触发信号

3 将黑表笔同时搭在阳极（A）和控制极（G）上，使两引脚短路

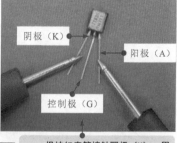

阴极（K）　阳极（A）　控制极（G）

5 保持红表笔接触阴极（K），黑表笔接触阳极（A）的前提下，脱开控制极（G）

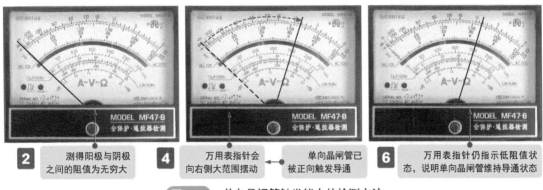

| **2** 测得阳极与阴极之间的阻值为无穷大 | **4** 单向晶闸管已被正向触发导通 ← 万用表指针会向右侧大范围摆动 | **6** 万用表指针仍指示低阻值状态，说明单向晶闸管维持导通状态 |

图 4-55　单向晶闸管触发能力的检测方法

提示

用万用表检测 [选择"×1"欧姆挡（输出电流大）] 单向晶闸管的触发能力应符合以下规律：

① 万用表的红表笔搭在单向晶闸管阴极（K）上，黑表笔搭在阳极（A）上，所测电阻值为无穷大；

② 用黑表笔接触 A 极的同时，也接触控制极（G），加上正向触发信号，表针向右偏转到低阻值即表明晶闸管已经导通；

③ 黑表笔脱开控制极（G），只接触阳极（A）极，万用表指针仍指示低阻值状态，说明单向晶闸管处于维持导通状态，即被测单向晶闸管具有触发能力。

4.7.3　双向晶闸管触发能力的检测

如图 4-56 所示，检测双向晶闸管的触发能力与单向晶闸管触发能力的方法基本相同，只是所测晶闸管引脚极性不同。

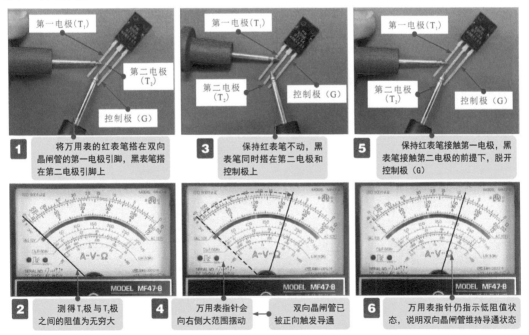

| **1** 将万用表的红表笔搭在双向晶闸管的第一电极引脚上，黑表笔搭在第二电极引脚上 | **3** 保持红表笔不动，黑表笔同时搭在第二电极和控制极上 | **5** 保持红表笔接触第一电极，黑表笔接触第二电极的前提下，脱开控制极（G） |
| **2** 测得 T_1 极与 T_2 极之间的阻值为无穷大 | **4** 双向晶闸管已被正向触发导通 ← 万用表指针会向右侧大范围摆动 | **6** 万用表指针仍指示低阻值状态，说明双向晶闸管维持导通状态 |

图 4-56　双向晶闸管触发能力的检测方法

提示

在正常情况下，用万用表检测 [选择 "×1" 欧姆挡（输出电流大）] 双向晶闸管的触发能力应符合以下规律：

① 万用表的红表笔搭在双向晶闸管的第一电极（T_1）上，黑表笔搭在第二电极（T_2）上，测得阻值应为无穷大。

② 将黑表笔同时搭在第二电极（T_2）和控制极（G）上，使两引脚短路，即加上触发信号，这时万用表指针会向右侧大范围摆动，说明双向晶闸管已导通（导通方向：$T_2 \rightarrow T_1$）。

③ 若将表笔对换后进行检测，发现万用表指针向右侧大范围摆动，说明双向晶闸管另一方向也导通（导通方向：$T_1 \rightarrow T_2$）。

④ 黑表笔脱开 G 极，只接触第一电极（T_1），万用表指针仍指示低阻值状态，说明双向晶闸管维持通态，即被测双向晶闸管具有触发能力。

第 5 章

家电产品中功能部件的检测

5.1 开关部件的检测

开关部件一般指用来控制仪器、仪表的工作状态或对多个电路进行切换的部件，可以在开和关两种状态下相互转换。

5.1.1 开关部件的功能特点

开关部件的功能是接通或断开电路，种类繁多，不同类型开关部件的结构存在差异，所实现的功能也各不相同，有的起开关作用，有的起转换作用，按照控制方式划分，主要有按动式开关、滑动型开关、旋转式开关等。

（1）按动式开关的功能特点

图 5-1 为按动式开关的分类和功能特点。

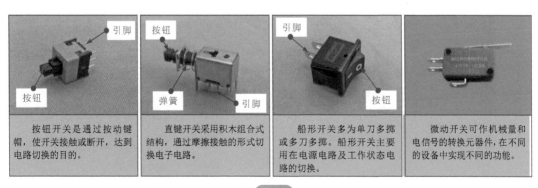

引脚 按钮	按钮 弹簧　引脚	引脚 按钮	
按钮开关是通过按动键帽，使开关接触或断开，达到电路切换的目的。	直键开关采用积木组合式结构，通过摩擦接触的形式切换电子电路。	船形开关多为单刀多掷或多刀多掷。船形开关主要用在电源电路及工作状态电路的切换。	微动开关可作机械量和电信号的转换元器件，在不同的设备中实现不同的功能。

图 5-1

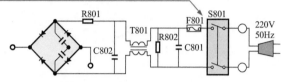

在彩色电视机电源电路中，按下按钮开关 S801后，电路即可导通，交流220V市电经熔断 器T801送入电源电路，完成整流、滤波等一系 列处理。

图 5-1　按动式开关的分类和功能特点

（2）滑动型开关的功能特点

滑动型开关具有拨动省力、定位可靠、使用方便等特点，因此被广泛应用在电子产品中。 由于不同产品对开关的外形、尺寸及开关数量有不同的要求，因而具体产品也有很多的型号。 图 5-2 为滑动型开关的功能特点。

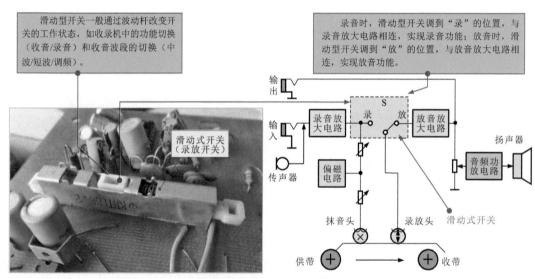

图 5-2　滑动型开关的功能特点

（3）旋转式开关的功能特点

图 5-3 为旋转式开关的功能特点。

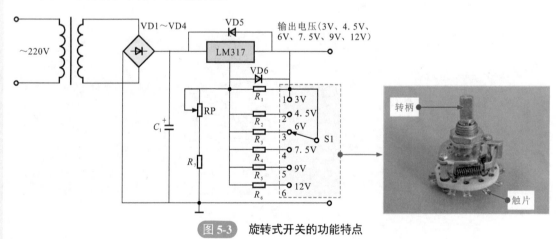

图 5-3　旋转式开关的功能特点

5.1.2 开关部件的检测

检测开关部件时，主要是使用万用表检测开关部件引脚之间在不同状态下的阻值是否正常。由于开关部件的检测方法基本相同，因此下面将以典型的按动式开关为例进行介绍。图 5-4 为按动式开关的检测方法。

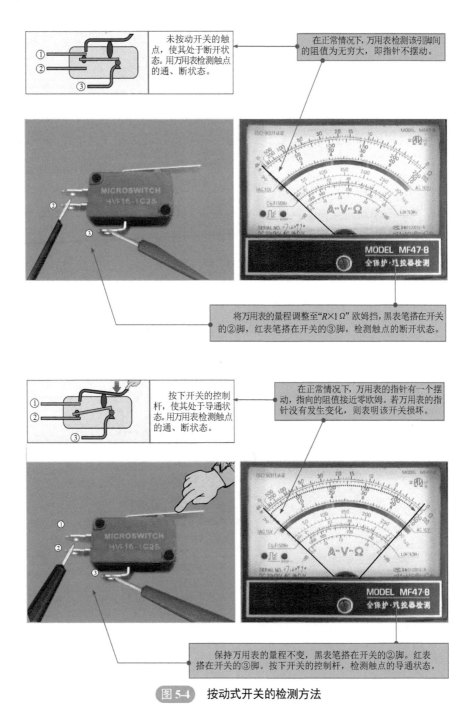

未按动开关的触点，使其处于断开状态。用万用表检测触点的通、断状态。

在正常情况下，万用表检测该引脚间的阻值为无穷大，即指针不摆动。

将万用表的量程调整至"$R×1\ \Omega$"欧姆挡，黑表笔搭在开关的②脚，红表笔搭在开关的③脚，检测触点的断开状态。

按下开关的控制杆，使其处于导通状态。用万用表检测触点的通、断状态。

在正常情况下，万用表的指针有一个摆动，指向的阻值接近零欧姆。若万用表的指针没有发生变化，则表明该开关损坏。

保持万用表的量程不变，黑表笔搭在开关的②脚。红表搭在开关的③脚。按下开关的控制杆，检测触点的导通状态。

图 5-4 按动式开关的检测方法

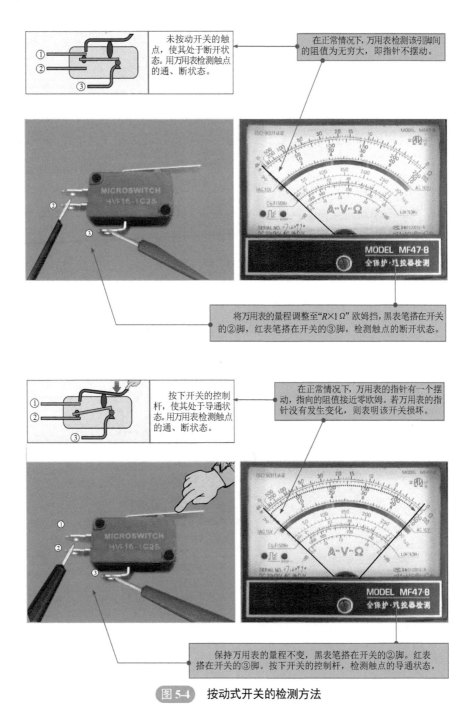

5.2 传感器的检测

传感器是指能感受并能按一定规律将所感受到的被测物理量或化学量（如温度、湿度、光线、速度、浓度、位移、重量、压力、声音等）转换成便于处理与传输的电量的元器件或装置。简单地说，传感器是一种将外界物理量转换为电信号的器件。

5.2.1 传感器的功能特点

电子技术中应用的传感器种类较多，按照基本的感知功能可分为光电传感器、温度传感器、湿度传感器、霍尔传感器等。

（1）光电传感器的功能特点

光电传感器是指将光的变化量转换为电信号的元器件（如光敏电阻、光敏二极管、光敏晶体管、光耦合器及光电池等）。常见的光电传感器如图 5-5 所示。

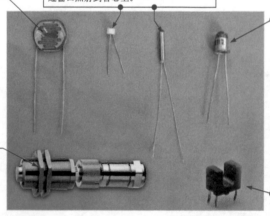

> **光敏电阻器**
> 由半导体材料制成的电阻器。当外界光照强度变化时，阻值会随之发生变化。

> **光敏二极管**
> 在光线照射下，反向阻值会由大变小，顶端有射入光线的窗口，光线可通过窗口照射到管芯上。

> **光敏晶体管**
> 具有放大能力的光电转换元器件，在无光照时处于截止状态。有光线照射受光窗口（基极）时，集电极与发射极之间的阻抗降低，在外加电压的条件下形成光电流。一般的光敏晶体管的特性为：随照射光线强度的增大，电阻值逐渐减小。

> **光电池**
> 可直接将光能转换成电能的元器件，又称太阳能电池。该类传感器利用光线直接感应出电动势，并且根据接收光照射的强度产生相应大小不同的电流。

> **光耦合器**
> 由发光二极管和光敏晶体管构成，工作过程是电→光→电的变换过程，实现输入电信号与输出电信号间的传输，又具有输入与输出之间的电气隔离作用。

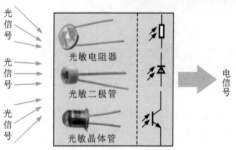
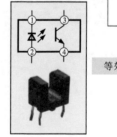
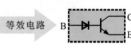

(a) 光敏电阻器、光敏二极管、光敏晶体管工作原理

(b) 光耦合器工作原理

图 5-5 常见的光电传感器

图 5-6 为光电传感器的典型应用。

光敏电阻器的典型应用

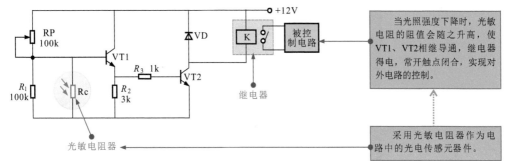

当光照强度下降时，光敏电阻的阻值随之升高，使VT1、VT2相继导通，继电器得电，常开触点闭合，实现对外电路的控制。

采用光敏电阻器作为电路中的光电传感元器件。

光敏电阻器

这是一种光控开关电路，采用光敏电阻器作为光电传感器件，通过环境光照的改变自动实现对外电路的控制。

光敏二极管的典型应用

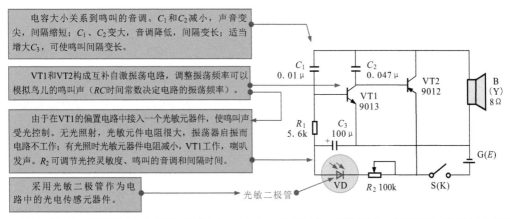

电容大小关系到鸣叫的音调。C_1 和 C_2 减小，声音变尖，间隔缩短；C_1、C_2 变大，音调降低，间隔变长；适当增大 C_3，可使鸣叫间隔变长。

VT1和VT2构成互补自激振荡电路，调整振荡频率可以模拟鸟儿的鸣叫声（RC 时间常数决定电路的振荡频率）。

由于在VT1的偏置电路中接入一个光敏元器件，使鸣叫声受光控制。无光照射，光敏元件电阻很大，振荡器启振而电路不工作；有光照时光敏元器件电阻减小，VT1工作，喇叭发声。R_2 可调节光控灵敏度、鸣叫的音调和间隔时间。

采用光敏二极管作为电路中的光电传感元器件。

光敏二极管

这是采用光敏二极管作为光电传感部件的玩具电路。天亮时，电路中的光敏二极管感受到光照强度变化，即会驱动扬声器发出悦耳的鸟鸣声。

光敏晶体管的典型应用

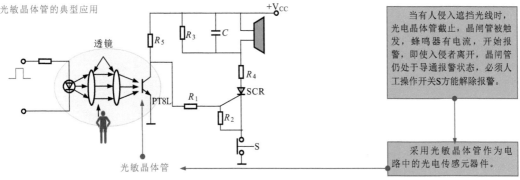

当有人侵入遮挡光线时，光电晶体管截止，晶闸管被触发，蜂鸣器有电流，开始报警，即使入侵者离开，晶闸管仍处于导通报警状态，必须人工操作开关S方能解除报警。

采用光敏晶体管作为电路中的光电传感元器件。

光敏晶体管

这是采用光电检测方式的防盗报警器电路。采用光敏晶体管作为光电传感器件，有人侵入时会触发报警。

图 5-6　光电传感器的典型应用

（2）温度传感器的功能特点

温度传感器实质上是一种热敏电阻器，是利用热敏电阻器的阻值随温度变化而变化的特性来测量温度及与温度有关的参数，并将参数变化量转换为电信号，送入控制部分，实现自动控制。图 5-7 为温度传感器的功能特点。

温度传感器的检测

温度传感器的功能特点

温度是日常生活、医学、工农业生产及科研等各个领域广泛接触的物理量。检测温度的元器件是热敏元器件，即温度传感器。这类传感器应用领域极为广泛，用于各种需要对温度进行控制、测量、监视及补偿等场合。

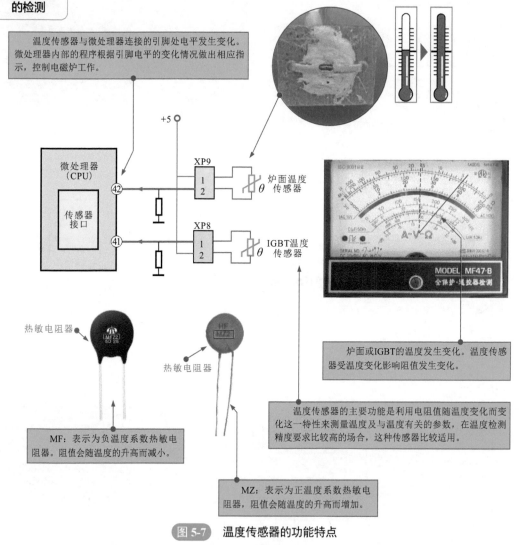

温度传感器与微处理器连接的引脚处电平发生变化。微处理器内部的程序根据引脚电平的变化情况做出相应指示，控制电磁炉工作。

炉面或IGBT的温度发生变化。温度传感器受温度变化影响阻值发生变化。

MF：表示为负温度系数热敏电阻器。阻值会随温度的升高而减小。

MZ：表示为正温度系数热敏电阻器，阻值会随温度的升高而增加。

温度传感器的主要功能是利用电阻值随温度变化而变化这一特性来测量温度及与温度有关的参数，在温度检测精度要求比较高的场合，这种传感器比较适用。

图 5-7 温度传感器的功能特点

（3）湿度传感器的功能特点

常见的湿度传感器是一种湿敏电阻，阻值对环境湿度比较敏感。图5-8为湿度传感器的功能特点。

（4）霍尔传感器的功能特点

霍尔传感器又称磁电传感器，主要由霍尔元件构成。霍尔元件是一种特殊的半导体器件。图5-9为霍尔传感器的功能特点。

湿度传感器的功能特点

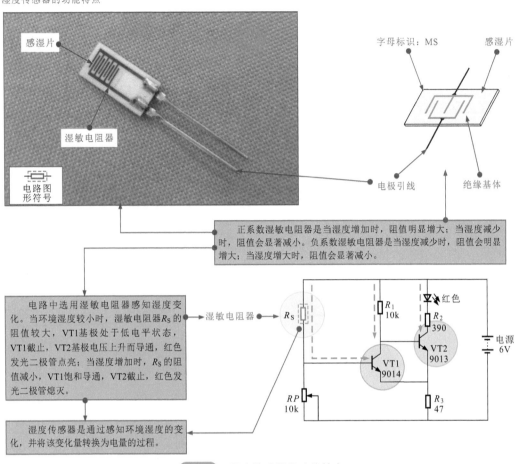

正系数湿敏电阻器是当湿度增加时，阻值明显增大；当湿度减少时，阻值会显著减小。负系数湿敏电阻器是当湿度减少时，阻值会明显增大；当湿度增大时，阻值会显著减小。

电路中选用湿敏电阻器感知湿度变化。当环境湿度较小时，湿敏电阻器R_S的阻值较大，VT1基极处于低电平状态，VT1截止，VT2基极电压上升而导通，红色发光二极管点亮；当湿度增加时，R_S的阻值减小，VT1饱和导通，VT2截止，红色发光二极管熄灭。

湿度传感器是通过感知环境湿度的变化，并将该变化量转换为电量的过程。

图 5-8　湿度传感器的功能特点

当用磁铁靠近霍尔传感器IC1（相当于按下霍尔开关IC1）时，IC1③脚输出低电平信号，继电器KA动作、KA-1接通，VT1导通，KA自锁，同时经电阻R_3加到VT2的基极，VT2导通，输出高电平控制信号。

由霍尔传感器UGN31110N构成的霍尔电子开关电路，适合在一些特殊环境下作为电子开关。电路中，霍尔传感器IC1、IC2分别作为开关使用。

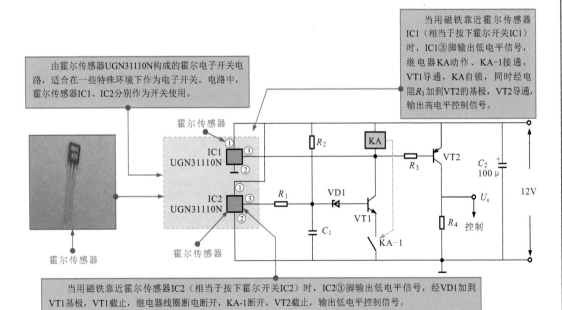

当用磁铁靠近霍尔传感器IC2（相当于按下霍尔开关IC2）时，IC2③脚输出低电平信号，经VD1加到VT1基极，VT1截止，继电器线圈电断断开，KA-1断开，VT2截止，输出低电平控制信号。

图 5-9　霍尔传感器的功能特点

5.2.2　传感器的检测

了解了传感器的功能特点后，下面分别对光电传感器、温度传感器、湿度传感器、霍尔传感器进行检测。

（1）光电传感器的检测

测量光电传感器，一般都是在改变光照条件下通过万用表测量其阻值，根据测量结果判断好坏。图 5-10 为光敏电阻器的检测方法。

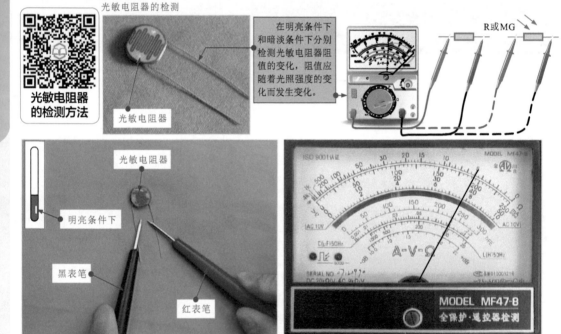

将万用表的红、黑表笔分别搭在待测光敏电阻器引脚的两端，结合挡位设置（"×100"欧姆挡）观察指针的指示位置，识读当前测量值为5×100Ω＝500Ω，正常。

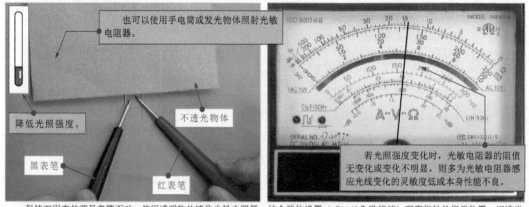

保持万用表的两只表笔不动，使用透明物体遮住光敏电阻器，结合挡位设置（"×1k"欧姆挡）观察指针的指示位置，识读当前测量值为14×1kΩ＝14kΩ，正常。

图 5-10　光敏电阻器的检测方法

可根据光敏二极管在不同光照条件下阻值发生变化的特性判断性能好坏。图 5-11 为光敏二极管的检测方法。

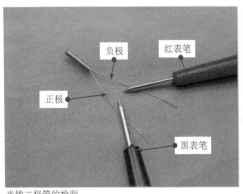

光敏二极管的检测

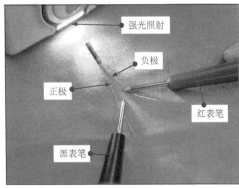

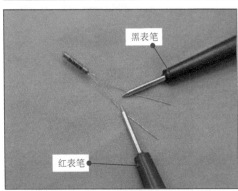

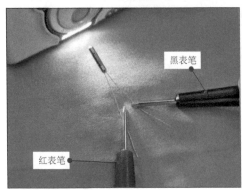

　　黑表笔搭在光敏二极管的正极引脚上，红表笔搭在负极引脚上，测得正向阻值为 32kΩ，红、黑表笔保持不动，使用强光源照射二极管感光部位，测量值减小为 5kΩ。

　　黑表笔搭在光敏二极管的负极引脚上，红表笔搭在正极引脚上，测得反向阻值为无穷大，红、黑表笔保持不动，使用强光源照射二极管感光部位，测量值减小到 30kΩ 左右。

图 5-11　光敏二极管的检测方法

提示

　　光敏二极管在正常光照下的阻值变化规律与普通二极管的变化规律相同，当光敏二极管在强光源下时，正向阻值和反向阻值都相应减小。

　　光敏晶体管（光敏晶体三极管）是一种受光作用时，引脚间阻值会发生变化的一种三极管。因此光敏晶体管的检测方法与光敏二极管的检测方法基本类似，也是根据在不同光照条件下阻值会发生变化的特性来判断性能好坏。图 5-12 为光敏晶体管的检测方法。

光敏晶体管的检测

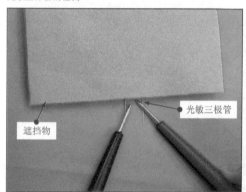

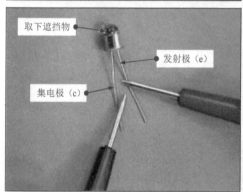

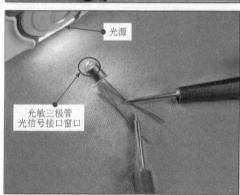

　　将光敏三极管用遮挡物遮挡，并将万用表红、黑表笔分别搭在发射极（e）和集电极（c）上，测得 e-c 之间的阻值为无穷大，正常。
　　将遮挡物取下，保持万用表红、黑表笔不动，将光敏三极管置于一般光照条件下，测得 e-c 之间的阻值为650kΩ，正常。
　　使用光源照射光敏三极管的光信号接收窗口，在较强光照条件下，测得 e-c 之间的阻值为60kΩ，正常。

图 5-12　光敏晶体管的检测方法

（2）温度传感器的检测

温度传感器能够灵敏感知周围环境温度的变化情况，检测该类传感器时可通过改变环境温度条件，用万用表测其阻值，并根据检测结果判断性能的好坏。热敏电阻器是温度传感器中最为常用的传感器。下面以该器件为例介绍温度传感器的基本检测方法。图 5-13 为热敏电阻器的检测方法。

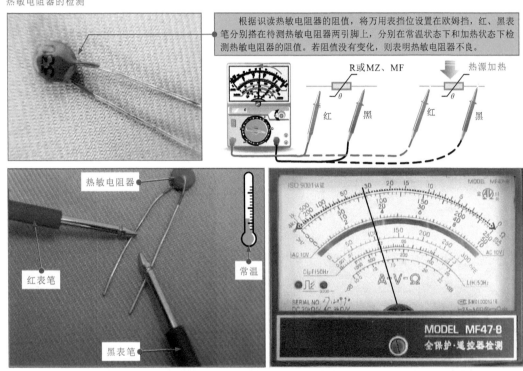

热敏电阻器的检测

根据识读热敏电阻器的阻值，将万用表挡位设置在欧姆挡，红、黑表笔分别搭在待测热敏电阻器两引脚上，分别在常温状态下和加热状态下检测热敏电阻器的阻值。若阻值没有变化，则表明热敏电阻器不良。

将万用表的红、黑表笔分别搭在待测热敏电阻器引脚的两端，结合挡位设置（"×10"欧姆挡）观察指针的指示位置，识读当前测量值为33×10Ω＝330Ω，正常。

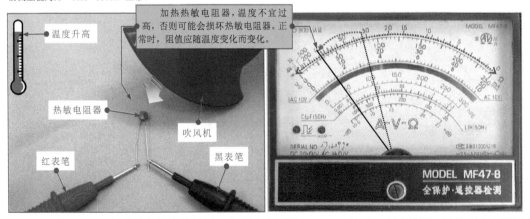

加热热敏电阻器，温度不宜过高，否则可能会损坏热敏电阻器。正常时，阻值应随温度变化而变化。

红、黑表笔不动，用吹风机或电烙铁加热热敏电阻器，结合挡位设置（"×10"欧姆挡）观察指针的指示位置，读取当前测量值为130×10Ω＝1300Ω，正常。若温度变化，阻值不变，则说明该热敏电阻器性能不良。

图 5-13　热敏电阻器的检测方法

（3）湿度传感器的检测

湿度传感器的阻值会随周围湿度的变化而变化。常见的湿度传感器是一种湿敏电阻，阻值对环境湿度比较敏感。根据这一特性，可用万用表检测其在不同湿度环境下的阻值来判断该传感器的好坏。图5-14为湿敏电阻器的检测方法。

湿敏电阻器的检测方法

湿敏电阻器的检测

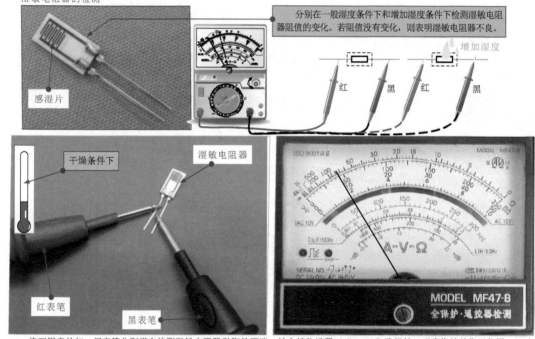

感湿片

分别在一般湿度条件下和增加湿度条件下检测湿敏电阻器阻值的变化。若阻值没有变化，则表明湿敏电阻器不良。

增加湿度

红　黑　红　黑

干燥条件下　　　湿敏电阻器

红表笔　　黑表笔

将万用表的红、黑表笔分别搭在待测温敏电阻器引脚的两端，结合挡位设置（"×10k"欧姆挡）观察指针的指示位置，识读当前测量值为75.6×10kΩ＝756kΩ，正常。

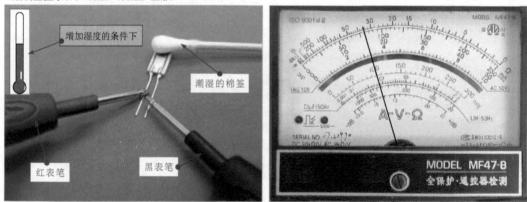

增加湿度的条件下

潮湿的棉签

红表笔　　黑表笔

红、黑表笔不动，将潮湿的棉签放在湿敏电阻器的表面，增加湿敏电阻器的湿度，结合挡位设置（"×10k"欧姆挡），观察指针的指示位置，读取当前测量值为33.4×10kΩ＝334kΩ，正常。

图5-14　湿敏电阻器的检测方法

提示

通过以上的描述可知，在正常湿度和湿度增大的情况下，湿敏电阻器都有一固定值，表明湿敏电阻器基本正常。若湿度变化，电阻值不变，则说明该湿敏电阻器性能不良。一般情况下，湿敏电阻器不受外力碰撞不会轻易损坏。

（4）霍尔传感器的检测

霍尔传感器一般都具有电源端、信号输出端和接地端，检测时，可通过万用表测阻值的方法判断好坏，也可用示波器在路检测输出端的信号。图5-15为霍尔传感器的检测方法。

霍尔传感器的检测

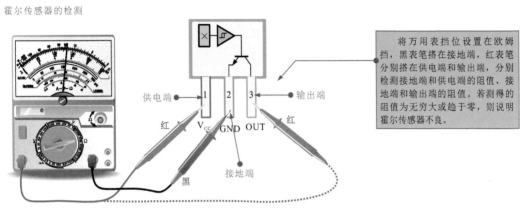

将万用表挡位设置在欧姆挡，黑表笔搭在接地端，红表笔分别搭在供电端和输出端，分别检测接地端和供电端的阻值、接地端和输出端的阻值。若测得的阻值为无穷大或趋于零，则说明霍尔传感器不良。

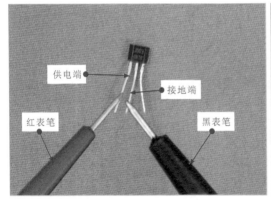 

将万用表红、黑表笔分别搭在霍尔传感器的供电端和接地端，结合挡位设置（"×1k"欧姆挡）观察指针的指示位置，识读当前的测量值为0.9×1kΩ＝0.9kΩ，正常。

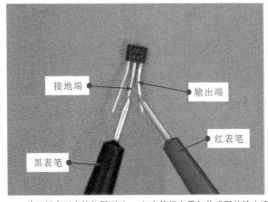 

将万用表黑表笔位置不动，红表笔搭在霍尔传感器的输出端，结合挡位设置（"×1k"欧姆挡）观察指针的指示位置，识读当前的测量值为8.7×1kΩ＝8.7kΩ，正常。

图5-15 霍尔传感器的检测方法

5.3

电声器件的检测

电声器件是一种换能器件，能将音频电信号转换成声波，或者能将声波转换成电信号。电声器件在影音产品中的应用十分广泛，是音频设备的重要组成部分。

5.3.1 电声器件的功能特点

电声器件的种类繁多，不同类型的电声器件，其结构存在差异，主要有扬声器、蜂鸣器等。

（1）蜂鸣器的功能特点

蜂鸣器是一种一体化结构的电子讯响器，采用直流电压或脉冲电压供电，可将电信号转换成声波，广泛应用于计算机、打印机、复印机、报警器、电子玩具、汽车电子设备、电话机、定时器等电子产品中。图 5-16 为蜂鸣器的功能特点。

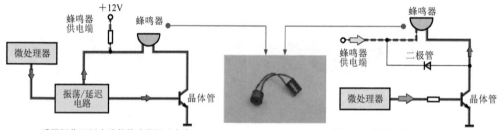

(a) 采用振荡/延迟电路的蜂鸣器驱动电路   (b) 微处理器直接控制的蜂鸣器驱动电路

报警驱动电路是通过微处理器驱动控制的。蜂鸣器供电端接+18V或+12V直流电压，当微处理器输出驱动信号后，该信号经晶体管放大后，驱动蜂鸣器，使其发出声响。该电路中的二极管用于吸收反向脉冲，以保护晶体管不受损坏。

图 5-16　蜂鸣器的功能特点

（2）扬声器的功能特点

扬声器俗称喇叭，是音响系统中不可或缺的重要器材，所有的音乐都是通过扬声器发出声音，传到人耳的。图 5-17 为扬声器的功能特点。

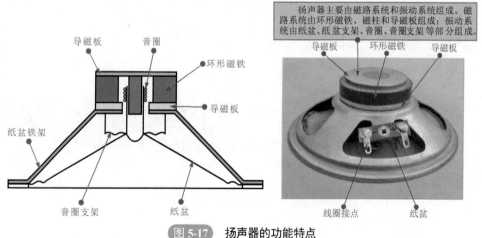

扬声器主要由磁路系统和振动系统组成。磁路系统由环形磁铁、磁柱和导磁板组成；振动系统由纸盆、纸盆支架、音圈、音圈支架等部分组成。

图 5-17　扬声器的功能特点

提示

音圈是用漆包线绕制成的，圈数很少（通常只有几十圈），故阻抗很小。音圈的引出线平贴着纸盆，用胶水粘在纸盆上。纸盆是由特制的模压纸制成的，在中心加有防尘罩，防止灰尘和杂物进入磁隙，影响振动效果。其工作原理是：当扬声器的音圈通入音频电流后，音圈在电流的作用下产生交变磁场，永久磁铁同时也产生大小与方向不变的恒定磁场。

由于音圈产生磁场的大小和方向随音频电信号的变化不断地在改变，这样两个磁场的相互作用使音圈做垂直于音圈中电流方向的运动，由于音圈和振动膜相连，从而音圈带动振动膜振动，由振动膜振动引起空气的振动而发出声音。

在工作过程中，输给音圈的音频电信号越大，其磁场的作用力就越大，振动膜振动的幅度也就越大，声音越响；反之，声音越弱。扬声器可以发出的高音部分主要在振动膜的中央，低音部分主要在振动膜的边缘。如果扬声器的振动膜边缘较为柔软且纸盆口径较大，则扬声器发出的低音效果较好。

5.3.2　电声器件的检测

了解了电声器件的功能特点后，下面分别对蜂鸣器和扬声器进行检测。

（1）蜂鸣器的检测

蜂鸣器最常见的故障就是由于碰撞或者使用时间较长出现触点接触不良及焊点氧化，导致蜂鸣器不能够正常与主电路板接通，出现无法播放声音的故障。如果排除接触不良的故障，就可以检测蜂鸣器本身。通过检测蜂鸣器的阻值判断蜂鸣器是否损坏。检测蜂鸣器，应首先了解待测蜂鸣器的正、负极引脚，为蜂鸣器的检测提供参照标准。图 5-18 为蜂鸣器的检测方法。

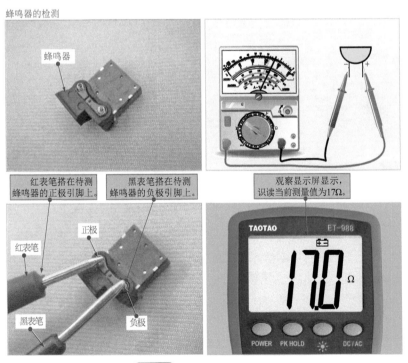

图 5-18　蜂鸣器的检测方法

（2）扬声器的检测

扬声器是电声器件里面的音频输出设备，也是比较薄弱的一个器件，对于音响效果而言，是一个最重要的器件。下面以典型扬声器为例介绍一下检测方法。检测扬声器可通过检测阻值来判断是否损坏。进行检测之前，应首先了解待测扬声器的标称阻值，为扬声器的检测提供参照标准。图 5-19 为扬声器的检测方法。

扬声器的检测

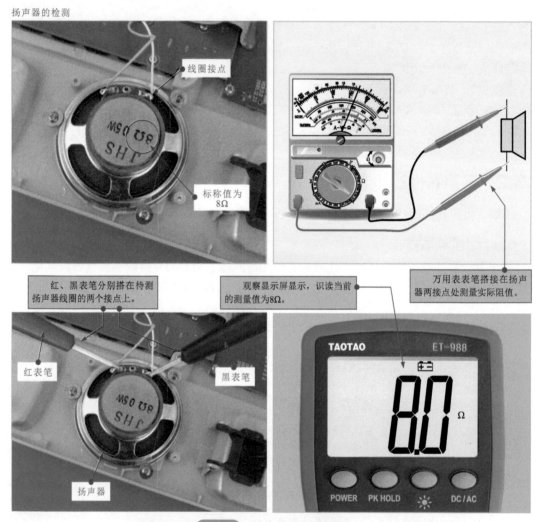

红、黑表笔分别搭在待测扬声器线圈的两个接点上。

观察显示屏显示，识读当前的测量值为8Ω。

万用表表笔搭接在扬声器两接点处测量实际阻值。

线圈接点

标称值为 8Ω

红表笔

黑表笔

扬声器

 图 5-19　扬声器的检测方法

提示

在正常情况下，扬声器的实测数值近似于标称值；若实测数值与标称值相差较大，则说明所测扬声器性能不良；若所测阻值为零或者为无穷大，则说明扬声器已损坏，需要更换。

通常，如果扬声器性能良好，检测时，将万用表的一支表笔搭在扬声器的一个端子上，当另一支表笔触碰扬声器的另一个端子时，扬声器会发出"咔咔"声，如果扬声器损坏，则不会有声音发出，这一点在检测判别故障时十分有效。此外，扬声器出现线圈粘连或卡死、纸盆损坏等情况用万用表是判别不出来的，必须试听音响效果才能判别。

5.4

显示器件的检测

显示器件是指能够显示各种电子产品工作状态的部件，也是实现人机交互不可缺少的器件，目前很多电子产品中都采用了显示器件，通常这些显示部件需要由驱动电路驱动，从而显示出相应的信息内容。

5.4.1 显示器件的功能特点

显示器件的种类很多，从显示方式上来说，有灯光显示字符/数字显示及图形图像显示。下面以数字显示的数码管为例进行介绍。图 5-20 为数码管的功能特点。

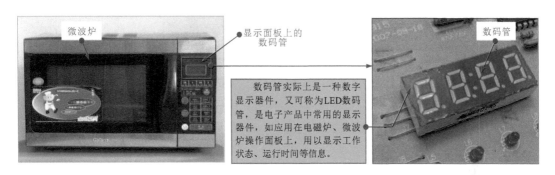

数码管是以发光二极管（LED）为基础，用多个发光二极管组成a、b、c、d、e、f、g七段笔段，另用DP表示小数点，用笔段来显示相应的数字或图像。下图为典型数码管的实物外形、引脚功能及连接方式。数码管按照字符笔段段数的不同可以分为七段数码管和八段数码管两种，段是指数码管字符的笔画（a～g），八段数码管比七段数码管多一个发光二极管单元（多一个小数点显示DP）。

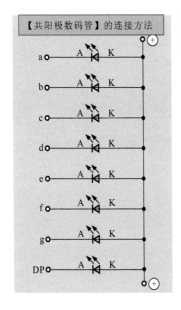
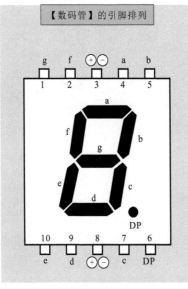
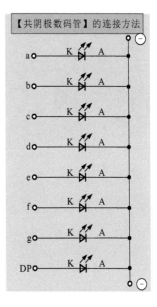

图 5-20 数码管的功能特点

5.4.2 显示器件的检测

了解了数码管的功能特点后，下面将对数码管进行检测。检测时，可使用万用表检测相应笔段的阻值来判断数码管是否损坏。检测之前，应首先了解待测数码管各笔段所对应的引脚，为数码管的检测提供参照标准。图 5-21 为数码管的检测方法。

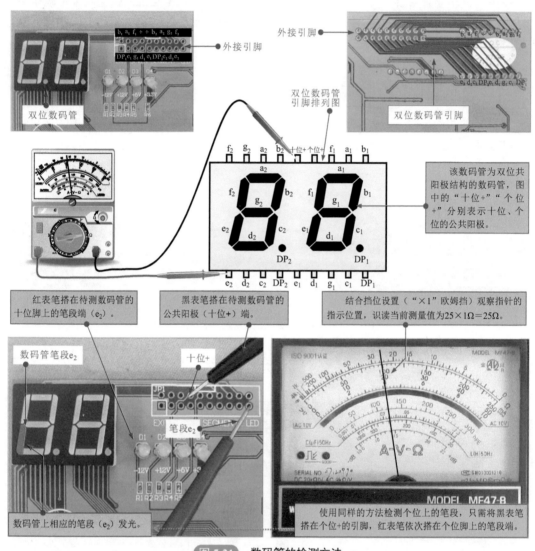

图 5-21　数码管的检测方法

提示

在正常情况下，检测相应笔段时，其相应笔段发光，且万用表显示一定的阻值；若检测时相应笔段不发光或万用表显示无穷大或零，均说明该笔段发光二极管已损坏。图 5-21 是采用共阳极结构的数码管，若采用共阴极结构的数码管，检测时，应将红表笔接触公共阴极，用黑表笔接触各个笔段引脚，相应的笔段才能正常发光。

5.5
电池的检测

电池是为电子产品提供能源的部件。不同的电池其结构、功能及应用不同。电池本身内部存储有电能，当电子产品与电池构成回路后，电池会产生电流为电子产品提供能源，使电子产品正常工作。

5.5.1 电池的功能特点

如图 5-22 所示，电池主要是为电子产品提供能源的器件，常用于数码相机、收音机、电动玩具、计算器、万用表、遥控器、钟表、电动自行车等产品中。

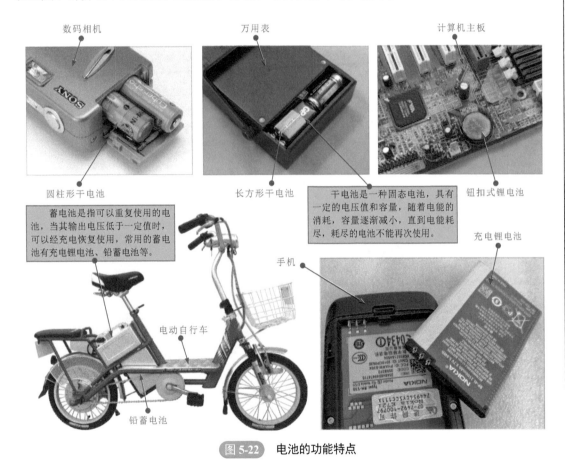

数码相机

万用表

计算机主板

圆柱形干电池

长方形干电池

干电池是一种固态电池，具有一定的电压值和容量，随着电能的消耗，容量逐渐减小，直到电能耗尽，耗尽的电池不能再次使用。

钮扣式锂电池

蓄电池是指可以重复使用的电池，当其输出电压低于一定值时，可以经充电恢复使用，常用的蓄电池有充电锂电池、铅蓄电池等。

充电锂电池

手机

电动自行车

铅蓄电池

图 5-22 电池的功能特点

5.5.2 电池的检测

电池作为一种能源供给部件，检测时，可使用万用表检测其输出的直流电压值来判断电池是否损坏。检测之前，应首先了解待测电池的额定电压值，为电池的检测提供参照标准。

图 5-23 为电池的检测方法。

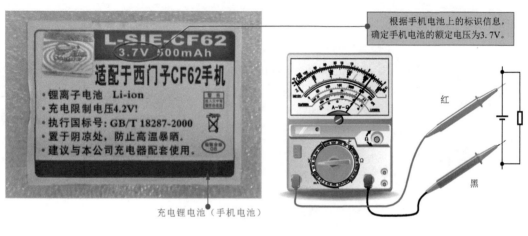

根据手机电池上的标识信息，确定手机电池的额定电压为3.7V。

充电锂电池（手机电池）

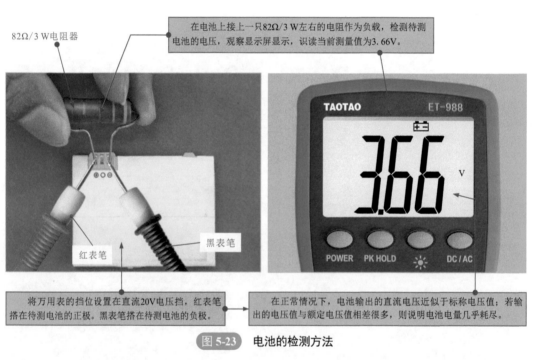

在电池上接上一只82Ω/3 W左右的电阻作为负载，检测待测电池的电压，观察显示屏显示，识读当前测量值为3.66V。

82Ω/3 W电阻器

红表笔

黑表笔

将万用表的挡位设置在直流20V电压挡，红表笔搭在待测电池的正极。黑表笔搭在待测电池的负极。

在正常情况下，电池输出的直流电压近似于标称电压值；若输出的电压值与额定电压值相差很多，则说明电池电量几乎耗尽。

图 5-23　电池的检测方法

 提示

　　在一般情况下，不管是手机电池，还是我们常用的 5 号、7 号干电池，用万用表直接测量时，不论电池电量是否充足，测得的值都会与它的额定电压值基本相同，也就是说，测量电池空载时的电压不能判断电池电量情况。电池电量耗尽的主要表现是电池内阻增加，而当接上负载电阻后，会有一个电压降。例如，一节 5 号干电池，电池空载时的电压为 1.5V，但接上负载电阻后，电压降为 0.5V，表明电池电量几乎耗尽。

5.6

变压器的检测

变压器是利用电磁感应原理传递电能或传输交流信号的器件，在各种电子产品中的应用比较广泛。

5.6.1 变压器的功能特点

变压器在电路中主要可实现电压变换、阻抗变换、相位变换、电气隔离、信号传输等功能。图 5-24 为变压器的功能特点。

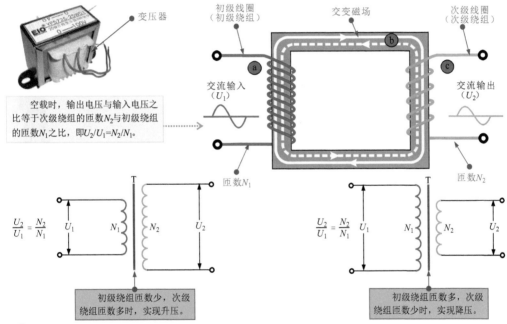

ⓐ 当交流220V流过初级绕组时，在初级绕组上就形成了感应电动势。

ⓑ 绕制的线圈产生出交变的磁场，使铁芯磁化。

ⓒ 次级绕组也产生与初级绕组变化相同的交变磁场，再根据电磁感应原理，次级绕组便会产生出交流电压。

变压器的阻抗变换功能

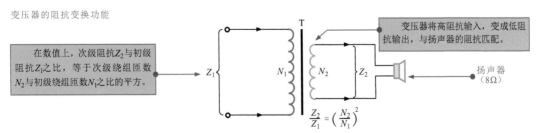

变压器通过初级线圈、次级线圈还可实现阻抗的变换，即初级与次级线圈的匝数比不同，输入与输出的阻抗也不同。

图 5-24

变压器的相位变换功能

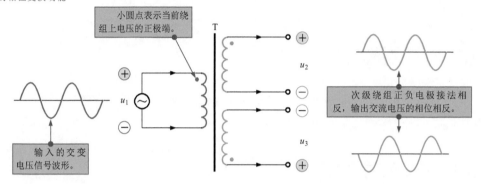

通过改变变压器初级和次级绕组的绕线方向和连接，可以很方便地将输入信号的相位倒相。

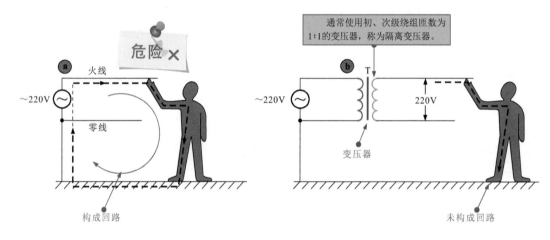

ⓐ 无隔离变压器的电气线路：人体直接与市电220V接触，人体会通过大地与交流电源形成回路而发生触电事故。

ⓑ 接入隔离变压器的电气线路：接入隔离变压器后，由于变压器线圈分离不接触，可起到隔离作用。人体接触到电压，不会与交流220V市电构成回路，保证了人身安全。

变压器的信号自耦（自藕变压器）功能

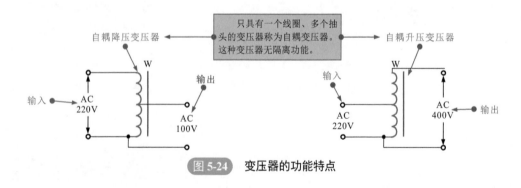

图 5-24　变压器的功能特点

5.6.2　变压器的检测

　　变压器是一种以初、次级绕组为核心部件的器件，使用万用表检测变压器时，可通过检测变压器的绕组阻值来判断变压器是否损坏。

（1）变压器绕组阻值的检测

　　检测变压器绕组阻值主要包括检测变压器初级和次级绕组本身的阻值、绕组与绕组之间的绝缘电阻、绕组与铁芯（或外壳）之间的绝缘电阻三个方面，如图 5-25 所示，检测之前，应首先区分待测变压器的绕组引脚，为变压器的检测提供参照标准。

变压器绕组阻值的检测方法

变压器绕组与绕组之间阻值的检测

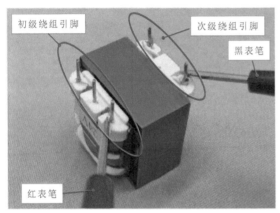

初级绕组引脚　　　　次级绕组引脚

黑表笔

红表笔

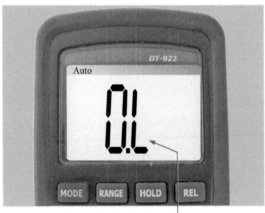

　　红、黑表笔分别搭在待测变压器初、次级绕组任意两引脚上。若变压器有多个次级绕组，应依次检测各次级与初级绕组之间的阻值、次级绕组与次级绕组之间的阻值。

　　在正常情况下，检测的阻值应均为无穷大。若绕组间有一定的阻值或阻值很小，则说明所测变压器绕组间存在短路现象。

区分待测变压器的绕组引脚

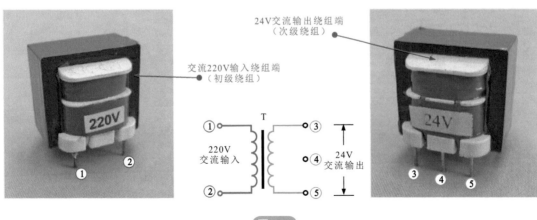

24V交流输出绕组端
（次级绕组）

交流220V输入绕组端
（初级绕组）

① 220V交流输入　② ③ 24V交流输出 ④ ⑤

图 5-25

检测变压器绕组本身阻值的操作

将万用表的红、黑表笔分别搭在待测变压器的初级绕组两引脚上。

从万用表的显示屏上读取出实测初级绕组的阻值为2.2kΩ，正常。

检测电阻值时，不区分正、负极，红、黑表笔直接搭在测试点上即可。

万用表红、黑表笔分别搭在待测变压器次级绕组两引脚上。

从万用表的显示屏上读取出实测次级绕组的阻值为30Ω，正常。

若实测阻值为无穷大，则说明所测绕组中存在断路现象。

检测变压器绕组与铁芯之间阻值的操作

将万用表的红、黑表笔分别搭在待测变压器的任意绕组引脚和铁芯上。

从万用表的显示屏上读取出实测绕组与铁芯之间的阻值为无穷大，正常。

若实测绕组与铁芯之间有一定的阻值或阻值很小，则说明所测变压器绕组与外壳间存在短路现象。

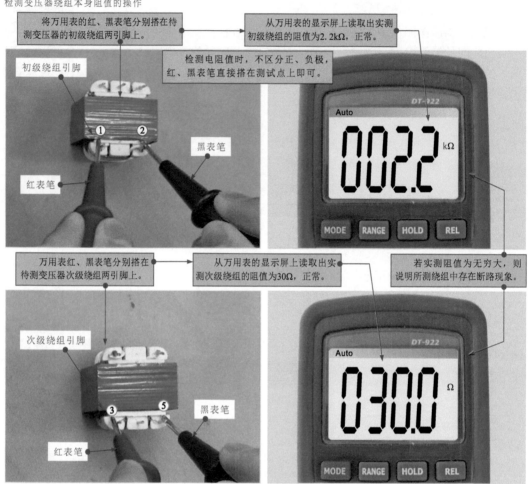

图 5-25　变压器绕组阻值的检测方法

（2）变压器输入、输出电压的检测

变压器主要的功能就是进行电压变换。在正常情况下，若输入端电压正常，则输出端应有变换后的电压输出。使用万用表检测变压器时，可通过检测变压器的输入、输出电压来判断变压器是否损坏。

使用万用表检测变压器输入、输出端的电压时，需要将变压器置于实际的工作环境中，或搭建测试电路模拟实际工作条件，并向变压器输入一定值的交流电压，然后用万用表分别检测输入、输出端的电压值，如图 5-26 所示。

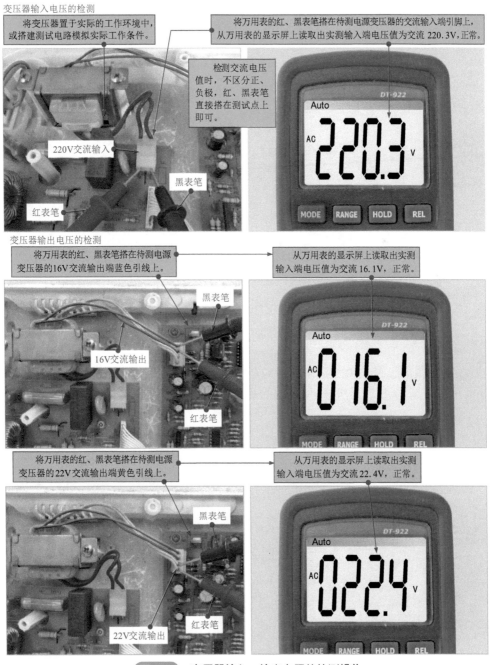

变压器输入电压的检测

将变压器置于实际的工作环境中，或搭建测试电路模拟实际工作条件。

将万用表的红、黑表笔搭在待测电源变压器的交流输入端引脚上，从万用表的显示屏上读取出实测输入端电压值为交流 220.3V，正常。

检测交流电压值时，不区分正、负极，红、黑表笔直接搭在测试点上即可。

220V交流输入

黑表笔

红表笔

变压器输出电压的检测

将万用表的红、黑表笔搭在待测电源变压器的16V交流输出端蓝色引线上。

从万用表的显示屏上读取出实测输入端电压值为交流 16.1V，正常。

黑表笔

16V交流输出

红表笔

将万用表的红、黑表笔搭在待测电源变压器的22V交流输出端黄色引线上。

从万用表的显示屏上读取出实测输入端电压值为交流 22.4V，正常。

黑表笔

22V交流输出

红表笔

图 5-26 变压器输入、输出电压的检测操作

5.7 散热风扇的检测

5.7.1 散热部件的功能特点

散热风扇是很多电子产品中的主要散热部件，如图 5-27 所示，工作时通过电机旋转，从而带动散热叶片转动，即可将机内热量向外部散发，大大降低发热性电路板及电子产品的内部温度。

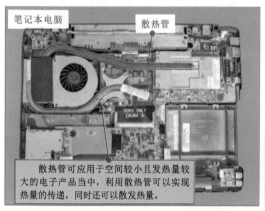

图 5-27　散热部件的功能特点

5.7.2 散热风扇的检测

检测散热风扇时，应先观察风扇组件的连接引线插接是否良好、检查扇叶下面的电动机有无锈蚀等迹象，若从外观无法确定，再使用万用表进行检测。图 5-28 为散热风扇的检测方法。

散热风扇的检测

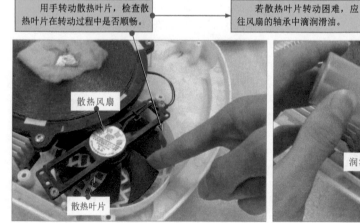

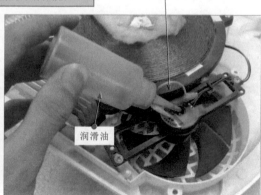

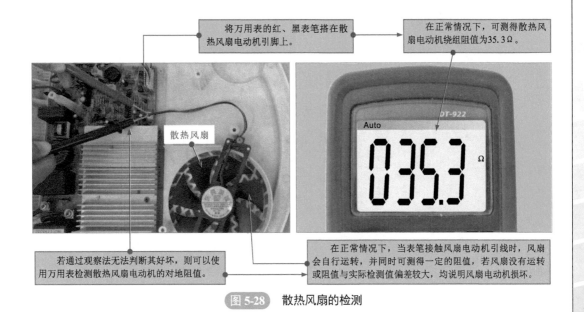

将万用表的红、黑表笔搭在散热风扇电动机引脚上。

在正常情况下，可测得散热风扇电动机绕组阻值为35.3Ω。

若通过观察法无法判断其好坏，则可以使用万用表检测散热风扇电动机的对地阻值。

在正常情况下，当表笔接触风扇电动机引线时，风扇会自行运转，并同时可测得一定的阻值，若风扇没有运转或阻值与实际检测值偏差较大，均说明风扇电动机损坏。

图 5-28   散热风扇的检测

5.8

接插件的检测

接插件是指设备之间或设备内各电路之间的连接插口或插件，是电子产品间或电路间信息传输的通道，在电子产品中基本上都设有接插件。

5.8.1   接插件的功能特点

接插件的种类较多，根据接插件连接形式的不同，主要分为外部接插件和内部接插件。不同种类接插件的功能各不相同，应用领域也不相同。图 5-29 为接插件的功能特点。

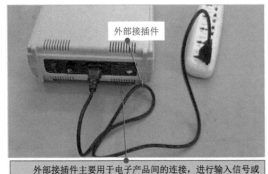

外部接插件主要用于电子产品间的连接，进行输入信号或输出信号传输的接插件。常用的外部接插件有通用接插件和专用接插件。

内部接插件主要用于连接电子产品内部的线路板，进行数据、信号的传输。常用的内部接插件有插座式接插件、针脚式接插件、压接式接插件。

图 5-29   接插件的功能特点

5.8.2 接插件的检测方法

接插件是电子产品中最常用的零部件之一，内部损坏或连接线断裂、老化都会影响信息的传输，因此，接插件的检测是非常重要的。图 5-30 为接插件的检测方法。

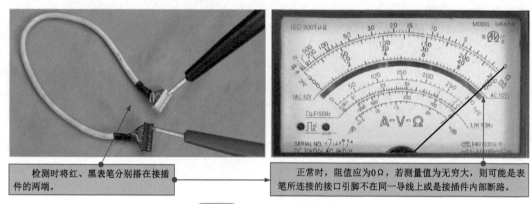

检测时将红、黑表笔分别搭在接插件的两端。

正常时，阻值应为 0Ω，若测量值为无穷大，则可能是表笔所连接的接口引脚不在同一导线上或是接插件内部断路。

图 5-30　接插件的检测方法

第6章

家电产品中单元电路的识读与检测

电源电路的识读与检测

6.1.1 电源电路的识读

电源电路就是为设备供电的电路。该电路输入的电压往往是公用的交流220V市电,通过一系列变换,转换成设备所需要的工作电压为各单元电路供电,确保设备正常的工作条件。在这个过程中,完成电压变换的电路就是电源电路。由于各设备的工作条件各不相同,因此电源电路的形式也千差万别。

根据电源电路结构和原理的差异,大体可以将电源电路分为线性电源电路和开关电源电路两种。

（1）线性电源电路

线性电源电路俗称串联稳压电路,结构简单,可靠性高。线性电源电路通常是先将交流电通过变压器降压,经整流,得到脉动直流后,再经滤波得到微小波纹的直流电压,最后由稳压电路输出较为稳定的直流电压,如图6-1所示。

线性电源电路

由图可知,线性电源电路的主要组成部分为交流输入电路、整流电路、滤波电路及稳压输出电路。其中,交流输入电路主要由降压变压器组成,用来对输入的交流220V电压进行降压处理;整流电路主要由桥式整流堆组成,用来将交流电压整流为直流电压;滤波电路主要由滤波电容组成,用来滤除直流电压中的波纹;稳压输出电路由稳压电路和检测保护电路组成,用来对输出电压进行稳压和短路保护。

通过以上的学习,初步了解了线性电源电路的结构,下面以典型线性电源电路为例对其进行分析,如图6-2所示。

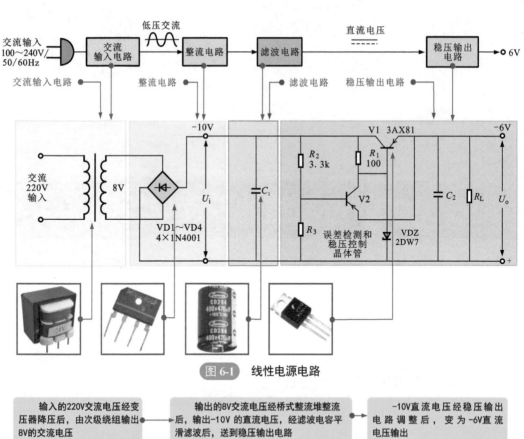

图 6-1　线性电源电路

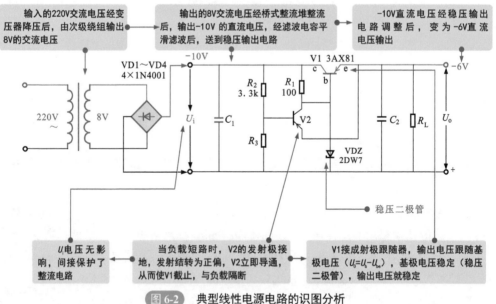

图 6-2　典型线性电源电路的识图分析

　　当负载短路时，误差检测和稳压控制三极管 V2 的发射极接地，发射结转为正偏，V2 立即导通，而且由于 R_2 的取值小，因此一旦导通，很快就进入饱和。其集电极和发射极饱和压降近似为零，使 V1 的基级和发射集之间的电压也近似为零，V1 截止，起到保护调整三极管 V1 的作用。由于 V1 截止，对 U_i 无影响，因而也间接地保护了整流电路。

（2）开关电源电路

　　开关电源电路的应用十分广泛，可为各种电子产品供电，其结构形式和款式多种多样，电路结构千变万化、各有千秋，但总体的工作原理是基本相同的，如图6-3所示。

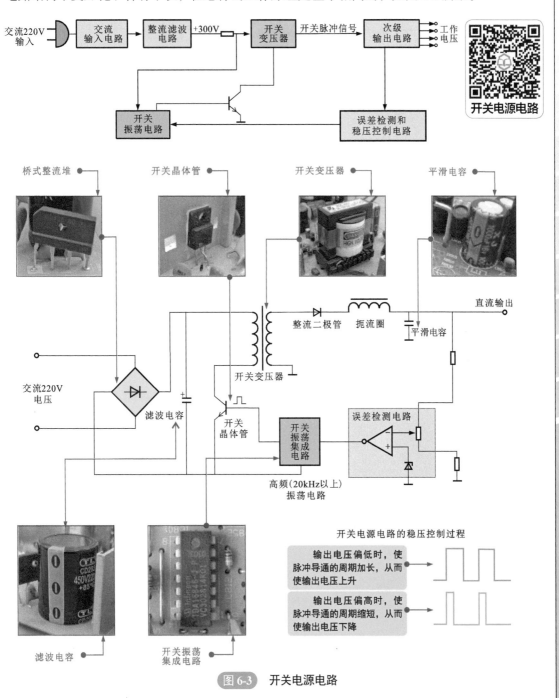

图6-3　开关电源电路

由图6-3可知，开关电源电路主要可分为交流输入电路、整流滤波电路、次级输出电路、稳压控制电路及开关振荡电路。其中，次级输出电路是对开关变压器输出的脉冲信号进行整流滤波，然后输出各级直流电压；稳压控制电路将误差检测信号传送到开关振荡集成电路中，从而使次级输出电压保持稳定；开关振荡电路将直流电压变成高频脉冲电压，驱动开关变压器工作。

初步了解了开关电源电路的结构，下面以典型开关电源电路为例对其进行分析，如图 6-4 所示。

交流 220V 电压经电容和互感滤波器滤除干扰后，由桥式整流堆整流并输出约 +300V 的直流电压，开关变压器次级绕组⑦、⑧和⑤、⑥分别经整流滤波和稳压电路，输出 +3.3V、+5V、+21V 和 +30V 电压，为后级电路供电，直流 300V 经开关变压器 T1 的初级绕组①、②为 U1 ⑧脚供电，U1 起振，为 T1 提供振荡信号，正反馈绕组③、④为 U1 提供电源和正反馈电压，使 U1 进入开关振荡状态，当输出电路有过载情况时，其反馈信号经光电耦合器到达 U1 的④脚，对 U1 的振荡输出进行控制，实现稳压的目的。

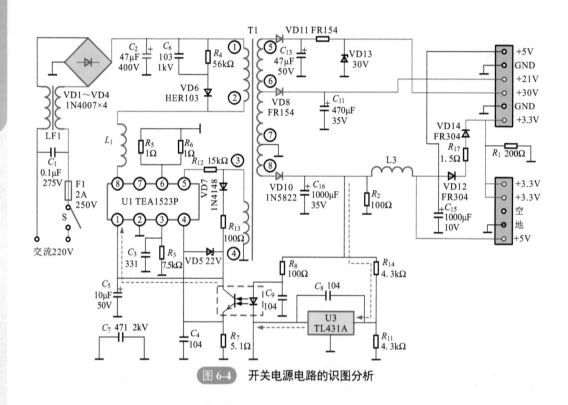

图 6-4　开关电源电路的识图分析

6.1.2　电源电路的检测

基本了解了电源供电单元电路的结构和工作原理，下面以典型电源电路为例介绍具体的检测方法。

（1）线性电源电路的检测

检测线性电源电路时，可结合电路分析，逆向检测各单元电路输出的电压值是否正常，首先检测线性电源电路输出端的电压是否正常。图 6-5 为线性电源电路（典型电压力锅的电源供电电路）输出电压的检测方法。

若电路无电压输出或输出电压不符合时，可逆信号流程检测前级电路，即检测整流滤波部分输出的电压是否正常，如图 6-6 所示。

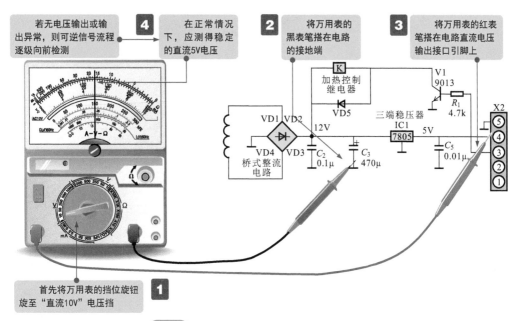

若无电压输出或输出异常，则可逆信号流程逐级向前检测

4 在正常情况下，应测得稳定的直流5V电压

2 将万用表的黑表笔搭在电路的接地端

3 将万用表的红表笔搭在电路直流电压输出接口引脚上

1 首先将万用表的挡位旋钮旋至"直流10V"电压挡

图 6-5　线性电源电路输出电压的检测方法

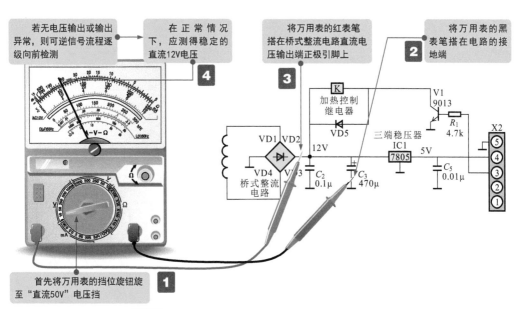

若无电压输出或输出异常，则可逆信号流程逐级向前检测

4 在正常情况下，应测得稳定的直流12V电压

3 将万用表的红表笔搭在桥式整流电路直流电压输出端正极引脚上

2 将万用表的黑表笔搭在电路的接地端

1 首先将万用表的挡位旋钮旋至"直流50V"电压挡

图 6-6　线性电源电路整流滤波部分电压的检测方法

　　在线性电源电路中，整流滤波部分输出的直流电压是一个关键的检测点，当检测线性电源电路输出端无电压或电压异常时，可用万用表检测整流滤波部分输出的直流电压是否正常，该处电压正常是后级输出正常的关键条件。

　　在正常情况下，将万用表的黑表笔搭在电路接地端，红表笔搭在线性电源电路整流元器件的输出端，应能够测得一定值的直流电压；若无电压输出或输出电压异常，则可逆信号流程检测前级电路。

　　若整流电路部分输出电压正常，而线性电源电路无输出，则说明稳压电路部分存在异常元器件，应根据实测结果进行更换、调整或修复，即可恢复电路的性能。

若在整流滤波电路部分无输出，则应检测前级电路的输出电压，即检测降压变压器输出的电压是否正常，如图6-7所示。

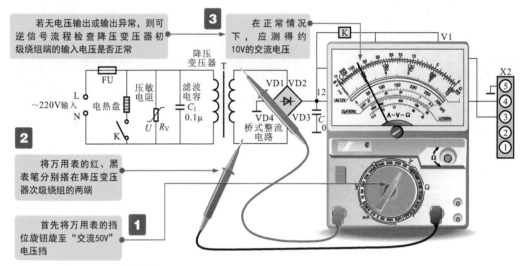

图6-7 线性电源电路降压变压器输出电压的检测方法

在线性电源电路中，降压变压器的输入端为交流220V电压，输出端为降压后的交流低压，再经整流滤波电路变成直流电压；若降压变压器次级绕组电压正常，而整流电路无输出，则说明整流电路部分存在异常元件，根据实测结果进行更换、调整或修复，即可恢复电路性能；若输出电压异常，则应重点对交流输入电路检测。

最后需要检测交流输入电压是否正常，如图6-8所示。

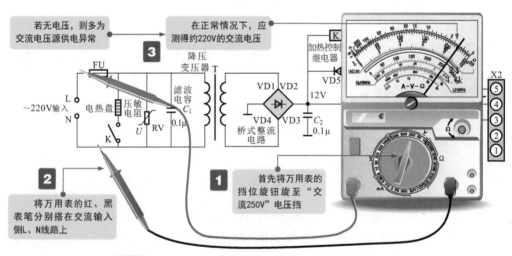

图6-8 线性电源电路交流输入电路输入电压的检测方法

在线性电源电路中，交流输入电压是整个电路的供电来源，若供电不正常，则整个线性电源电路也无法进入工作状态。若交流输入电压正常，即降压变压器初级绕组侧电压正常，而次级绕组无输出，则说明降压变压器损坏，可通过更换、调整或修复降压变压器等措施来恢复电路性能。

（2）开关电源电路的检测

检测开关电源电路时，可结合电路分析，逆向检测各单元电路输出的电压值是否正常，首先检测开关电源电路输出的电压是否正常，如图6-9所示。

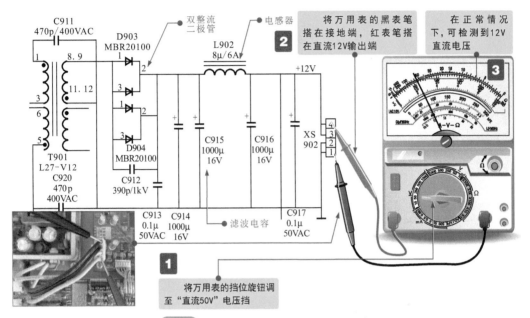

图 6-9　开关电源电路输出电压的检测方法

若开关电源电路无任何输出，则应重点检测开关变压器输出的电压是否正常，如图6-10所示。

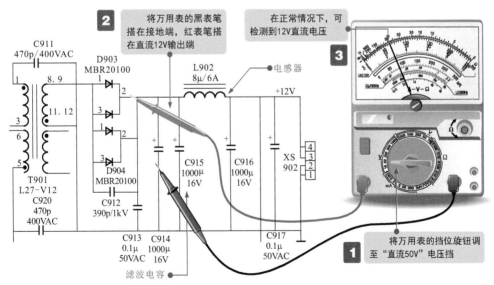

图 6-10　开关电源电路变压器输出电压的检测方法

若检测开关变压器输出的次级输出经整流滤波后的直流 12V 电压异常，则应检测交流输

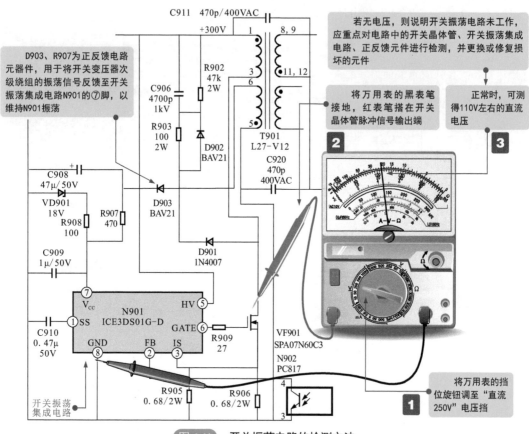

入电路部分；若检测开关变压器输出的脉冲电压正常，而开关电源电路仍无任何输出时，则说明电源电路的整流滤波元器件有故障，应对该电路进行检测。

检测开关电源电路中的开关振荡电路是否正常如图 6-11 所示。

图 6-11 开关振荡电路的检测方法

6.2 遥控电路的识读与检测

6.2.1 遥控电路的识读

遥控电路是一种通过红外光波传输人工指令（控制信号）的电路，根据遥控电路的功能不同，可以将遥控电路分为遥控发射电路和遥控接收电路。

（1）遥控发射电路

遥控发射电路采用红外发光二极管发出经过调制的红外光波。其电路结构多种多样，工作频率也可根据具体的应用条件而定。图 6-12 为典型遥控发射电路的结构。

通过以上的学习，初步了解了遥控发射电路的结构，下面以典型遥控发射电路为例进行分析，如图 6-13 所示。

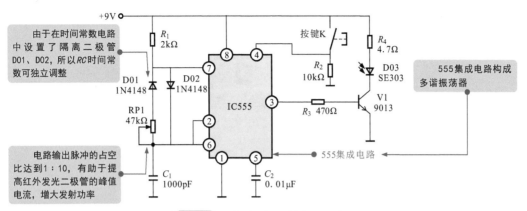

图 6-12 典型遥控发射电路的结构

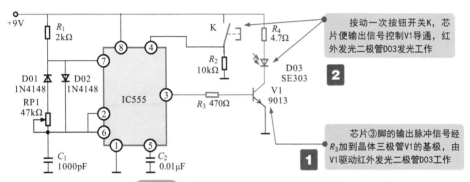

图 6-13 典型遥控发射电路的识图分析

（2）遥控接收电路

遥控接收电路由红外接收二极管（光敏二极管）、运算放大器和集成电路等组成。图 6-14 为典型遥控接收电路的结构。

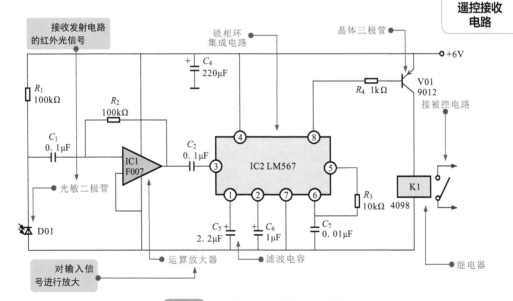

图 6-14 典型遥控接收电路的结构

通过以上的学习，初步了解了遥控接收电路的结构，下面以典型遥控接收电路为例进行分析，如图6-15所示。

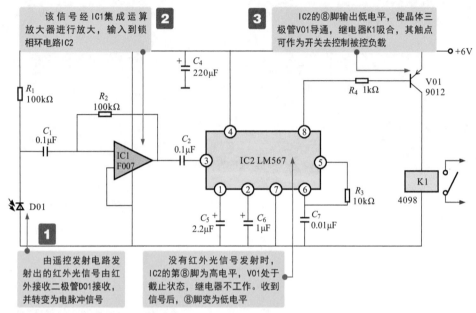

图 6-15　典型遥控接收电路的识图分析

6.2.2　遥控电路的检测

通过学习，基本了解了遥控电路的结构和工作原理，下面以典型的遥控电路为例介绍具体的检测方法。

（1）遥控发射电路的检测

检测遥控发射电路时，首先应确定该电路的供电是否正常，如图 6-16 所示。

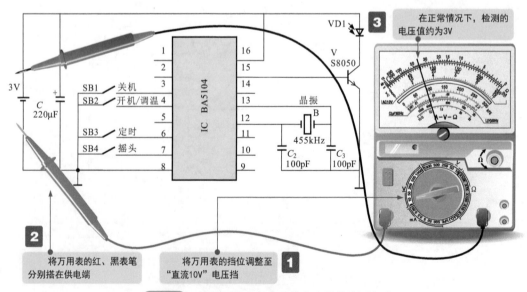

图 6-16　典型遥控发射电路供电电压的检测方法

接下来检测遥控发射电路中的发射装置，即检测红外发光二极管是否正常，如图6-17所示。

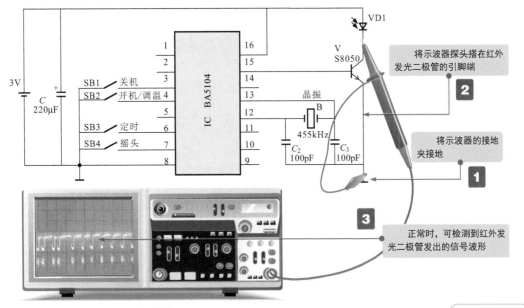

图 6-17 典型遥控发射电路发射信号的检测方法

（2）遥控接收电路的检测

检测遥控接收电路时，首先使用万用表检测该电路的供电电压是否正常，若正常，则应进一步检测该电路输出的控制信号是否正常，如图6-18所示。

遥控接收电路的检测

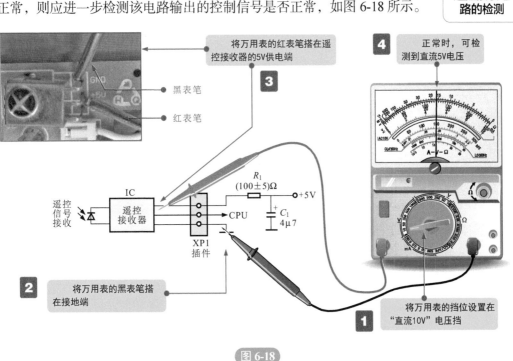

图 6-18

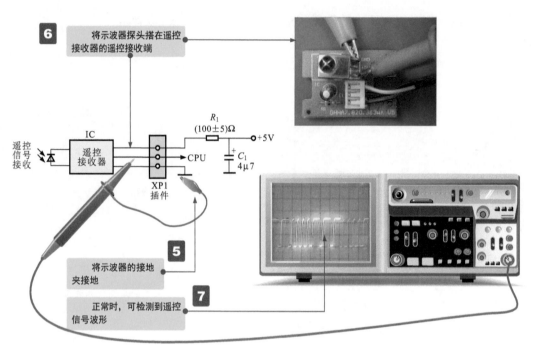

图 6-18　典型遥控接收电路的检测方法

检测遥控接收电路时，若供电电压异常，则应进一步检测供电部分；若供电正常，而输出信号异常，则有可能是该电路存在故障或遥控发射电路损坏。为缩小电路的故障范围，可检测遥控接收电路接收的信号波形。若接收的信号波形正常，则表明电路故障存在于 CPU 控制电路中。

交流 / 直流变换电路的识读与检测

6.3.1　交流 / 直流变换电路的识读

变换电路就是将输入的物理量或电量进行变换，变为电路所需的物理量或电量，通常是由阻容元器件、晶体管或集成电路等部分组成的。

变换电路适用于信号转换电路、测量电路及相关的设备电路中，工作流程很简单，就是将输入的电量转换为另一种电量后再输出。图 6-19 为典型交流 / 直流变换电路的结构。

在交流 / 直流变换电路中，交流电压经降压变压器的次级绕组变为交流低压，再经由 4 个二极管组成的桥式整流电路将交流变成直流输出，由滤波电容滤波后输出直流电压。

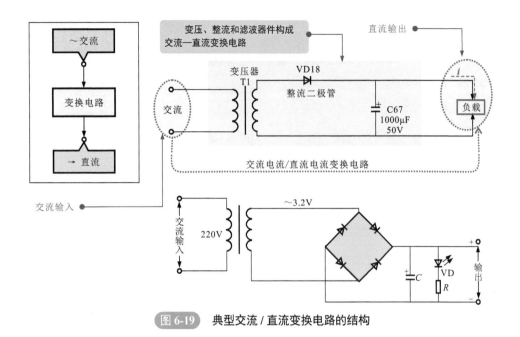

图 6-19　典型交流／直流变换电路的结构

图 6-20 为典型交流／直流变换电路的识图分析。

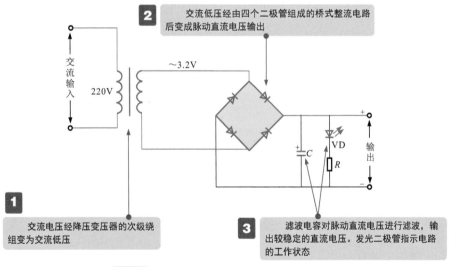

2 交流低压经由四个二极管组成的桥式整流电路后变成脉动直流电压输出

1 交流电压经降压变压器的次级绕组变为交流低压

3 滤波电容对脉动直流电压进行滤波，输出较稳定的直流电压。发光二极管指示电路的工作状态

图 6-20　典型交流／直流变换电路的识图分析

6.3.2　交流／直流变换电路的检测

　　检测交流／直流变换电路时，可根据输入、输出电压值的不同，借助万用表对电压或电流进行检测，进而完成对交流／直流变换电路的检测或调试。首先使用万用表检测典型交流／直流变换电路中输入的交流电压是否正常，如图 6-21 所示。

　　电路的输入正常，可继续对电路输出的直流电压进行检测，如图 6-22 所示。

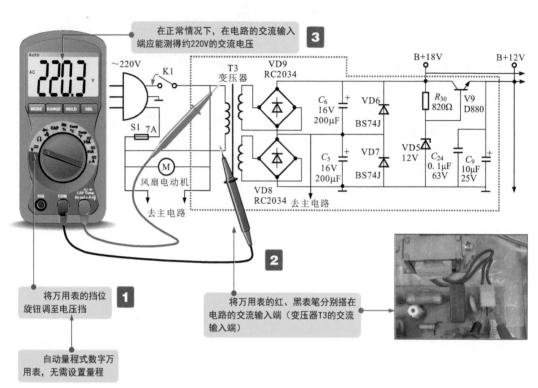

图 6-21　典型交流／直流变换电路输入交流电压的检测方法

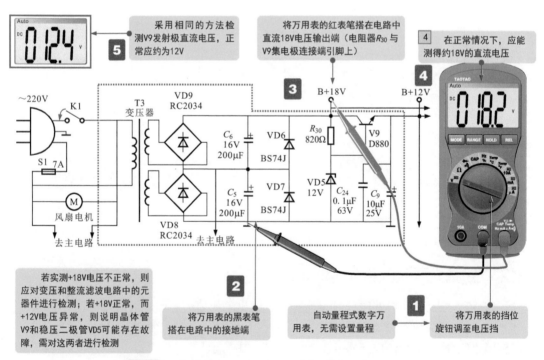

图 6-22　典型交流／直流变换电路输出直流电压的检测方法

光 / 电变换电路的识读与检测

6.4.1 光 / 电变换电路的识读

光 / 电变换电路主要是指利用光敏元器件进行光电控制、变换和传输的电路。其实质就是将光信号的变化量变换为电量信号。图 6-23 为典型光 / 电变换电路的结构。

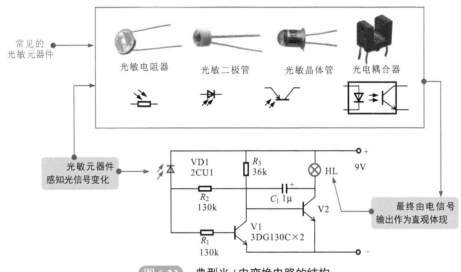

图 6-23 典型光 / 电变换电路的结构

在识读光 / 电变换电路时，可以根据光信号与电信号的转换特点和连接关系，顺信号流程完成对光 / 电变换电路的识图分析。图 6-24 为典型光控照明电路的识图分析。

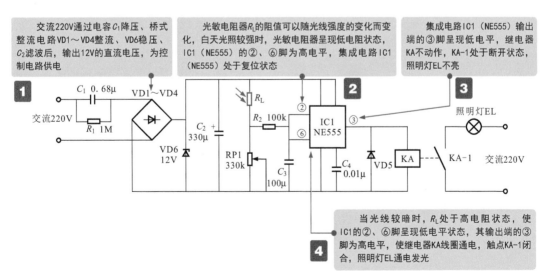

图 6-24 典型光控照明电路的识图分析

6.4.2　光/电变换电路的检测

　　检测光/电变换电路时，可根据该电路的信号流程，借助万用表，在不同光照环境下检测主要功能部件的性能，进而完成对电路的检验和调试。首先检测该电路在较弱光照环境下主要功能部件的性能是否正常，如图6-25所示。

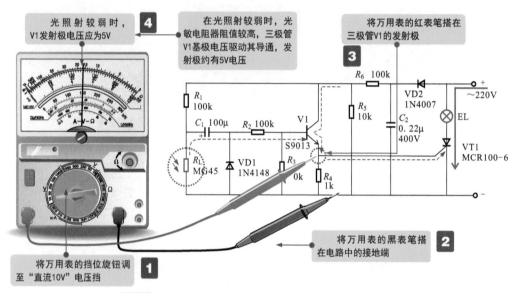

图 6-25　光线较弱时三极管 V1 发射极电压的检测方法

　　接下来检测该电路在较强光线环境下，主要功能部件本身的性能是否正常，如图6-26所示。

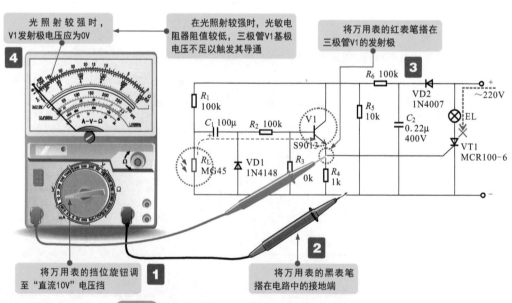

图 6-26　光线较强时三极管 V1 发射极电压的检测方法

　　若在上述检测过程中，三极管 VT1 发射极电压异常，则多为光/电变换电路中存在损坏元器件，应重点对三极管 V1、电容器 C1 等器件分别进行性能检测。

在光 / 电变换电路时，光敏电阻器是控制光 / 电信号变换的重要部件。可以说，光敏电阻器的性能是实现变换功能的关键。若三极管 V1 发射极电压异常，则应在断电情况下检测光敏电阻器。图 6-27 为典型光敏电阻器的检测方法。

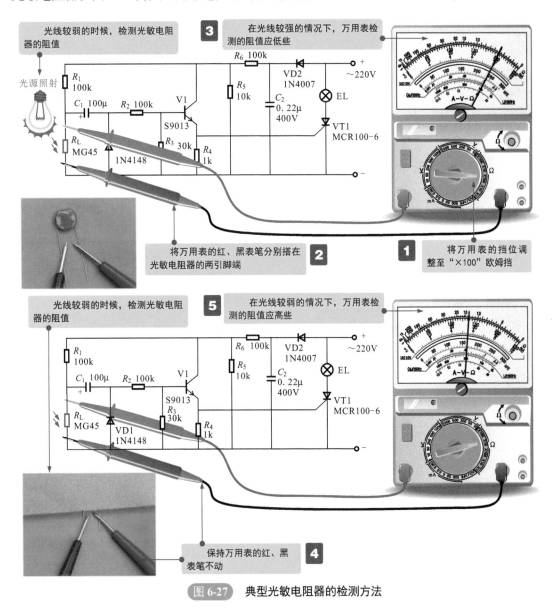

图 6-27 典型光敏电阻器的检测方法

使用万用表的电阻测量挡位分别在明亮条件下和暗淡条件下检测光 / 电变换电路中光敏电阻器阻值的变化（若电路图或实物中没有标称阻值，则可直接从光照变化时阻值的变化作为判断依据）。

若光敏电阻器的电阻值随着光照强度的变化而发生变化，则表明光敏电阻器性能正常。

若光照强度变化时，光敏电阻器的电阻值无变化或变化不明显，则多为光敏电阻器感应光线变化的灵敏度低或本身性能不良。

6.5 温度传感器电路的识读与检测

6.5.1 温度传感器电路的识读

温度传感器电路是指将温度传感器的温度变化量变成电压或电流等信号，根据需求可记录、比较、控制和显示。温度传感器电路的主要传感器件为热敏电阻器。

图 6-28 为典型温度传感器电路的结构。

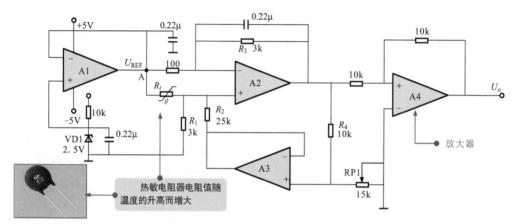

图 6-28　典型温度传感器电路的结构

通过学习，知道温度传感器电路的主要器件为热敏电阻器，整个电路是由该器件进行控制的。图 6-29 为典型温度传感器电路的识图分析。

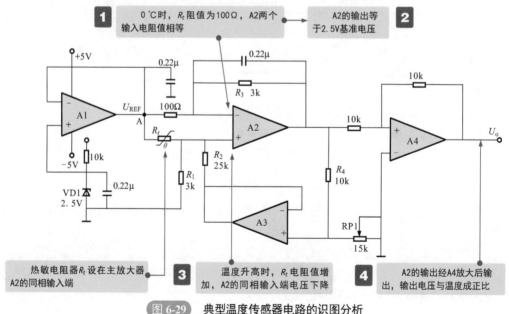

图 6-29　典型温度传感器电路的识图分析

6.5.2 温度传感器电路的检测

可根据电路的功能及信号流程，借助万用表检测在不同温度下温度传感器电路输出电压的变化情况，如图 6-30 所示。

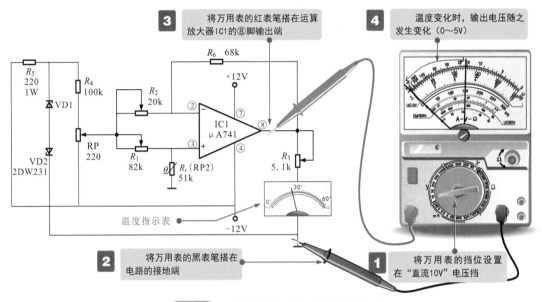

3 将万用表的红表笔搭在运算放大器IC1的⑧脚输出端

4 温度变化时，输出电压随之发生变化（0～5V）

2 将万用表的黑表笔搭在电路的接地端

1 将万用表的挡位设置在"直流10V"电压挡

图 6-30　典型温度传感器电路的检测方法

热敏电阻器接在电路中，会将温度的变化量转换成电压的变化，加到运算放大器 IC1 的③脚，运算放大器⑧脚输出的电压随输入电压的变化而变化。⑧脚输出的电压经限流电阻后加到温度指示表上，温度指示表是一只电流表，其指针的摆动等效于温度的变化。采用运算放大器可以使输出电流的变化正比于温度的变化。当温度变化时（60℃以下），检测运算放大器 IC1 的⑧脚输出电压应随之发生变化（0～5V）。

若检测温度传感器电路中的电压值异常时，应重点检测热敏电阻器，如图 6-31 所示。

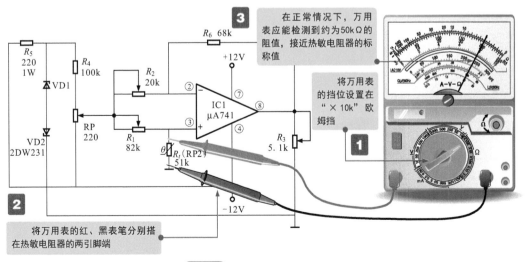

3 在正常情况下，万用表应能检测到约为50kΩ的阻值，接近热敏电阻器的标称值

1 将万用表的挡位设置在"×10k"欧姆挡

2 将万用表的红、黑表笔分别搭在热敏电阻器的两引脚端

图 6-31　热敏电阻器的检测方法

6.6

晶体振荡电路的识读与检测

6.6.1 晶体振荡电路的识读

晶体振荡电路是一种高精度和高稳定度的振荡器，多用于为数字信号处理电路产生时钟信号或基准信号。晶体振荡电路主要是由放大器、石英晶体和外围元器件构成的谐振电路。图 6-32 为常见的几种晶体振荡电路。

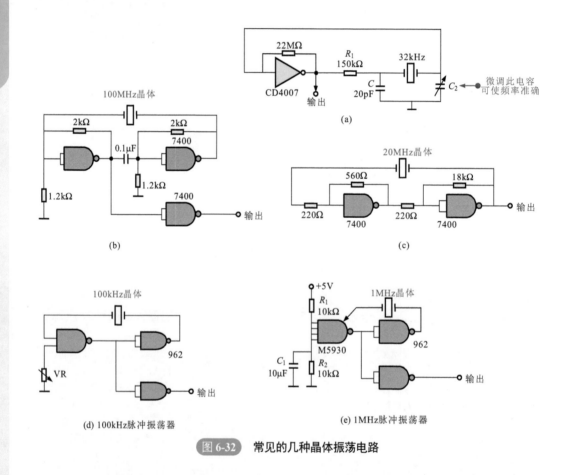

图 6-32 常见的几种晶体振荡电路

晶体（石英晶体）是一种自然界中天然形成的结晶物质，具有一种被称为压电效应的特性。晶体受到机械应力的作用会发生振动，由此产生电压信号的频率等于此机械振动的频率。当在石英晶体两端施加交流电压时，它会在该输入电压频率的作用下振动，在晶体的自然谐振频率下会产生最强烈的振动现象。晶体的自然谐振频率又称固有频率，由其实体尺寸及切割方式来决定。

晶体的基本外形及功能如图 6-33 所示。

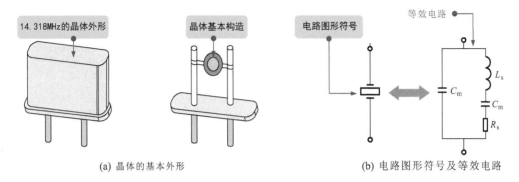

14.318MHz的晶体外形

晶体基本构造

电路图形符号

等效电路

L_s

C_m

C_m

R_s

(a) 晶体的基本外形

(b) 电路图形符号及等效电路

图 6-33　晶体的基本外形及功能

晶体振荡电路是最常见的时钟振荡器，通常用于数字信号处理电路及微处理器电路中（微处理器也是数字信号处理电路）。数字信号的传送、处理都需要时钟信号，是系统中的节拍信号，是时间信号，同时也是识别数据信号的同步信号。常见的时钟振荡器为晶体振荡器。

6.6.2　晶体振荡电路的检测

检测晶体振荡电路时，可借助示波器检测晶体振荡电路的晶体引脚端，进而完成对晶体振荡电路的检测和调试，如图 6-34 所示。

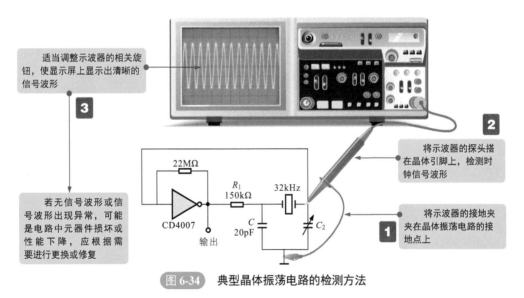

适当调整示波器的相关旋钮，使显示屏上显示出清晰的信号波形

3

将示波器的探头搭在晶体引脚上，检测时钟信号波形

2

若无信号波形或信号波形出现异常，可能是电路中元器件损坏或性能下降，应根据需要进行更换或修复

将示波器的接地夹夹在晶体振荡电路的接地点上

1

22MΩ

CD4007

输出

R_1
150kΩ

32kHz

C
20pF

C_2

图 6-34　典型晶体振荡电路的检测方法

由图可知，这是一个 32kHz 晶体时钟振荡器，是为数字电路提供时间基准信号的电路，采用 CMOS 集成电路 CD4007 作为振荡信号放大器。在实际检测时，若该电路达到工作状态，则用示波器检测 32kHz 晶体时即可测得相应频率的信号波形。

第 2 篇

家电维修实战

第7章

液晶电视机维修

液晶电视机的结构原理

液晶电视机
的内部结构

7.1.1 液晶电视机的结构特点

液晶电视机是一种采用液晶显示屏作为显示器件的视听设备，用于欣赏电视节目或播放影音信息。打开外壳便可以看到内部的几块电路板，分别是模拟信号电路板、数字信号电路板、开关电源电路板、逆变器电路板、操作显示和遥控接收电路板、接口电路板等，它们之间通过线缆互相连接，如图 7-1 所示。

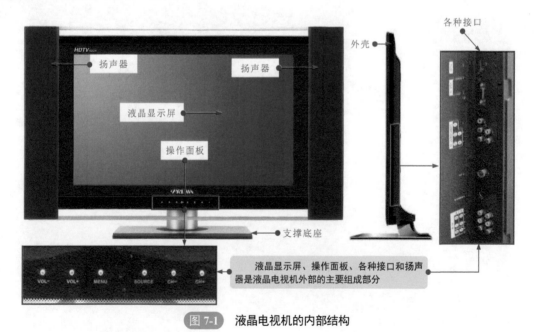

图 7-1　液晶电视机的内部结构

（1）液晶显示屏

液晶显示屏组件主要是由液晶屏、驱动电路和背部光源组件构成的，如图7-2所示。液晶屏主要用来显示彩色图像；液晶屏后面的背部光源用来为液晶屏照明，提高显示亮度；在液晶屏的上方和左侧通过特殊工艺安装有多组水平和垂直驱动电路，用来为液晶屏提供驱动信号。

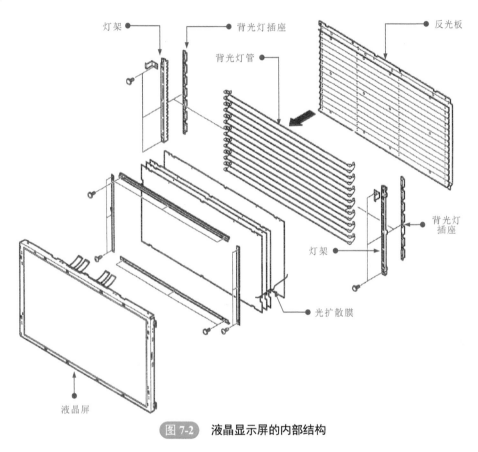

灯架　　　　　　背光灯插座　　　　　　　　　反光板
　　　　　　　背光灯管
　　　　　　　　　　　　　　　　　背光灯插座
　　　　　　　　　　　灯架
　　　　　　　　　光扩散膜
液晶屏

图 7-2　液晶显示屏的内部结构

（2）模拟信号电路板

模拟信号电路板是液晶电视机中用于接收、处理和传输模拟信号的电路板。通常，该电路板包括调谐器及中频电路（即电视信号接收电路）、音频信号处理电路等部分。这些电路中的信号均属于模拟信号。

① 调谐器及中频电路　调谐器及中频电路通常由调谐器、预中放、声表面波滤波器、中频信号处理芯片等构成。该电路主要用于接收天线或有线电视信号，并将信号进行处理后输出音频信号和视频图像信号。

② 音频信号处理电路　音频信号处理电路主要用来处理来自中频通道的伴音信号和接口部分输入的音频信号，并驱动扬声器发声。音频信号处理电路主要由音频信号处理芯片、音频功率放大器和扬声器构成。

（3）数字信号电路板

数字信号电路板是液晶电视机中用于接收、处理和传输数字信号的电路板，包括数字信号处理电路、系统控制电路、接口电路等部分。

① 数字信号处理电路　数字信号处理电路是处理视频图像信号的关键电路，液晶电视机播放电视节目时显示出的所有景物、人物、图形、图像、字符等信息都与这个电路相关。通常情况下，该电路主要是由视频解码器、数字图像处理芯片、图像存储器和时钟晶体等组成的。

② 系统控制电路　系统控制电路是液晶电视机整机的控制核心，液晶电视机执行电视节目的播放、声音的输出、调台、搜台、调整音量、亮度设置等功能都是由该电路控制的。系统控制电路包括微处理器、用户存储器、时钟晶体等几部分。

（4）开关电源电路板

开关电源电路板通常是一块相对独立的电路板。电路板上安装有很多分立直插式的大体积元器件。开关电源电路是液晶电视机中十分关键的电路，主要用于为液晶电视机中各单元电路、电子元件及功能部件提供直流工作电压（5V、12V、24V），维持整机正常工作。

（5）逆变器电路板

逆变器电路板一般安装在靠近液晶电视机两侧边缘的位置。它主要由 PWM 信号产生电路、场效应晶体管、高压变压器、背光灯供电接口构成。该电路板通过接口与液晶显示屏组件中的背光灯管连接，为其提供工作电压。

（6）接口电路

液晶电视机的接口电路主要用于将液晶电视机与各种外部设备连接，实现数据或信号的接收和发送。液晶电视机中的接口较多，主要包括 TV 输入接口（调谐器接口）、AV 输入接口、AV 输出接口、S 端子接口、分量视频信号输入接口、VGA 接口等，有些还设有 DVI（或 HDMI）数字高清接口。

7.1.2　液晶电视机的工作原理

液晶电视机各单元电路协同工作。其中，电视信号接收电路、数字信号处理电路、音频信号处理电路及显示屏驱动电路完成电视信号的接收、分离、处理、转换、放大和输出；逆变器电路主要用于为背光灯供电，由液晶显示屏和扬声器配合实现电视节目的播放。

系统控制电路作为整个液晶电视机的控制核心，主要作用就是对各个单元电路及功能部件进行控制，确保电视节目的正常播放。

液晶电视机的整机工作过程非常复杂，为了能够更好地理清关系，从整机角度了解信号主线，可从液晶电视机的整机结构框图入手，分四条线路，掌握主要信号线路及功能电路的关系，如图 7-3 所示。

（1）第一条线路

视频信号的处理过程：由 YPbPr 分量接口、VGA 接口和 HDMI（数字音视频）接口送来的视频信号直接送入数字视频处理器中进行处理；由 AV1、AV2、S 端子和调谐器等接口送来的视频信号则先经视频解码电路（SAA7117AH）进行解码处理后，再送入数字信号处理电路中。上述各种接口送来的视频信号最终经由数字信号处理电路（MST5151A）处理后输出 LVDS 信号，经屏线驱动液晶屏显示图像。

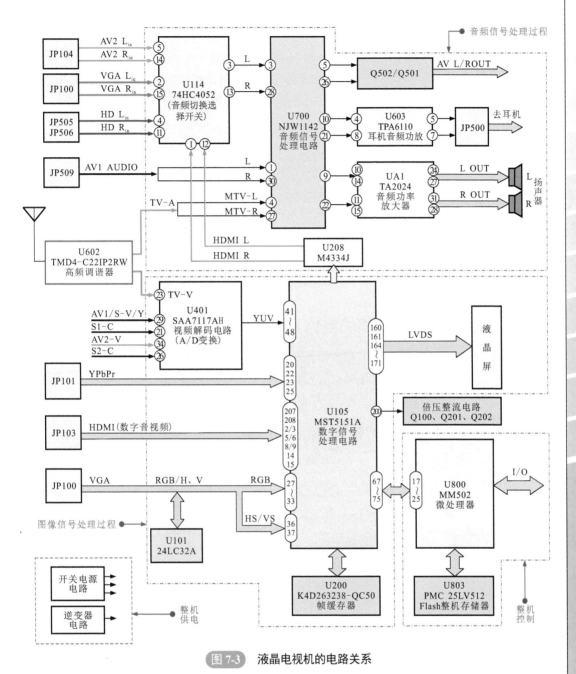

图 7-3 液晶电视机的电路关系

（2）第二条线路

音频信号处理过程：来自 AV1 输入接口和调谐器中频组件处理后分离出的音频信号直接送入音频信号处理电路；来自 AV2 输入接口、YPbPr 分量接口、VGA 接口和 HDMI（数字音视频）输入接口的音频信号经音频切换选择开关电路进行切换和选择后送入音频信号处理电路中。各种接口送来的音频信号经音频信号处理电路（NJW1142）进行音调、平衡、音质、静音和 AGC 等处理后，送入音频功率放大器中放大，最后输出伴音信号并驱动扬声器发声，实现电视节目伴音信号的正常输出。

（3）第三条线路

整机的控制过程：控制系统是整机的控制中心，该电路为液晶电视机中的各种集成电路（IC）提供 I²C 总线数据信号、时钟信号和控制信号（高低电平控制）。若微处理器不正常，则可能会引起电视机出现花屏、自动关机、图像异常、伴音有杂音、遥控不灵等故障。

（4）第四条线路

整机的供电过程：液晶电视机多采用内置开关电源组件。开关电源电路将交流 220V 市电经整流滤波、开关振荡、变压器变压、稳压等处理后输出多组电压，为整机提供电能。

7.2 液晶电视机的维修方法

液晶电视机电视信号接收电路的检修分析

7.2.1 调谐器和中频电路的维修方法

液晶电视机的调谐器和中频电路是接收电视信号的重要电路。若该电路出现故障，常会引起无图像、无伴音、屏幕有雪花噪点等现象。当怀疑该电路异常时，可按如图 7-4 所示的顺序逐一检测电路，直至找到异常部位，排除故障。

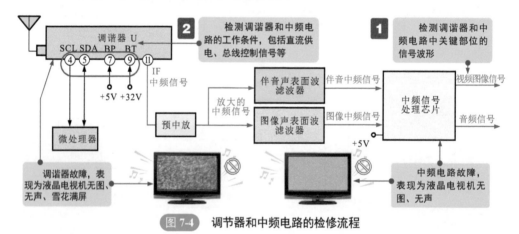

图 7-4 调节器和中频电路的检修流程

（1）顺流程测关键信号

顺电路信号流程，根据信号输入、处理和输出的特点，对主要元器件输入端和输出端引脚进行测量，如图 7-5 所示。

 提示

图 7-6 为调谐器和中频电路中几个关键部位检测到的主要信号波形。检测方法与检测中频信号处理芯片输出的音频信号相同。这就要求检修人员能够理清调谐器和中频电路的信号流程，分析出信号传输的基本线路，并能找到电路中的几个关键元器件，通过检测关键元器件输入端和输出端的信号，即可对电路的工作状态有一个大致判断。

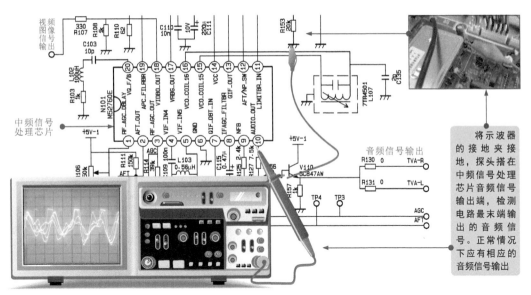

将示波器的接地夹接地,探头搭在中频信号处理芯片音频信号输出端,检测电路最末端输出的音频信号。正常情况下应有相应的音频信号输出

图7-5 调谐器和中频电路中输出信号的检测

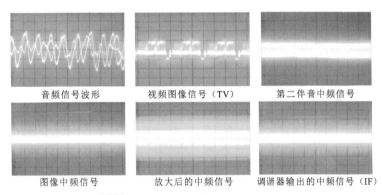

音频信号波形　　　视频图像信号(TV)　　第二伴音中频信号

图像中频信号　　　放大后的中频信号　　调谐器输出的中频信号(IF)

图7-6 调谐器和中频电路中的信号波形

(2)测量电路的基本工作条件

当检测某一元器件无信号输出时,还不能立即判断为所测元器件损坏,还需要对元器件的基本工作条件进行检测。例如,检测调谐器 IF 端无中频信号输出时,需要首先判断其直流供电条件是否正常,如图 7-7 所示。若供电异常,则调谐器无法工作。

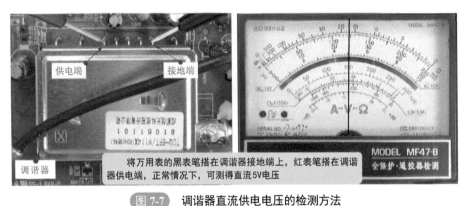

将万用表的黑表笔搭在调谐器接地端上,红表笔搭在调谐器供电端上,正常情况下,可测得直流5V电压

图7-7 调谐器直流供电电压的检测方法

除供电电压外，调谐器和中频信号处理芯片还需要微处理器提供的 I²C 总线控制信号才能正常工作，因此还需对其 I²C 总线控制信号端的信号波形进行检测，如图 7-8 所示。

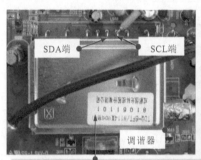
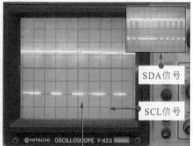

将示波器的接地夹接地，探头搭在调谐器的 I²C 总线信号端，正常情况下，应可测得 I²C 总线信号波形（SCL、SDA），否则应检查系统控制电路部分

图 7-8　调谐器 I²C 总线信号的检测方法

7.2.2　音频信号处理电路的维修方法

音频信号处理电路出现故障会引起液晶电视机出现无伴音、音质不好或有交流声等现象。判断该电路是否正常，可顺信号流程逆向检测音频信号。

其中，音频功率放大器是音频信号处理电路中的重要器件，故障率较高，可通过对其输出端和输入端信号的检测来判别故障。具体操作如图 7-9 所示。

1 将示波器的接地夹接地，将探头搭在音频功率放大器的输出端引脚上，正常情况下，应能够测得音频信号波形

2 大多数液晶电视机的音频功率放大器为数字式，因此在其输出端输出的是数字音频信号，这一信号经后级低通滤波后，变换为模拟音频信号，驱动扬声器发声

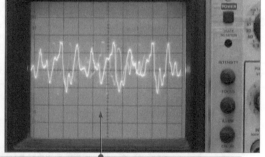

3 将示波器的接地夹接地，将探头搭在音频功率放大器的输入端引脚上。正常情况下，应能够测得前级送来的音频信号波形。若该信号正常，说明前级电路正常；若无信号输入，应沿信号流程检测前级电路

图 7-9　音频功率放大器输入、输出信号的检测方法

音频信号处理芯片是音频功率放大器的前级电路器件，该芯片的输出经印制电路板及中间器件后送到音频功率放大器的输入端。因此，其输出端信号波形与音频功率放大器的输入端信号相同，如图7-10所示。

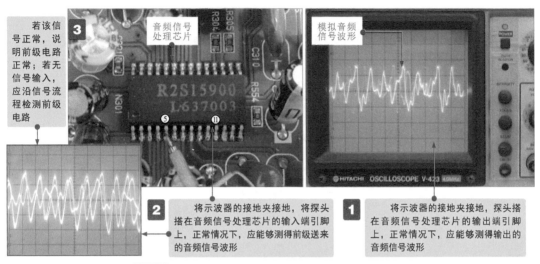

若该信号正常，说明前级电路正常；若无信号输入，应沿信号流程检测前级电路

音频信号处理芯片

模拟音频信号波形

2 将示波器的接地夹接地，将探头搭在音频信号处理芯片的输入端引脚上，正常情况下，应能够测得前级送来的音频信号波形

1 将示波器的接地夹接地，探头搭在音频信号处理芯片的输出端引脚上，正常情况下，应能够测得输出的音频信号波形

图 7-10 音频信号处理芯片输入、输出信号的检测方法

音频功率放大器和音频信号处理芯片正常工作都需要基本供电条件和I²C总线信号进行控制。当输入信号正常、工作条件正常，而无输出时，可判断为所测元器件损坏。

7.2.3 数字信号处理电路的维修方法

数字信号处理电路出现故障，经常会引起液晶电视机出现无图像、黑屏、花屏、图像马赛克、满屏竖线干扰或不开机等现象。检修该电路可逆电路信号流程逐级检测，也可依据故障现象，先分析出可能产生故障的部位，有针对性地进行检测。

在通电开机状态下，检测数字信号处理电路输出到后级电路的LVDS（低压差分信号），该信号是视频图像信号的处理结果，送至显示屏驱动电路，如图7-11所示。

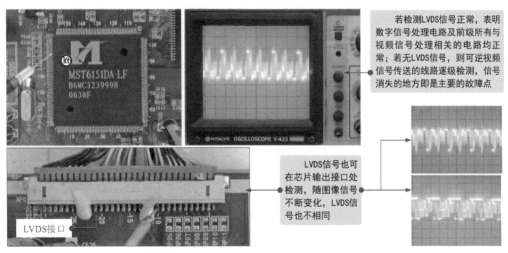

若检测LVDS信号正常，表明数字信号处理电路及前级所有与视频信号处理相关的电路均正常；若无LVDS信号，则可逆视频信号传送的线路逐级检测，信号消失的地方即是主要的故障点

LVDS信号也可在芯片输出接口处检测，随图像信号不断变化，LVDS信号也不相同

LVDS接口

图 7-11 数字信号处理电路输出端信号的检测

若数字图像处理芯片无信号输出，则应检测输入端信号，如图 7-12 所示。若数字图像处理芯片输入端信号正常，则说明数字图像处理芯片前级电路部分基本正常。

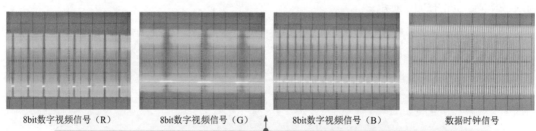

| 8bit数字视频信号（R） | 8bit数字视频信号（G） | 8bit数字视频信号（B） | 数据时钟信号 |

数字图像处理集成电路输入端信号及前级视频解码器输出的信号，该信号为三路8bit数字视频信号和一路时钟信号

图 7-12 数字图像处理芯片输入端信号的检测

若数字图像处理芯片输入端无信号，即视频解码器无信号输出，则应检测视频解码器的输入信号。设定检测时由影碟机播放标准彩条信号，并经 AV1 接口输入信号，检测方法与上述方法相同。若输入正常而无输出，还需要检测电路的工作条件。

7.2.4 系统控制电路的维修方法

系统控制电路是液晶电视机实现整机自动控制、各电路协调工作的核心电路。该电路出现故障通常会造成液晶电视机出现各种异常现象，如不开机、无规律死机、操作控制失常、不能记忆频道等。检修时，主要围绕核心元器件，即微处理器的工作条件、输入或检测信号、输出控制信号等展开测试。

液晶电视机系统控制电路的检修分析

直流供电电压和复位电压（信号）是微处理器正常工作的基本电压条件，可用万用表测量微处理器的相应引脚，正常时应能检测到供电电压和复位电压。

此外，微处理器正常工作还需要基本的时钟、总线等信号，且在接收到人工指令等信号后，相关控制端也输出控制信号，如开机／待机信号等，可在识别芯片相应信号后，借助示波器逐一检测，如图 7-13 所示。

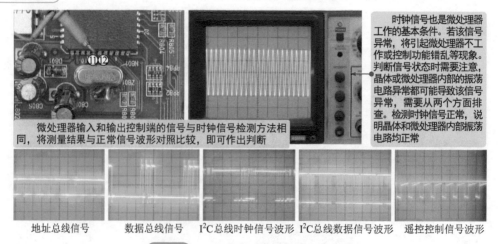

微处理器输入和输出控制端的信号与时钟信号检测方法相同，将测量结果与正常信号波形对照比较，即可作出判断

时钟信号也是微处理器工作的基本条件。若该信号异常，将引起微处理器不工作或控制功能错乱等现象。判断信号状态时需要注意，晶体或微处理器内部的振荡电路异常都可能导致该信号异常，需要从两个方面排查。检测时钟信号正常，说明晶体和微处理器内部振荡电路均正常

| 地址总线信号 | 数据总线信号 | I^2C总线时钟信号波形 | I^2C总线数据信号波形 | 遥控控制信号波形 |

图 7-13 微处理器主要信号的检测方法

7.2.5 开关电源电路的维修方法

开关电源电路出现故障经常会引起液晶电视机出现花屏、黑屏、屏幕有杂波、通电无反应、指示灯不亮、无声音、无图像等现象。由于该电路以处理和输出电压为主，因此检修该电路时，可重点检测电路中关键点的电压值，找到电压值不正常的范围，再对该范围内相关元器件进行检测，找到故障元器件，检修或更换。

开关电源电路输出多路直流低压，是整机正常工作的基本条件。从检测输出端电压入手，能够快速判断出开关电源电路的工作状态，如图 7-14 所示。

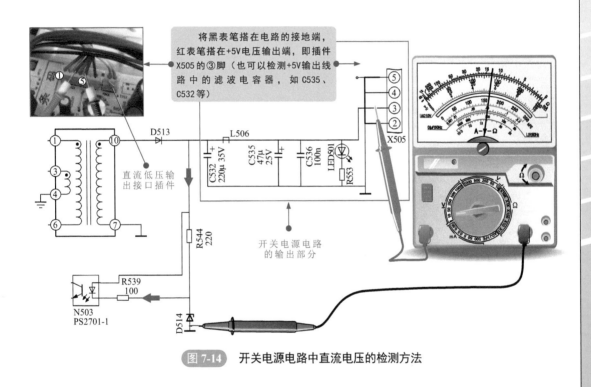

将黑表笔搭在电路的接地端，红表笔搭在+5V电压输出端，即插件X505的③脚（也可以检测+5V输出线路中的滤波电容器，如C535、C532等）

开关电源电路
的输出部分

图 7-14 开关电源电路中直流电压的检测方法

通过测量关键点电压值圈定出故障范围后，或当开关电源电路无法通电测电压时，可对该电路中核心的易损部件进行检测。其中，桥式整流堆、开关管（开关场效应晶体管）都是重点检测元件。

桥式整流堆用于将输入的交流 220V 电压整流成 +300V 直流电压，为后级电路供电。若损坏，会引起液晶电视机出现不开机、不加热、开机无反应等故障，可借助万用表检测桥式整流堆输入、输出端电压值来判断桥式整流堆的好坏，如图 7-15 所示。

开关场效应晶体管主要用来放大开关脉冲信号去驱动开关变压器工作。开关场效应晶体管工作在高电压、大电流状态下，是液晶电视机开关电源电路故障率最高的器件之一，可借助万用表检测引脚间阻值的方法来判断好坏，如图 7-16 所示。

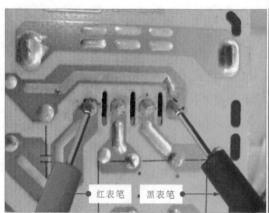

红表笔　　黑表笔

将万用表的挡位旋钮置于"直流500V"电压挡，将万用表的红、黑表笔搭在桥式整流堆的正、负极输出引脚端。正常情况下，可测得直流300V电压。否则，说明桥式整流堆或前级电路异常

图 7-15　开关电源电路中桥式整流堆的检测方法

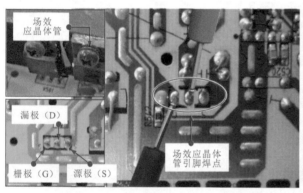

场效应晶体管

漏极（D）

栅极（G）　源极（S）

场效应晶体管引脚焊点

将万用表调至"×1k"欧姆挡，将黑表笔搭在栅极（G）上，红表笔搭在漏极（D）上，可检测到一个固定阻值（实测样机为25.5 kΩ）；黑表笔不动，将红表笔搭在源极（S）上，也可检测到一个固定阻值（实测样机为13.5 kΩ），否则怀疑器件异常

图 7-16　开关场效应晶体管的检测方法

7.2.6　逆变器电路的维修方法

　　逆变器电路是液晶电视机中专门为液晶显示屏背光灯管供电的电路。若该电路出现故障，会影响液晶显示屏的图像显示。常见的故障现象主要有黑屏、屏幕闪烁、有干扰波纹等。检修该电路时，可逆电路信号流程逐级检测电路关键点的信号波形，信号消失的地方即为关键故障点。图 7-17 为逆变器电路的维修方法。

交流耦合电容 ●

背光灯
供电接口 ●

背光灯供电接口
感应的信号波形 ●

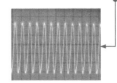

在正常情况下，借助示波器可在交流耦合电容（C34、C35、C36）处感应到明显的信号波形。

若交流耦合电容损坏或性能不良，一般会引起电视机无光、屏幕亮一下后熄灭的故障。较常见的故障为引脚虚焊或漏电，用同型号的电容器更换即可。值得注意的是，该组电容器中若有一只损坏，通常需要更换全部电容

PWM信号产生电路用于产生PWM驱动信号，并送到场效应晶体管中，该器件不良通常会引起液晶电视机无背光的故障。

在正常情况下，其输出端应能够检测到PWM驱动信号

交流耦合电容器处
感应的信号波形

驱动场效应晶体管 ●

在液晶电视机的逆变器电路中，场效应晶体管为易损元器件，可通过检测其输入、输出端信号波形的方法来判断好坏。若该元器件损坏，一般会引起液晶电视机无背光、不开机的故障

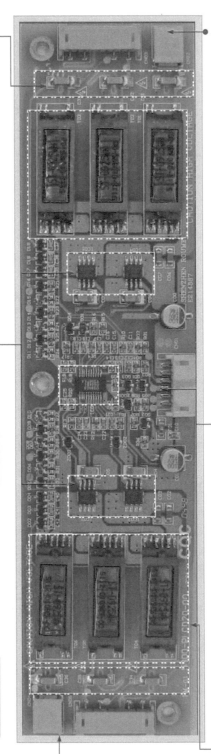

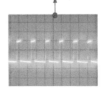

PWM信号产生电路输出
的驱动信号波形

● PWM信号产生电路

升压变压器用于将前级送来的驱动信号进行提升，正常情况下，用示波器探头靠近铁芯部分能够感应到明显的信号波形。

该元器件损坏一般会引起液晶电视机无光、屏幕亮一下即灭的故障，其故障原因多为次级绕组断路或绕组间短路，图中6个变压器型号相同

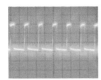

场效应晶体管
输出端信号波形

在正常情况下，用示波器感应背光灯供电接口处应有明显的PWM信号波形，由此也表明逆变器电路部分工作正常。若该信号正常而液晶电视机仍无背光，则表明背光灯管或液晶屏组件损坏

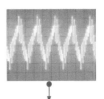

升压变压器
感应的脉冲信号波形

背光灯供电接口 ●

● 升压变压器

图 7-17 逆变器电路的维修方法

7.3

液晶电视机常见故障检修

7.3.1 电视节目图像、伴音不良的故障检修实例

机型：康佳 LC-TM3008 型液晶电视机。

故障表现：

打开电视机，电视节目图像、伴音不良。

故障分析：

液晶电视机电视信号接收电路出现故障时，常会出现声音和图像均不正常的故障现象。此时可将故障机的电路图纸与故障机实物对照，并结合故障表现，先建立起故障检修的流程，然后按电视信号接收电路的信号流程逐一进行检测。

根据故障表现，声音和图像均不正常，一般为处理声音和图像的公共通道部分异常，即应重点对电视信号接收电路进行检测。如图 7-18 所示。

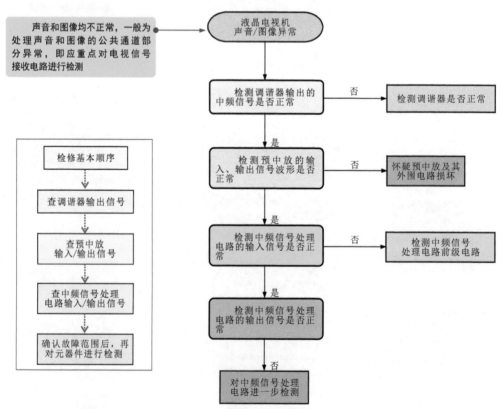

图 7-18 康佳 LC-TM3008 型液晶电视机电视信号接收电路的检修流程

结合故障表现和故障分析，按图 7-19 所示检测调谐器输出的中频信号波形。

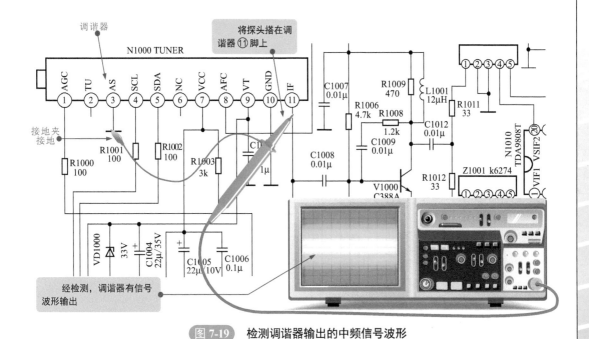

图 7-19 检测调谐器输出的中频信号波形

按图 7-20 所示检测预中放的输入 / 输出信号波形。

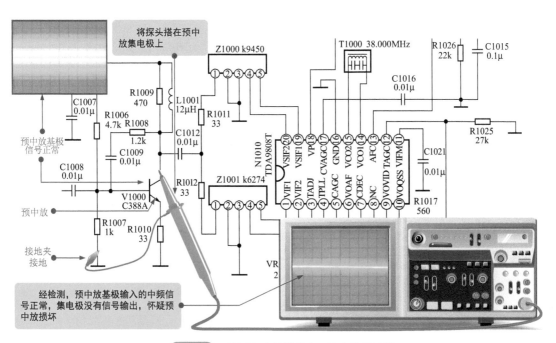

图 7-20 检测预中放的输入 / 输出信号波形

根据检测可了解到,调谐器输出的中频信号正常,预中放输入信号正常、输出信号不正常,怀疑预中放损坏,使用相同型号的预中放代换后,再次试机,故障排除。

7.3.2 图像正常、左声道无声的故障检修实例

机型：厦华 LC-32U25 型液晶电视机。

故障表现：

打开电视机，图像正常，左声道扬声器无声，开大音量，可听到电流声。

故障分析：

根据故障表现，说明处理左声道音频信号的线路存在故障，重点检查左声道传输线路中的相关元件。可逆信号流程检测音频功率放大器和音频信号处理集成电路，锁定故障范围。

按图 7-21 所示，依次检测音频功率放大器左声道音频信号的输出端信号。

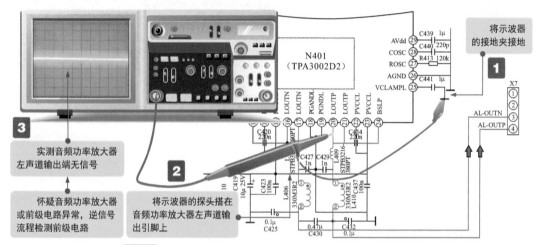

图 7-21 检测音频功率放大器左声道音频信号的输出端信号

发现功率放大器左声道输出端无信号输出。继续检测音频功率放大器左声道输入的音频信号，发现也没有任何信号输入，说明故障很可能在音频功率放大器的前级电路。如图 7-22 所示，继续对音频信号处理集成电路输出的左声道音频信号进行检测。

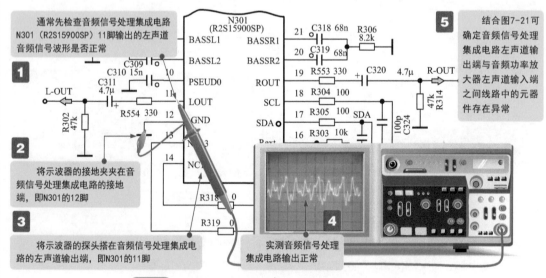

图 7-22 检测音频信号处理集成电路左声道输出端的信号

音频信号处理集成电路 N301 左声道输出端与音频功率放大器左声道输入端之间有元器件 R554、C311，经检测发现，电阻器 R554 的阻值为无穷大，说明 R554 已断路，更换后，故障排除。

7.3.3　显示黑屏（有图像无背光）的故障检修实例

机型：康佳 LC-TM2018 型液晶电视机。

故障表现：

打开电视机，液晶屏能够看到很暗的图像，但没有背光。

故障分析：

根据故障表现，应重点检测逆变器电路的供电、背光灯、升压变压器及驱动场效应晶体管。

首先，检测逆变器电路的 12V 供电电压和开关控制信号，测得 12V 供电电压和开关控制信号正常。继续检测背光灯接口的信号波形，如图 7-23 所示。

将示波器的探头靠近背光灯接口。

经检测，未感应到信号波形，说明前级电路存在故障。

图 7-23　检测背光灯接口的信号波形

对升压变压器进行检测，依然未检测到放大后的 PWM 驱动信号。继续逆信号流程，对驱动场效应晶体管进行检测，如图 7-24 所示。检测发现，驱动场效应晶体管的输入端能够检测到输入的 PWM 驱动信号，而输出端无信号输出。怀疑驱动场效应晶体管损坏，使用相同型号的驱动场效应晶体管代换后，再次试机，故障排除。

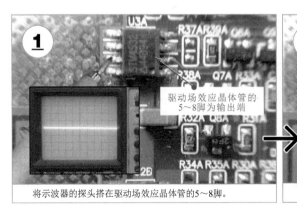
驱动场效应晶体管的 5～8 脚为输出端
将示波器的探头搭在驱动场效应晶体管的5～8脚。

驱动场效应晶体管的 1～4 脚为输入端
将示波器的探头搭在场效应晶体管的2脚、4脚。

图 7-24　检测驱动场效应晶体管

CRT 彩色电视机维修

8.1

CRT 彩色电视机的结构原理

8.1.1　CRT 彩色电视机的结构特点

　　CRT 彩色电视机简称彩色电视机，图 8-1 为典型彩色电视机的整机结构。彩色电视机主要由主电路板、显像管电路板、电视机显像管三部分构成。

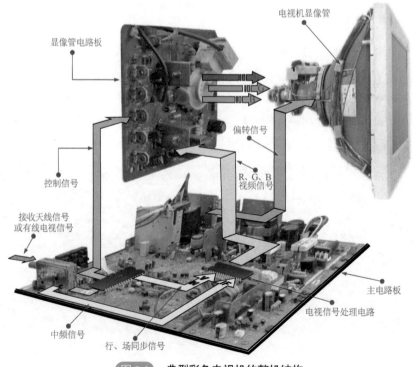

電视机显像管

显像管电路板

偏转信号

控制信号

R、G、B
视频信号

接收天线信号
或有线电视信号

主电路板

电视信号处理电路

中频信号

行、场同步信号

图 8-1　典型彩色电视机的整机结构

图 8-2 为彩色电视机的整机构成图。

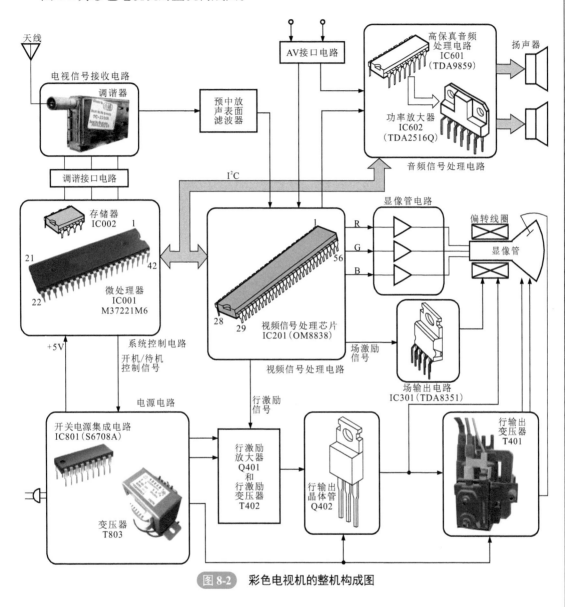

图 8-2　彩色电视机的整机构成图

（1）电视信号接收电路

电视信号接收电路主要包括调谐器和中频电路两部分。调谐器是将天线接收的射频信号进行放大、变频，然后再进行伴音、图像和扫描等处理。它的主要功能是选择电视频道，并将所选定频道的高频电视信号进行放大，然后与本振信号进行混频，输出中频电视信号。

中频电路的功能是放大来自调谐器的中频信号，并提供适当的幅频特性，满足残留边带及伴音差拍的需要，以便从中检波视频信号和第二伴音中频信号，并具有自动增益控制（AGC）功能。

（2）视频信号处理电路

视频信号处理电路是彩色电视机中处理亮度和色度信号，完成视频解码的电路，这部分电路常和伴音解调、扫描信号处理电路集成在一块大规模集成电路芯片中。

（3）音频信号处理电路

音频电路的功能是对音频信号进行解调和放大。它先将 6.5MHz 调频的第二伴音中频信号放大，用鉴频器调频解调出音频信号，再经音频放大器放大后去推动扬声器发声。

（4）系统控制电路

彩色电视机中的系统控制电路是以微处理器（CPU）为核心的控制电路，它接收人工操作按键的指令，也可以接收遥控指令，并根据程序对各单元电路进行控制。

（5）场、行扫描电路

场、行扫描电路的功能是向场、行偏转线圈提供线性良好、幅度足够的场频和行频锯齿波电流，使电子束有规律地偏转，以保证在彩色显像管屏幕上形成宽、高比正确且线性良好的光栅。另外行输出级通过行输出变压器还产生高压、副高压、低压，为显像管及其他电路提供电源。

（6）显像管电路（显像管尾板电路）

显像管电路主要是由末级视放电路和显像管供电电路组成，其功能是将 R、G、B 三基色信号放大后加至显像管三个阴极，控制显像管三个电子枪电子束的强弱。此外灯丝电压、聚焦极电压及加速极电压都通过此电路将电压加到显像管的相应引脚上。

（7）电源电路

电视机的电源一般由开关稳压电源电路构成，其目的在于提高电源变换的效率（省电）和加宽调整的范围（稳压），其功能是向电视机各单元电路提供各种工作电压，它是电视机工作的能源供给部件。

8.1.2　CRT 彩色电视机的工作原理

彩色电视机的工作原理如图 8-3 所示。电视高频信号由天线接收后被送到调谐器中，在调谐器中先经高放后，再与本机振荡信号混频，形成中频信号（也称图像中频信号）。其频带宽度为 8MHz，包含有图像中频和伴音中频信号。调谐器输出的中频信号，经过滤波后输入图像中频处理单元电路。经中频放大和视频检波得到视频全电视信号。该信号将分成为两路被处理：一路经过 6.5MHz 带通滤波器，提取出 6.5MHz 的第二伴音中频信号，经伴音中放、限幅电路和鉴频器后得到伴音音频信号，最后经过音频放大电路放大后，再送给扬声器还原成声音；另一路经过 6.5MHz 的陷波器，吸收掉 6.5MHz 伴音信号，取出 0～6MHz 的视频全电视信号，它含有亮度信号、色度信号、行场同步信号以及加在行同步头上的色同步信号。后一组信号经各自的分离电路分离后，分别送往三个单元电路：亮度信号处理电路、色度信号处理电路、扫描信号产生电路。具体处理过程是：其一，经过 4.43MHz 的陷波器，去掉视频信号中的 4.43MHz 的色度信号，输往亮度信号处理电路，得到可形成黑白图像的亮度信号；其二，经过 4.43MHz 的带通滤波器，即从 0～6MHz 视频信号中只取出 4.43MHz±1.3MHz 的色度信号（包括色差和色同步信号），输往色度信号处理电路（色解码电路），经解码处理得到红 - 亮（R-Y）、绿 - 亮（G-Y）、蓝 - 亮（B-Y）三个色差信号，再经矩阵电路得到红（R）、绿（G）、蓝（B）三基色信号，再送到显像管电路；其三，经同步分离后去行、场扫描信号产生电路，视频全电视信号在同步分离电路中通过幅度鉴别分离出行同步信号和场同步信号，分别送到行、场振荡电路。振荡电路的频率和相位将在同步信号的控制下，保持接收机行、场扫描的顺序与发射端相同，即实现同步。行、场扫描电路输出行、场偏转电流给偏转线圈，使显像管上形成光栅。

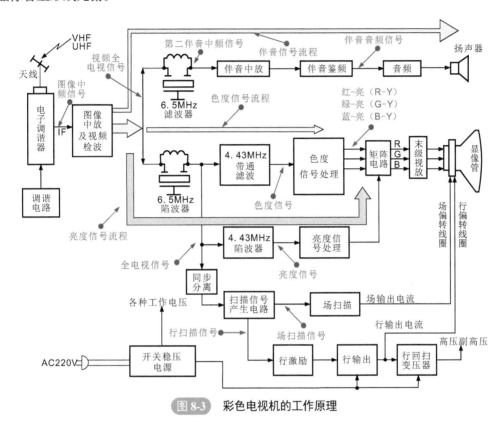

图 8-3 彩色电视机的工作原理

8.2

彩色电视机的维修方法

8.2.1 调谐器电路的维修方法

对于调谐器电路的检测应根据故障现象和信号流程，初步判断故障部位，然后再对故障部位进行检测。若无中频信号输出，则查调谐器的供电电压以及调谐器本身；若调谐不起作用，则应检查 VT 端的供电电压。

（1）IF 中频信号的检测

如图 8-4 所示，调谐器 TU101 的 ⑪ 脚为 IF 中频信号输出端。正常时应能够检测到 IF 中频信号波形。

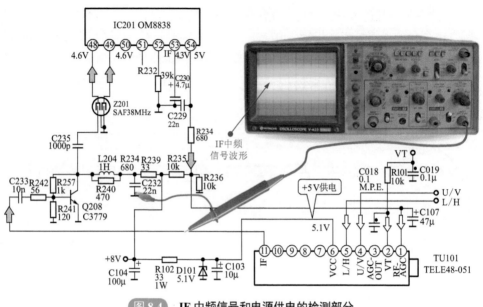

图 8-4 IF 中频信号和电源供电的检测部分

（2）供电电压的检测

TU101 的⑥脚为 +5V 供电端，检测时将万用表调至直流 10V 挡，用黑表笔接地，用红表笔接⑥脚，正常时应有 +5V 的电压。

提示

若调谐器的供电正常，而输出的 IF 信号不正常，则可能是调谐器本身已经损坏。

（3）VT端供电电压的检测

若调谐器出现无法搜索电视节目的故障，则应对调谐器的②脚 VT 端进行检测，在调谐搜索状态时，该脚的电压应在 0 ～ 30V 变化。

8.2.2　视频信号处理电路的维修方法

检测视频信号处理电路时，应重点检测电视信号处理芯片（以 OM8838 为例）的供电电压和信号波形，用来确定故障部位。

如图 8-5 所示，以 OM8838 集成电路为例，首先检测 OM8838 单片集成电路的⑫脚和㊲脚提供的 +8V 供电电压。

检测晶振信号时，可用示波器的探头检测电视信号处理芯片㉞脚的 3.58MHz 和㉟脚的 4.43MHz 的晶振信号。若晶振信号不正常，则可能是晶体或芯片本身损坏造成的。

若供电电压和晶振信号都正常，在输入视频信号正常的情况下就可以检测输出的 R、G、B 三基色信号。其中，OM8838 ㉑脚输出红基色信号（R）、⑳脚输出绿基色信号（G）、⑲脚输出蓝基色信号（B）。

142

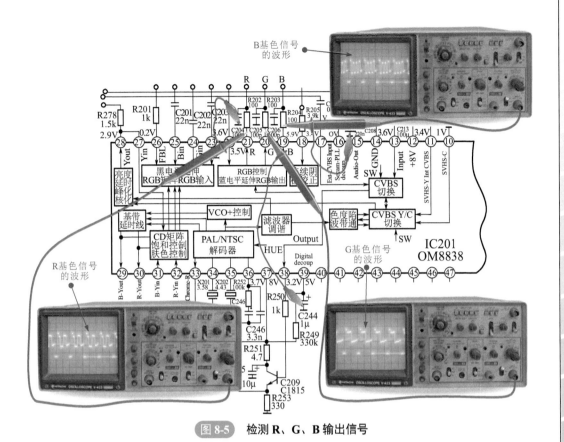

图 8-5 检测 R、G、B 输出信号

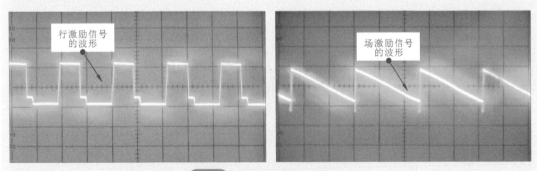

提示

此外，检测 OM8838 的㊵脚输出的行激励信号以及㊻脚和㊼脚输出的场激励信号，其波形如图8-6所示。若芯片输出的R、G、B三基色信号和行场激励信号不正常，而供电电压、晶振信号以及输入信号正常，则可能是芯片本身损坏。

图 8-6 行、场激励信号的波形

8.2.3 系统控制电路的维修方法

系统控制电路主要以微处理器为核心，彩色电视机中的调谐器、存储器、音频视频处理电路等都在它的控制下工作。

首先供电电压、复位信号和晶振信号是微处理器 IC001（M37221M6）的工作条件，若这些工作条件不正常，则微处理器无法正常工作。

 提示

若 +5V 供电电压不正常，则应检查电源供电电路，例如三端稳压器 Q003、电阻器 R039、电容器 C020 等；复位信号在开机后电压为 5V，若复位信号不正常，则应检查复位电路，例如稳压器 Q001、电阻器 R040、电阻器 R036 等；若晶振信号不正常，则应检查晶体 X001 及芯片本身。

在微处理器工作条件都满足的情况下，由微处理器的㉜脚和㉞脚输出 I²C 总线信号，用示波器可检测到 I²C 总线信号的波形，如图 8-7 所示。

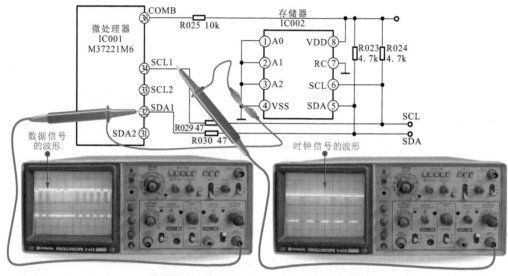

图 8-7 微处理器 I²C 总线信号波形的检测

 提示

存储器 IC002 是用来存储彩色电视机信息的电路，若损坏，则会造成不能存储频段、频道和音量等信息的故障。

8.2.4 音频信号处理电路的维修方法

电视信号经视频检波和伴音解调后，将伴音和图像信号分离。伴音信号取出后通常经音量和音调调整后进行功率放大，然后去驱动扬声器。为了改善音频系统的效果，在电路中增加了音频信号处理电路。

音频信号处理电路常见的故障是：在接收电视信号状态下图像正常而无伴音或伴音较小、伴音噪声大、声音失真、有交流声等。

以高保真音频信号处理电路 IC601（TDA9859）为例，如图 8-8 所示，可检测其输入音频信号、输出音频信号以及供电电压。

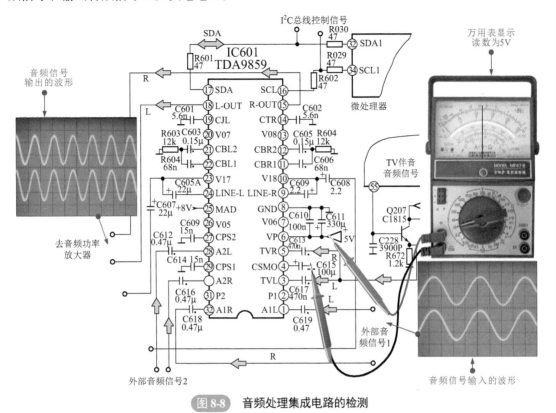

图 8-8　音频处理集成电路的检测

此外 IC601 的工作受 I²C 总线信号的控制，用示波器的探头接触 IC601 的⑯脚、⑰脚时，即可检测到 I²C 总线信号的波形，如图 8-9 所示。

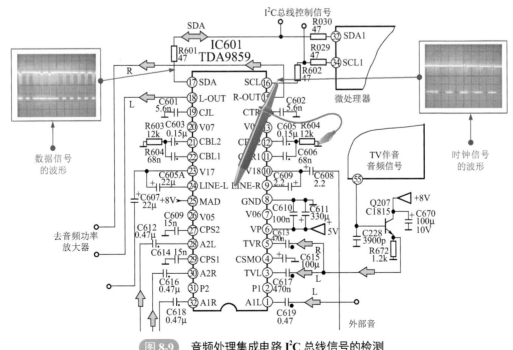

图 8-9　音频处理集成电路 I²C 总线信号的检测

音频功率放大器 IC602（TDA2616Q）主要是放大由音频处理电路送来的音频信号，用来推动扬声器发声。若前级电路都正常，还不能正常发出声音，则需检测音频放大器是否正常。如图 8-10 所示，音频功率放大器 IC602 的检测方法同 IC601 的检测方法基本相同，首先对输入和输出的音频信号进行检测，若输入正常而输出不正常，则应检测其供电电压。

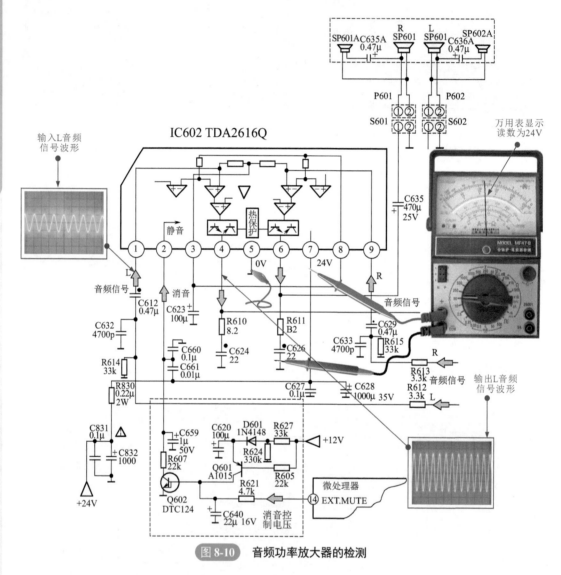

图 8-10 音频功率放大器的检测

在供电正常的情况下，若音频功率放大器输入的音频信号正常，而输出的音频信号不正常，则可能是芯片本身已经损坏，应更换。

8.2.5 行、场扫描电路的维修方法

行、场扫描电路的作用是产生行扫描锯齿波电流和场扫描锯齿波电流，使电子束进行水平和垂直方向的扫描运动，形成矩形光栅，从而使显像管的电子枪在偏转磁场的作用下从左

至右、从上至下进行扫描运动，形成一幅一幅的电视图像。

若行、场扫描电路中有损坏的元件，可能会造成彩色电视机不开机、无图像无伴音、图像变窄等故障，应根据故障现象分别对行扫描和场扫描电路进行检测。

（1）行扫描电路的检测

如图 8-11 所示，检测行扫描电路，可逆信号流程，依次对行激励放大器、行激励变压器、行输出晶体管和行回扫变压器进行重点检测。

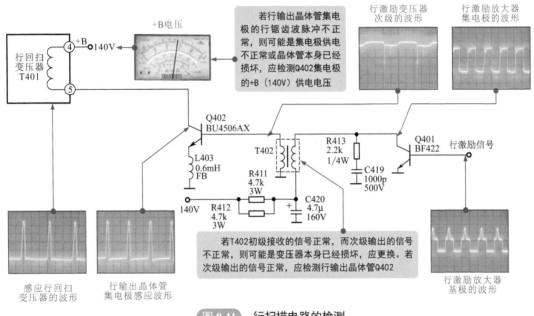

图 8-11　行扫描电路的检测

① 行激励放大器的检测　行激励放大器 Q401 的基极 b 接收由电视信号处理电路送来的行激励信号，用示波器的探头接触 Q401 的基极 b 时，即可检测到行激励信号的波形。若Q401 基极 b 的行激励信号正常，则应检测 Q401 集电极 c 的信号波形，在集电极供电正常的情况下，若集电极的波形不正常，则可能是 Q401 已经损坏。

② 行激励变压器的检测　行激励变压器 T402 的初级绕组接收 Q401 集电极送来的信号，然后由次级输出。

③ 行输出晶体管的检测　行输出晶体管 Q402 的基极接收 T402 次级输出的信号，经放大后，由集电极输出约 1050V 的行锯齿波脉冲，用示波器的高压探头即可检测到。

④ 行回扫变压器的检测　可用示波器来感应行回扫变压器 T401 的波形，来判断行回扫变压器的好坏，在检测时用示波器的探头靠近 T401 的铁芯部分，即可感应到波形。如检测不到脉冲信号波形，则可能是行输出级电路或 T401 本身已经损坏，应更换。

（2）场输出集成电路的检测

场输出集成电路 IC301（TDA8351）的主要功能就是用来放大场激励信号，通过检测其输入输出信号波形以及供电电压即可判断其好坏，如图 8-12 所示。

在场激励信号输入和供电电压正常的情况下，若 IC301 输出的场锯齿波不正常，则可能是芯片本身已经损坏，应更换。

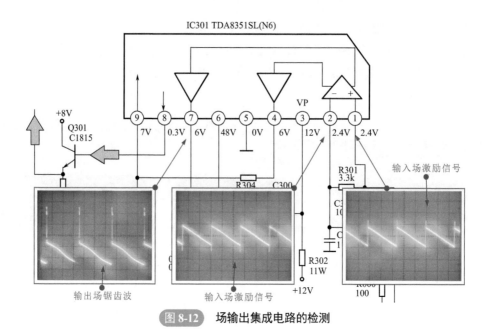

图 8-12 场输出集成电路的检测

8.2.6 开关电源电路的维修方法

开关电源电路为彩色电视机其他电路供电，它可以将输入的交流 220V 电压进行整流、滤波、稳压、变压等处理，然后输出不同的直流电压，供各单元电路使用。

若开关电源电路中有损坏的元器件，可能会造成彩色电视机无法开机的故障。此时，应顺开关电源电路的工作流程，对电路中的电压或元器件进行检测，从而找出故障元件。

在开关电源电路中，+B 电压是彩色电视机的标志性电压，检测时，将万用表调至直流 250V 挡，用黑表笔接地，红表笔接电解电容 C401 的正极。正常时，应有 +140V 左右的电压输出。如图 8-13 所示。

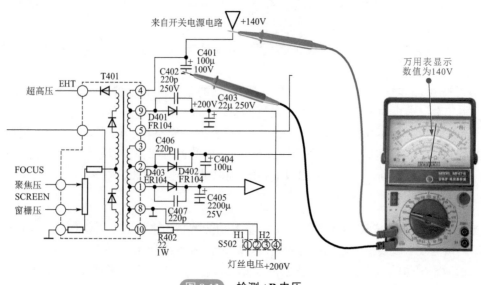

图 8-13 检测 +B 电压

若输出正常，则可初步断定该开关电源电路部分是正常的；若输出不正常，则应查+300V 直流电压是否正常。如图 8-14 所示，在正常的情况下，检测 IC801 ①脚应能够检测到直流 300V 电压。

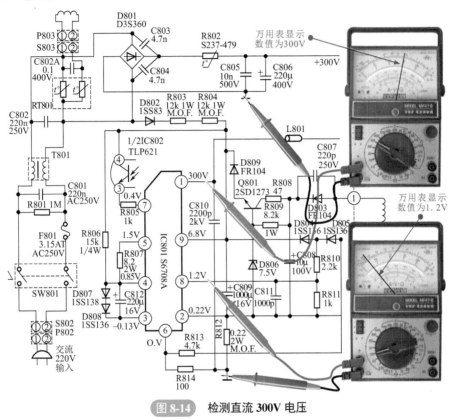

图 8-14 检测直流 **300V** 电压

提示

　　若检测的直流 300V 正常，而 + B 输出不正常，则可能是开关电源电路的开关振荡电路没有工作，重点应检测开关振荡集成电路 IC801、开关变压器 T803 以及相关的元器件等，也可能是变压器的次级输出电路，如整流二极管 D831、电容器 C835 等损坏造成的。

　　若检测到整流输出的 300V 电压端电压不正常，则可能是交流输入电路或整流滤波电路等有故障造成的，应重点检查保险管 F801、互感滤波器 T801、桥式整流堆 D801 以及滤波电容器 C806 等是否有故障。

　　若桥式整流堆输入的 220V 电压不正常，则应检测保险管 F801、互感滤波器 T801 等，互感滤波器 T801 绕组端的阻值正常时应趋于零，若检测的阻值无穷大，则证明内部已经开路；在 F801 和 T801 都正常的情况下，桥式整流堆 D801 的交流输入端可以测得 220V 的交流电压，而无 300V 输出，则可能是 D801 或滤波电容器 C806 已经损坏。

8.2.7　显像管电路的维修方法

　　显像管是彩色电视机的显像部件，显像管电路为显像管的各电极提供驱动信号，其中末级视放电路是显像管电路的主要部分，为还原彩色图像提供红、绿、蓝三基色电视图像信号。

　　首先检测由行回扫变压器送来的 200V 末级视放供电电压和 P501 送来的 +9V 工作电压。若供电电压不正常，则会造成图像全无的故障，则应检测供电电路；若供电电压正常，则可检测显像管电路输入和输出的 R、G、B 视频信号波形，如图 8-15 所示。

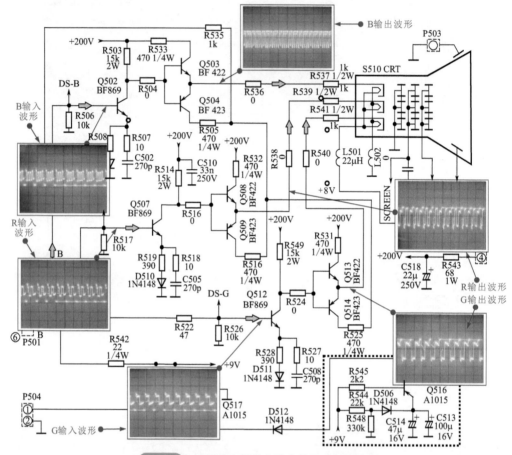

图 8-15　显像管电路输入输出信号波形的检测

　　若供电电压和输入信号都正常，而输出的信号不正常，则可能是末级视放晶体管中有损坏的元件。若只有某一路信号不正常，则可能是该路中的末级视放晶体管损坏造成的。

8.3

彩色电视机常见故障检修

8.3.1　伴音正常，图像为一条条斜纹的故障检修实例

机型：创维 2199 型彩色电视机。

故障表现：

开机后，伴音正常，但图像几乎看不到，只能看到一条条明显的斜纹。

故障分析：

彩色电视机开机后伴音正常，说明电视机的公共电路部分正常，如开关电源电路、音频信号处理电路、系统控制电路等；有图像说明电视信号处理电路也正常；图像为一条条明显的斜纹，说明行不同步，行不同步多是由行逆程脉冲信号丢失引起的。图8-16为创维2199型彩色电视机行扫描电路原理图。

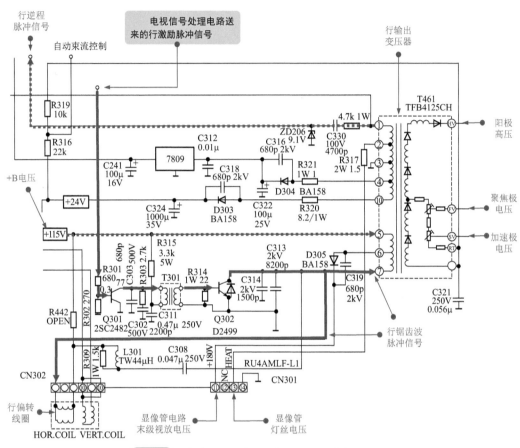

图 8-16　创维 2199 型彩色电视机行扫描电路原理图

 提示

115V 的 +B 电压经行输出变压器 T461 的初级绕组后为行输出晶体管 Q302 的集电极提供直流工作电压。

电视信号产生电路送来的行激励脉冲信号首先加到行激励晶体管 Q301 的基极，经放大后送往行激励变压器 T301 的初级绕组，然后由次级绕组输出到行输出晶体管 Q302 的基极上，该信号经行输出晶体管放大为 1000V 左右的行锯齿波脉冲，由集电极输出送往行偏转线圈以及行输出变压器 T461 中。

行输出变压器受行脉冲的驱动，其次级输出的阳极高压、聚焦极和加速极电压以及各路直流低压为彩色电视机的各部分电路提供工作电压。

行逆程脉冲电压由行输出变压器 T461 的①脚输出，该信号不正常是引起彩色电视机出现一条条明显的斜纹的主要原因。

相关资料：

当图像拉伸成一条条斜条状态时，说明行不同步。如果图像完全呈分裂的一条条斜花纹，就表明彻底没有同步信号了。从倾斜的方向可以看出有关故障的信息。如果行向右下倾斜，表明振荡器的频率可能偏高了。如果图像整个向左或向右偏移，则说明可能是行相位不正确，即行振荡器的振荡频率正确，只是它与同步信号的相位不同。

检修过程：

根据以上检修分析，我们应重点检查行逆程脉冲信号的传输线路部分，即检查行输出变压器 T461 的①脚与电视信号处理电路之间的行逆程脉冲信号线路中的元件。

图 8-17 为行输出变压器输出的行逆程脉冲信号的检测。

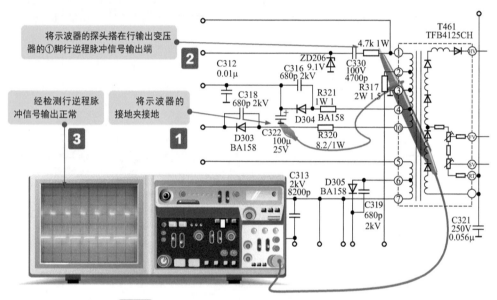

图 8-17 行输出变压器输出的行逆程脉冲信号的检测

经检测，行输出变压器输出的行逆程脉冲信号波形正常，根据行逆程脉冲信号的流程，对传输线路中的元器件进行检测。检测时发现，电容器 C330 的引脚焊点开路，用电烙铁和焊锡丝进行补焊，通电试机数小时后电视机图像正常，没有出现明显斜纹，故障排除。

8.3.2 伴音正常，屏幕有水平回扫线，垂直幅度略有压缩的故障检修实例

机型：TCL-2502 型彩色电视机。

故障表现：

开机后，伴音正常，但屏幕图像有水平回扫线移动，垂直幅度也略有压缩。

故障分析：

彩色电视机开机后伴音正常，说明电视机的公共电路部分正常，如开关电源电路、音频信号处理电路、系统控制电路等；有图像说明电视信号处理电路也正常；图像有水平回扫线移动，通常是由场逆程脉冲信号不良、显像管加速极电压过高、黑白平衡调整不当引起的，而垂直幅度也有压缩，可能是场输出级电源失常，对于单电源供电的场输出电路，多是由场

输出集成电路的场输出级电源异常引起的，特别是自举电容损坏，除影响场幅外，还会引起回扫线的产生。

图 8-18 为 TCL-2502 型彩色电视机场扫描电路原理图。

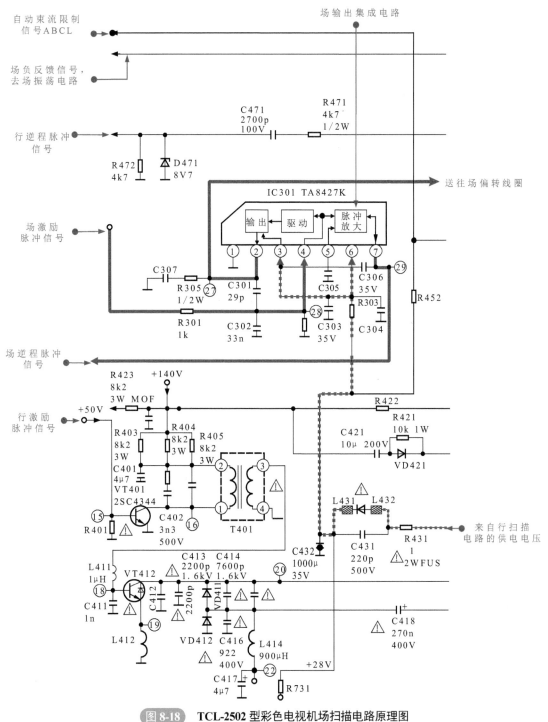

图 8-18 TCL-2502 型彩色电视机场扫描电路原理图

第 8 章 CRT 彩色电视机维修

提示

来自行扫描电路行输出变压器的 +28V 电压经限流电阻 R303（4.7Ω/2W）加到场输出集成电路 IC301 的③脚和⑥脚，为场输出集成电路供电。其中③脚为输出级供电，⑦脚内的脉冲放大电路是形成泵电压的电路，在场逆程电路中由自举电容 C306 为输出级升压。

由电视信号处理电路送来的场激励脉冲信号加到场输出集成电路 IC301 的④脚，在 IC301 中经驱动和功率放大后，由 IC301 的②脚输出场锯齿波脉冲信号，去驱动场偏转线圈。

检修过程：

根据以上检修分析，我们应重点检查场逆程自举电容 C306 和场输出集成电路输出的场逆程脉冲信号。

图 8-19 为场逆程自举电容 C306 的检测。

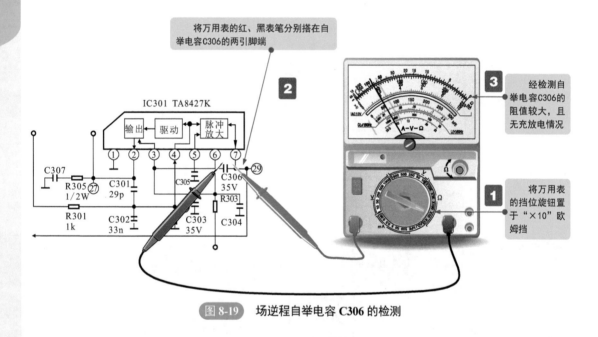

图 8-19 场逆程自举电容 C306 的检测

经检测自举电容 C306 的阻值较大，且无充放电情况，说明该电容器已失效损坏。用性能良好且同型号的电容器更换，通电试机数小时后，电视机没有出现回扫线以及垂直幅度压缩的现象，故障排除。

8.3.3 无电视节目，噪波满屏，过一段时间变为蓝屏的故障检修实例

机型·创维 29T60AA 型彩色电视机。

故障表现：

彩色电视机开机后，出现噪波满屏（雪花），过一段时间后变为蓝屏，并且接收不到电

视节目。

故障分析：

当创维 29T60AA 型彩色电视机出现噪波、蓝屏并接收不到电视节目的故障时，多是因为彩色电视机的电视信号接收电路中有损坏的元器件。图 8-20 为创维 29T60AA 型彩色电视机电视信号接收电路，该电路主要是由调谐器 TUNER、预中放 Q101 以及声表面波滤波器 SAW101 及外围元器件组成的。

彩色电视机开机后出现噪波表明无法接收到电视信号，此时怀疑是电视信号接收电路出现了故障，根据电路图，可知调谐器正常工作时应有 5V 的供电电压，在搜索电视节目时频段电压 B1 或 B2 端应有一定的电压值。可对这些电压值进行检测，若供电电压正常，则需要对频段电压进行检测，根据电路图找到损坏的元器件并代换，排除故障。

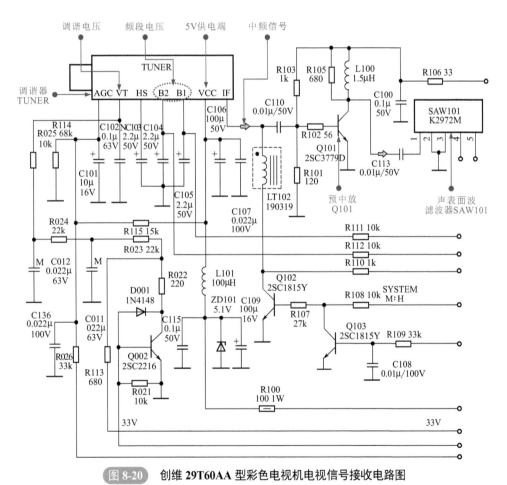

图 8-20　创维 29T60AA 型彩色电视机电视信号接收电路图

检修过程：

根据以上分析，可先对调谐器的供电电压进行检测。实测供电电压正常，继续检测 B2 端的频段电压。实测结构为 0V，怀疑频段电压的供电部分有损坏的元器件。

如图 8-21 所示，检测频段电压供电部分的电阻器 R11，实测阻值为无穷大，说明该电阻器损坏。更换后故障排除。

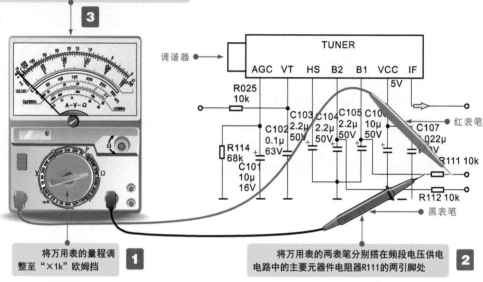

经检测, 阻值为无穷大, 表明电阻器R111本身损坏, 可对其进行替换, 开机试运行, 故障排除

3

将万用表的量程调整至"×1k"欧姆挡

1

将万用表的两表笔分别搭在频段电压供电电路中的主要元器件电阻器R111的两引脚处

2

调谐器

TUNER

AGC VT HS B2 B1 VCC IF

5V

R025 10k

C102 0.1μ 63V

C103 2.2μ 50V

C104 2.2μ 50V

C105 2.2μ 50V

C10 10μ 50V

C107 022μ

R114 68k

C101 10μ 16V

红表笔

R111 10k

R112 10k

黑表笔

图 8-21　创维 **29T60AA** 型彩色电视机电视信号接收电路噪波满屏的检测方法

第9章

组合音响维修

9.1 组合音响的结构原理

9.1.1 组合音响的结构特点

组合音响是集各种音响设备于一体或将多种音响设备组合后的多声道环绕立体声放音系统。通常，组合音响主要由收音机部分、CD 机部分、录音机部分和音效调节控制器部分组成。典型组合音响的内部结构如图 9-1 所示。

组合音响内部主要包括系统控制和操作显示电路、收音电路、CD 伺服和数字信号处理电路、音频信号处理电路、音频功放电路和电源电路等。

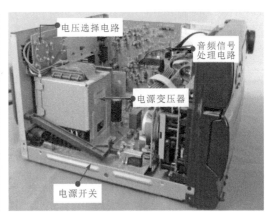

图 9-1

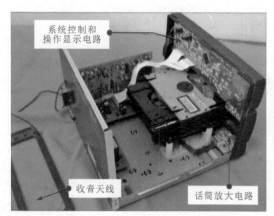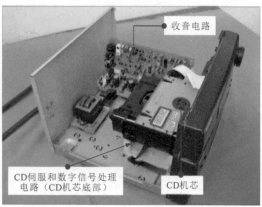

图 9-1　组合音响的内部结构

（1）系统控制和操作显示电路

系统控制和操作显示电路主要用于控制各部分电路的启动、切换、显示等工作状态，如图 9-2 所示。

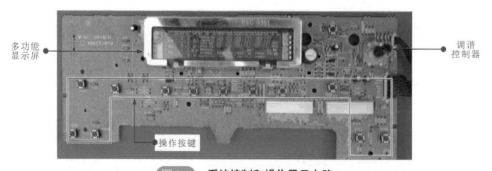

图 9-2　系统控制和操作显示电路

（2）收音电路

收音电路是接收广播电台节目的电路，图 9-3 为典型组合音响中的收音电路。

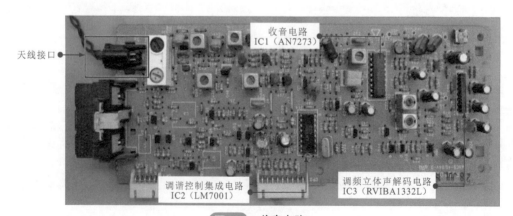

图 9-3　收音电路

（3）CD伺服和数字信号处理电路

CD伺服和数字信号处理电路主要用于处理CD机，通常包括伺服预放集成电路、数字信号处理电路和伺服驱动电路等部分。

CD伺服主要用来驱动聚焦线圈、循迹线圈、主轴电动机和进给电动机；数字信号处理电路主要是对RF信号进行数字处理，对伺服误差信号进行数字伺服处理，同时对主轴伺服和进给伺服信号进行处理。

（4）音频信号处理电路

音频信号处理电路可对音频信号进行数字处理以达到满意的音响效果，其中收音信号、CD信号、录放音信号、话筒信号及由外部输入的音频信号都送到此电路中进行数字处理，如环绕声处理、图示均衡处理、音调调整、低音增强等，提高组合音响的音质效果。

（5）音频功放电路

在组合音响产品中，音频功放电路是其中的一个电路单元，主要用于将各音频信号源输出的音频信号进行功率放大，通常与电源电路板相连接。音频功放电路是大功率器件，如图9-4所示，通常安装在散热片上。

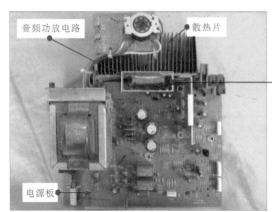

图 9-4　音频功放电路

（6）电源电路

在组合音响中，电源电路多采用线性稳压电源电路结构，主要用于为整个组合音响的所有电路部分提供直流电压条件。

9.1.2　组合音响的工作原理

组合音响通过操作按键输入人工指令，在系统控制电路的控制下，由各单元电路协同工作，完成各种信息的处理。

组合音响虽内部结构不同，电路细节和芯片型号各异，但基本工作原理大体一致。图9-5为典型组合音响中系统控制和操作显示电路的工作原理。系统控制电路对CD机和收音机等部分中的各个部件和电路进行控制。例如，信号输入电路的选择控制、工作模式的选择和控制及音频信号的音量、音调、音响效果的控制等都是控制电路的功能，因而控制电路与各部分都有着密切的关联。

第❷篇／家电维修实战

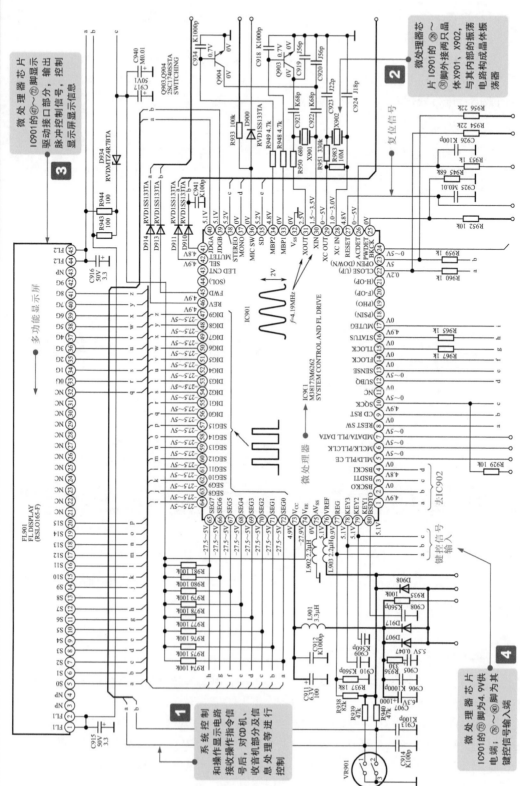

图9-5 典型组合音响中的系统控制和操作显示电路的工作原理

160

图 9-6 为典型组合音响中 CD 伺服预放电路的工作原理。

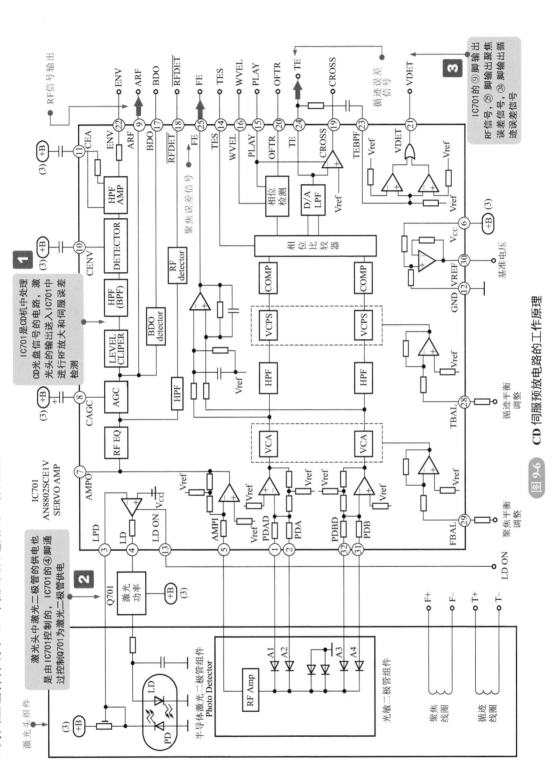

图 9-6 CD 伺服预放电路的工作原理

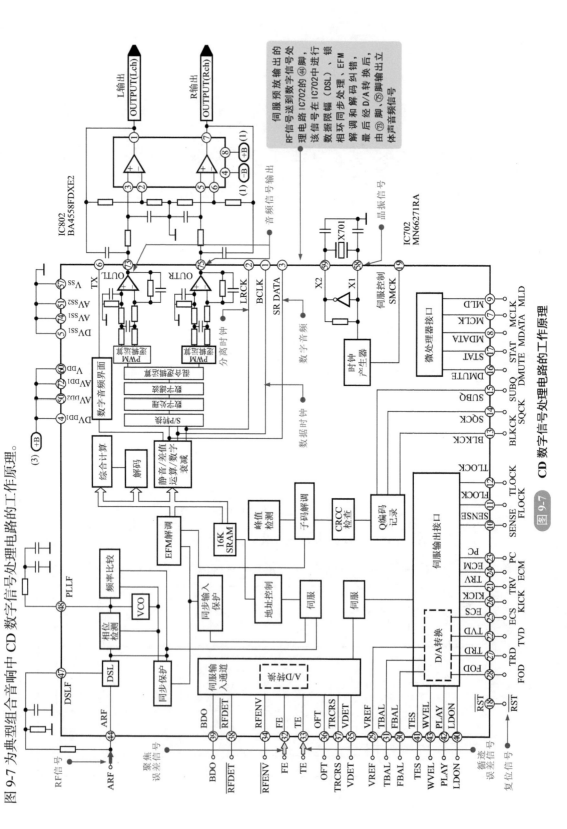

图 9-7 为典型组合音响中 CD 数字信号处理电路的工作原理。

伺服预放输出的数字信号处理电路 IC702 的 ㊵ 脚，RF信号送到 IC702 中进行 锁相环同步限幅（DSL）、EFM 数据解调和解码纠错，最后经 D/A 转换后，由 ① 脚、⑦ 脚输出立体声音频信号

图 9-7　CD 数字信号处理电路的工作原理

图 9-8 为典型组合音响中音频功放电路的工作原理。图 9-9 为典型组合音响中电源电路的工作原理。

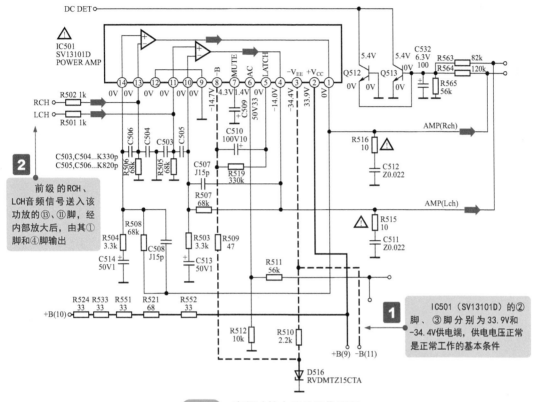

图 9-8　音频功放电路的工作原理

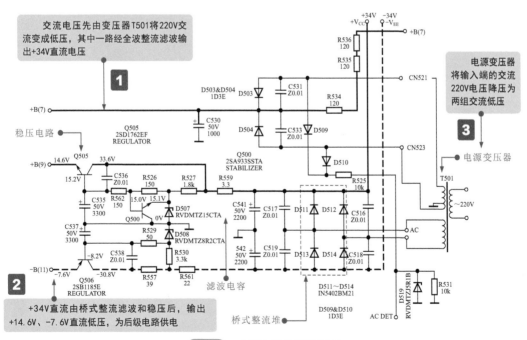

图 9-9　电源电路的工作原理

9.2 组合音响的维修方法

9.2.1 音频信号处理集成电路的维修方法

组合音响实质是一种输出音频信号的设备，在检修时，可重点对音频信号的传输通道进行测试，特别是主要部件的信号输入和输出、供电条件等，如音频信号处理集成电路、音频功率放大器等。

下面以典型组合音响中的音频信号处理集成电路 M62408FP 为例介绍其检修方法。图 9-10 为 M62408FP 芯片的实物外形及主要引脚功能。

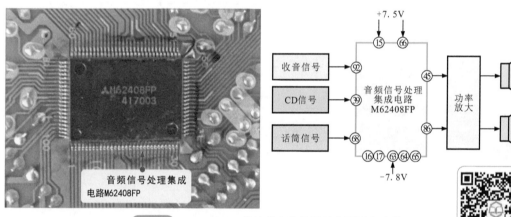

图 9-10　M62408FP 芯片的实物外形及主要引脚功能

组合音响音频信号处理集成电路的检测

借助示波器检测芯片输入和输出端的音频信号波形，是判断该类芯片是否正常的有效且直观的方法，如图 9-11 所示。

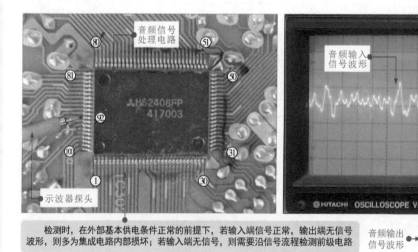

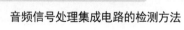

检测时，在外部基本供电条件正常的前提下，若输入端信号正常，输出端无信号波形，则多为集成电路内部损坏；若输入端无信号，则需要沿信号流程检测前级电路

图 9-11　音频信号处理集成电路的检测方法

9.2.2　音频功放电路的维修方法

音频功放电路是将音频信号进行功率放大的公共处理电路，若发生故障，会造成组合音响的声音失常，需要根据具体故障表现进行检修。

在典型组合音响中采用了型号为 SV13101D（IC501）的芯片作为音频功放器件，其外形及各引脚电压参考值如图 9-12 所示。

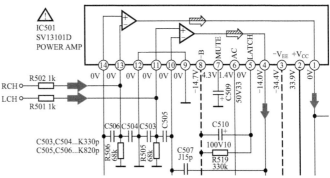

图 9-12　音频功率放大器 SV13101D 的实物外形及各引脚电压参考值

判断音频功率放大器是否正常时可用万用表检测关键引脚的电压值。若实测结果与所标识电压参考值偏差过大，则说明所测部位及关联部位存在异常；若供电及输入信号正常，而无输出信号时，则说明该音频功率放大器已损坏。

 提示

音频功率放大器的工作过程也是典型的音频信号输入、处理和输出过程，因此可借助示波器检测其输入端和输出端的音频信号。在供电等条件正常的前提下，若输入端信号正常而无输出，则多为音频功率放大器内部损坏。

9.3

 组合音响常见故障检修

9.3.1　收音电路的故障检修实例

故障表现：

组合音响调频收音故障，无法收听收音机节目。

故障分析：

怀疑收音电路故障，应根据信号流程，分别对立体声解码电路 IC3、FM/AM 收音电路 IC1、锁相环频率合成式调谐控制集成电路 IC2 进行重点检测。

立体声解码电路 IC3（RVIBA1332L）的②脚为音频信号输入端，④脚、⑤脚为立体声信号（L、R）输出端。

可首先对其①脚的供电电压进行检测，若供电正常，再继续检测输出和输入的音频信号。检测发现无输出和输入的音频信号。

逆信号流程，继续检测 FM/AM 收音电路 IC1（AN7273W）。FM/AM 收音电路接收前级送来的 FM 中频信号、AM RF 信号及 AM 本振信号，以上信号在其内部经相关处理后，由其⑮脚输出送往 IC3。

确认供电正常，检测 FM/AM 收音电路 IC1（AN7273W）输入的信号波形均正常，而实测⑮脚时，发现检测不到输出的音频信号，如图 9-13 所示为正常时检测到的输出信号波形。

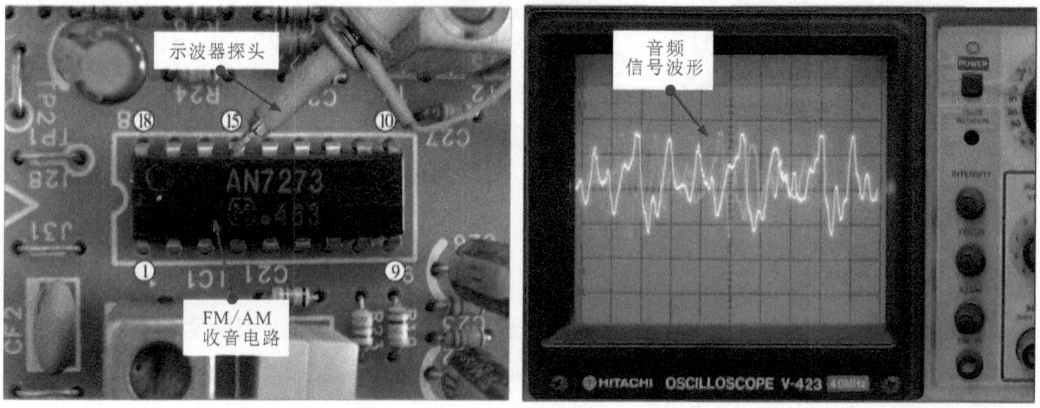

图 9-13 检测 FM/AM 收音电路 IC1（AN7273W）⑮脚

供电正常，输入信号正常，输出不正常，判定该集成电路损坏，更换后故障排除。

9.3.2 组合音响无声的故障检修实例

故障表现：

组合音响开机有反应，但无声音播放。

故障分析：

组合音响开机正常，说明供电电路正常，无声音，应重点检查音频信号处理集成电路和音频功率放大器。

以音频信号处理集成电路 IC302（M62408FP）为例，该电路的(92)脚、㊴脚为音频信号输入端；(68)脚为话筒信号输入端；㊺脚、(86)脚音频信号输出端；⑮脚、(66)脚为 +7.5V 电源供电端；⑯～⑰脚和(63)～(65)脚为 −7.8V 电源供电端。

在对该电路进行检测时，可重点检测其供电电压及输入 / 输出信号波形。经检测，供电及输入输出信号均正常。

怀疑音频功率放大器损坏。首先检测音频功率放大器 SV13101D 的②脚，有 34V 的供电电压，继续检测音频功率放大器 SV13101D 的⑬脚，该引脚为音频信号的输入端。如图 9-14 所示，实测的输入端波形正常。

接下来，检测音频功率放大器 SV13101D 的①脚，该引脚为音频信号输出端。检测发现无信号输出，说明音频功率放大器损坏。更换后故障排除。

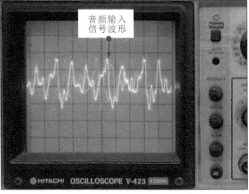

图 9-14　检测音频功率放大器 SV13101D 的 ⑬ 脚输入端的音频信号

第 10 章

空调器维修

10.1 空调器的结构原理

10.1.1 空调器的结构特点

空调器是一种给空间区域提供空气处理的设备，其主要功能是对空气中的温度、湿度、纯净度及空气流速等进行调节。

图 10-1 为典型分体壁挂式空调器室内机内部结构示意图。

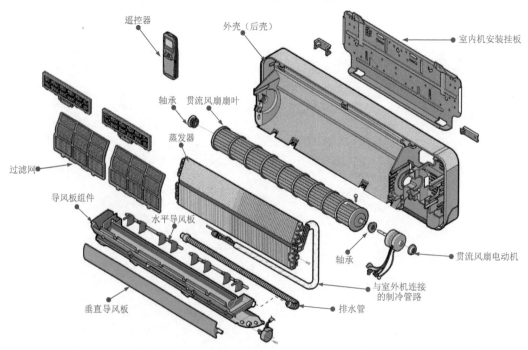

图 10-1 典型分体壁挂式空调器室内机内部结构示意图

从图 10-1 中可看出，空调器的室内机主要是由空气过滤网及清洁滤尘网、导风板及导风板电动机、蒸发器、风扇组件、电路部分、连接管路和遥控器等部分构成。

图 10-2 为典型分体壁挂式空调器室外机的内部结构示意图。

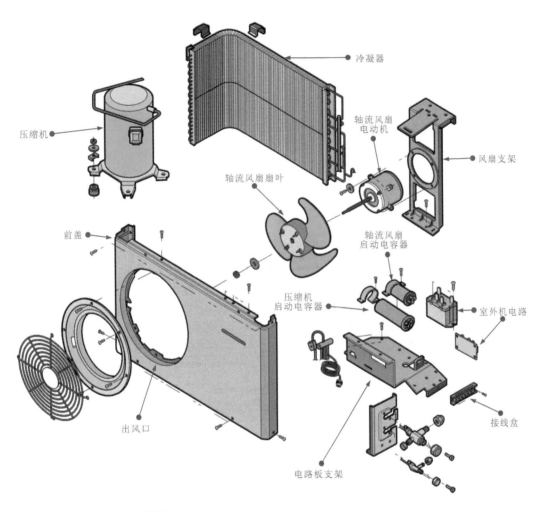

图 10-2　典型分体壁挂式空调器室外机的内部结构示意图

从图 10-2 中可看出，空调器室外机主要是由轴流风扇、压缩机、冷凝器、启动电容器、电磁四通换向阀、干燥过滤器、截止阀和接线盒等部分构成的。

10.1.2　空调器的工作原理

图 10-3 为空调器的控制关系。在室内机中，由遥控信号接收电路接收遥控信号，控制电路根据遥控信号对室内风扇电动机、导风板电动机进行控制，并对室内温度、管路温度进行检测，同时通过通信电路将控制信号传输到室外机中，控制室外机工作。

在室外机中，控制电路板根据室内机送来的通信信号，对室外风扇电动机、电磁四通阀等进行控制，并对室外温度、管路温度、压缩机温度进行检测；同时，在控制电路的控制下变频电路输出驱动信号驱动变频压缩机工作。另外，室外机控制电路也将检测信号、故障诊断信息以及工作状态等信息通过通信接口传送到室内机中。

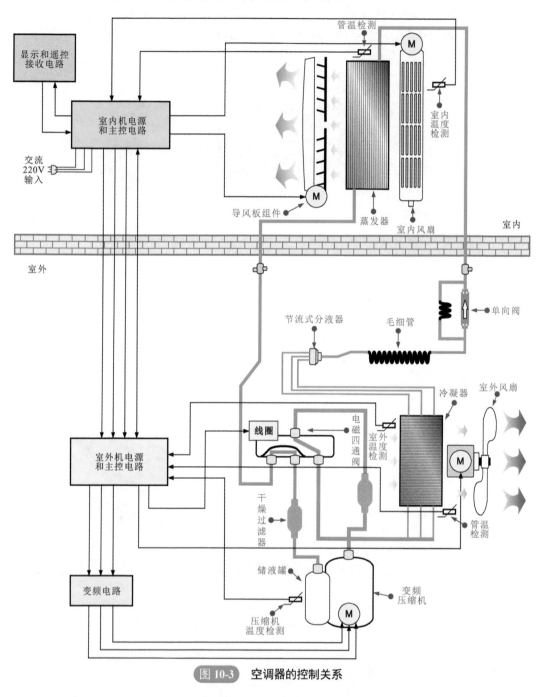

图 10-3　空调器的控制关系

　　空调器的制冷、制热循环都是在控制电路的监控下完成的，其中室内机、室外机中的控制电路分别对不同的部件进行控制，两个控制电路之间通过通信电路传递数据信号，保证空调器能够正常稳定地工作。

（1）空调器的制冷原理

　　图 10-4 为空调器的制冷原理。当空调器进行制冷工作时，电磁四通阀处于断电状态，内

部滑块使管口 A、B 导通，管口 C、D 导通。同时，在空调器电路系统的控制下，室内机与室外机中的风扇电动机、变频压缩机等电气部件也开始工作。

制冷剂在变频压缩机中被压缩，原本低温低压的制冷剂气体被压缩成高温高压的过热蒸汽，然后经压缩机排气口排出，由电磁四通阀的 A 口进入，经电磁四通阀的 B 口进入冷凝器中。高温高压的过热蒸汽在冷凝器中散热冷却，轴流风扇带动空气流动，加速冷凝器的散热。

经冷凝器冷却后的常温高压制冷剂液体经单向阀 1、干燥过滤器 2 进入毛细管 2 中，制冷剂在毛细管中节流降压后，变为低温低压的制冷剂液体，经二通截止阀送入室内机中。制冷剂在室内机蒸发器中吸热汽化，蒸发器周围空气的温度下降，贯流风扇将冷风吹入室内，加速室内空气循环，提高制冷效率。

汽化后的制冷剂气体再经三通截止阀送回室外机，经电磁四通阀的 D 口、C 口和压缩机吸气口回到变频压缩机中，进行下一次制冷循环。

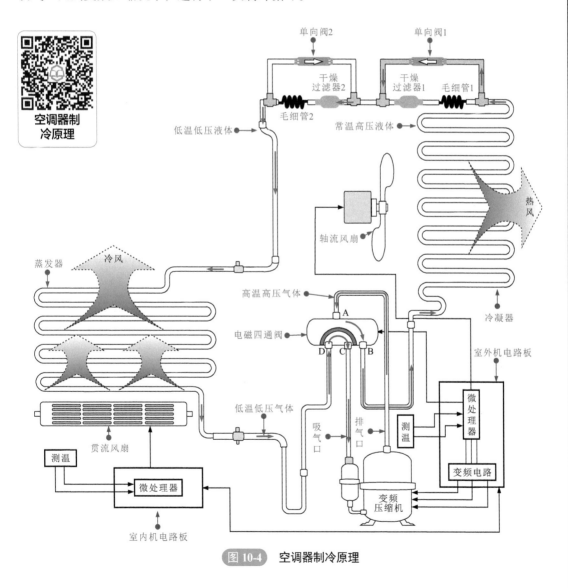

图 10-4 空调器制冷原理

（2）空调器的制热原理

空调器的制热原理正好与制冷原理相反，如图 10-5 所示。在制冷循环中，室内机的蒸发器起吸热作用，室外机的冷凝器起散热作用，因此，空调器制冷时，室外机吹出的是热风，室内机吹出的是冷风；而在制热循环中，室内机的蒸发器起到的是散热作用，而室外机的冷凝器起到的是吸热作用。因此，空调器制热时室内机吹出的是热风，而室外机吹出的是冷风。

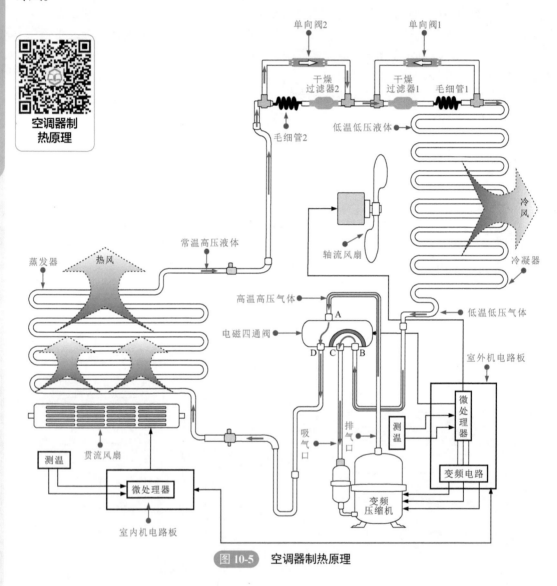

图 10-5　空调器制热原理

当空调器进行制热工作时，电磁四通阀通电，滑块移动使管口 A、D 导通，管口 C、B 导通。

制冷剂在变频压缩机中压缩成高温高压的过热蒸汽，由压缩机的排气口排出，再由电磁四通阀的 A 口、D 口送入室内机的蒸发器中。高温高压的过热蒸汽在蒸发器中散热，蒸发器周围空气的温度升高，贯流风扇将热风吹入室内，加速室内空气循环，提高制热效率。

　　制冷剂散热后变为常温高压的液体，再由液体管从室内机送回到室外机中。制冷剂经单向阀2、干燥过滤器1进入毛细管1中，制冷剂在毛细管中节流降压为低温低压的制冷剂液体后，进入冷凝器中。制冷剂在冷凝器中吸热汽化，重新变为饱和蒸汽，并由轴流风扇将冷气吹出室外。最后，制冷剂气体再由电磁四通阀的B口进入，由C口返回压缩机中，如此往复循环，实现制热功能。

10.2 空调器的维修方法

10.2.1 空调器贯流风扇组件的维修方法

　　对于贯流风扇组件的检修，应首先检查贯流风扇扇叶是否变形损坏。若没有发现机械故障，再对贯流风扇驱动电动机（电动机绕组、霍尔元件）进行检查。

　　将万用表红表笔搭在电动机连接插件的②脚上，黑表笔搭在电动机连接插件的①脚上。将万用表挡位调至"×100"欧姆挡。正常情况下，万用表检测到①、②脚间阻值为750Ω，同理测得②、③脚之间的阻值为350Ω，①、③脚之间的阻值为350Ω。若检测到的阻值为零或无穷大，说明该贯流风扇驱动电动机损坏，需进行更换；若正常，则应进一步对其内部霍尔元件进行检测，如图10-6所示。

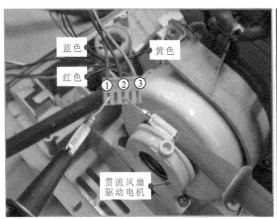

图 10-6　检测驱动电动机绕组阻值

　　将万用表红表笔搭在霍尔元件连接插件的①脚上，黑表笔搭在霍尔元件连接插件的③脚上，将万用表量程调至"×100"欧姆挡。正常情况下，万用表检测到①、③脚间阻值为600Ω，同理测得①、②脚之间的阻值为2000Ω，②、③脚之间的阻值为3050Ω，若检测到的阻值为零或无穷大，则说明该驱动电动机的霍尔元件损坏，需整体更换电动机。如图10-7所示。

第10章 空调器维修

173

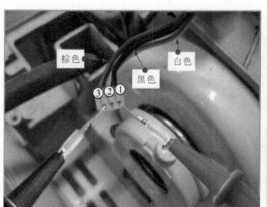

图 10-7　检测霍尔元件阻值

10.2.2　空调器轴流风扇组件的维修方法

新型空调器的轴流风扇组件主要由扇叶、驱动电动机以及启动电容组成。

轴流风扇组件放置在室外，容易堆积大量的灰尘，若有异物进去极易卡住扇叶，导致扇叶运转异常。检修前，可先将清理异物。若扇叶由于变形而无法运转，则需要对其进行更换。

启动电容正常工作是驱动电动机启动运行的基本条件之一。若驱动电动机不启动或启动后转速明显偏慢，应先对启动电容进行检测。若经过检测确定为启动电容本身损坏，则需要对损坏的启动电容进行更换，在代换之前需要将损坏的启动电容取下。

（1）轴流风扇启动电容的维修方法

首先观察启动电容外壳有无明显烧焦、变形、碎裂、漏液等情况；然后将万用表红黑表笔分别搭在启动电容的两只引脚上，测其电容量，并将万用表功能旋钮置于电容测量挡位；观察万用表显示屏读数，并与标称容量相比较。实测 2.506μF，近似于标称容量 2.5μF，说明启动电容正常。若实测电容量与标称电容量相差较大，则说明该电容器已经损坏，应进行更换，如图 10-8 所示。

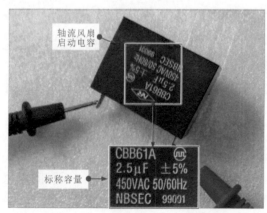

图 10-8　检测轴流风扇启动电容

（2）轴流风扇驱动电动机的维修方法

驱动电动机是轴流风扇组件中的核心部件。在启动电容正常的前提下，若驱动电动机不转或转速异常，则需用万用表对驱动电动机绕组的阻值进行检测，从而判断驱动电动机是否出现故障。

若经过检测确定为驱动电动机本身损坏，则需要对损坏的驱动电动机进行代换，在代换之前需要将损坏的驱动电动机取下。

将红表笔搭在驱动电动机的运行绕组端，黑表笔搭在驱动电动机的公共端，正常情况下，可测得公共端和运行端的阻值为232.8Ω，公共端与启动绕阻端之间的阻值为256.3Ω，运行绕组端与启动绕阻端之间的阻为0.489kΩ，且满足其中两组绕组之和等于另一组数值。若检测时发现两个引线端的阻值趋于无穷大，则说明绕组中有断路情况；若三组数值间不满足等式关系，则说明绕组间存在短路。出现上述两种情况均应更换驱动电动机，如图10-9所示。

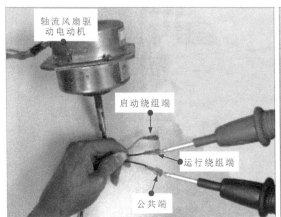

图 10-9　检测轴流风扇驱动电动机绕组阻值

10.2.3　空调器压缩机的维修方法

空调器中的变频压缩机多为涡旋式，主要由涡旋盘、吸气口、排气口、电动机以及偏心轴等组成。对压缩机进行检修时，主要应检测其电动机是否正常。

变频压缩机电动机绕组阻值的检测如下。

在检测压缩机电动机绕组之前，需要先使用钢口钳将其端子上的引线拆除。然后将万用表的红黑表笔分别搭在电动机的任意两个接线柱上，检测两绕组间的阻值，正常情况下，电动机任意两绕组之间的阻值几乎相等，为1.3Ω左右，若检测发现绕组阻值为零或无穷大，均说明压缩机损坏，需选择同型号压缩机进行更换，如图10-10所示。

压缩机出现故障后，空调器可能会出现不制冷（热）、制冷（热）异常、噪声等现象。若怀疑变频压缩机损坏，就需要对变频压缩机进行代换。

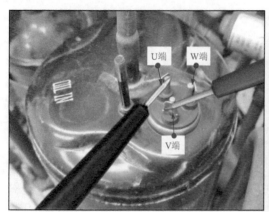

图 10-10　变频压缩机电动机绕组的检测

　　如图 10-11 所示，使用焊枪对压缩机排气口和吸气口的连接部位进行加热分离。

将变频压缩机的吸气口连接管路分离

变频压缩机的排气口连接管路加热后分离

图 10-11　压缩机排气口和吸气口连接部位的加热分离

　　压缩机吸气口和排气口与制冷管路分离后，便可使用扳手拧下压缩机与底座固定的螺栓。然后选择同规格压缩机替换，重新焊接管路。如图 10-12 所示，焊接完毕后，还要进行检漏、抽真空、充注制冷剂等操作，然后再通电试机，故障排除。

与排气管线连的制冷管路

排气管口

与吸气管线连的制冷管路

吸气管口

图 10-12　焊接新压缩机

10.2.4　空调器温度传感器的维修方法

温度传感器分别分布于室内机和室外机中，主要用来检测室内外环境温度、管路温度和压缩机排气口温度，并将检测到的温度信号传送给微处理器，从而控制新型空调器的工作状态，达到控温的目的。

对新型空调器温度传感器进行检修时，首先应检查温度传感器表面是否有灰尘、导热硅胶是否变质或脱落。若没有机械故障，可对温度传感器不同温度下的阻值进行检测，以判断其感温性能是否良好。

温度传感器
的检测

首先将万用表红黑表笔分别搭在温度传感器接口的两引脚上，然后将万用表量程调至"×1k"欧姆挡。正常情况下，万用表检测到的阻值为 6.5kΩ，如图 10-13 所示。

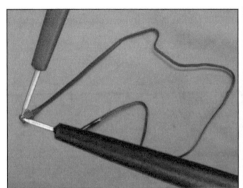

图 10-13　检测温度传感器常温下阻值

此时，改变温度传感器的环境温度，例如可将温度传感器的感温头放入热水中。如果温度传感器正常，所检测的阻值应发生明显的变化。若阻值没有变化或变化很小，则说明温度传感器损坏，需要更换。

> **提示**
>
> 当需要对温度传感器进行代换时，要根据该温度传感器可检测的温度范围及阻值、电压变化范围来选择合适的温度传感器进行代换。例如，海信 KFR-35GW/06ABP 新型空调器室内环境温度传感器的温度范围在 -20 ～ 80℃，阻值变化范围为 38.3 ～ 0.8kΩ，输出电压值范围为 0.55 ～ 4.2V。根据此数据，选择合适的温度传感器进行代换即可。除此之外，也可根据新型空调器的型号，查找合适的温度传感器进行更换。

10.2.5　电磁四通阀的维修方法

电磁四通阀是空调器重要的换向控制部件。它利用导向阀和换向阀的作用改变空调器管路中制冷剂的流向，从而达到切换制冷、制热的目的。

电磁四通阀出现故障后，新型空调器可能会出现制冷（热）模式不能切换、制冷（热）效果差等现象。若怀疑电磁四通阀损坏，就需要按照步骤对电磁四通阀进行检测与代换。

对电磁四通阀线圈进行检测时，首先需要将其连接插件拔下，然后将万用表红黑表笔分别搭在电磁四通阀连接插件的引脚上。正常情况下，万用表测得的阻值约为1.468kΩ，若阻值差别过大，说明电磁四通阀损坏，需要对其进行更换，如图10-14所示。

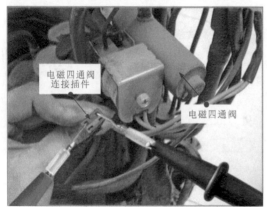

图 10-14　电磁四通阀的检测方法

使用螺丝刀将电磁四通阀上线圈的固定螺钉拧下，然后将线圈从电磁四通阀上取下。使用焊枪分别对电磁四通阀上与压缩机排气管相连的管路、与冷凝器相连的管路、与压缩机吸气管相连的管路以及与蒸发器相连的管路进行拆焊。操作如图10-15所示。

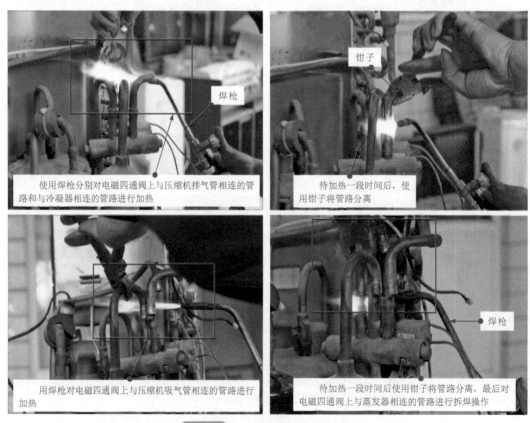

图 10-15　电磁四通阀的拆焊操作

拆卸完成，选择同规格电磁四通阀重新焊接即可。

10.3

空调器常见故障检修

10.3.1 空调器管路泄漏的故障检修实例

故障表现:

空调器能开机,但不能制冷,室内机吹出风温度接近室温。

故障分析:

上述情况属于完全不制冷故障。引起不制冷的故障原因有很多,也较复杂,通常制冷剂泄漏、制冷管路堵塞、变频压缩机不运转、温度传感器失灵、变频或控制电路有故障都会引起空调器不制冷。

如图 10-16 所示,空调器出现完全不制冷的故障时,首先要确定室内机出风口是否有风送出,然后排除外部电源供电的因素,最后再重点对制冷管路、室内温度传感器、变频压缩机等进行检查。其中,可通过检测系统压力判断制冷管路有无异常。

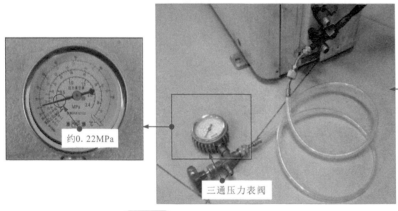

约0.22MPa

三通压力表阀

观察故障机室外机的截止阀。二通截止阀结霜,三通截止阀接近常温。检测空调器运行压力仅为0.22MPa,远远达不到正常的运行压力0.45MPa,怀疑制冷剂泄漏

图 10-16　根据具体故障表现进行不制冷故障的初步预判

根据对故障机的初步判断,怀疑空调器制冷管路有漏点。

如图 10-17 所示,检修时,首先采用肥皂水检漏法,重点对空调器管路系统中易发生泄漏的部位进行一一排查,直到找到漏点,补焊后,再重新抽真空、充注制冷剂,排除故障。

①

将肥皂水涂抹在二通截止阀和三通截止阀上,无气泡。

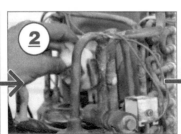

②

将肥皂水涂抹在检查压缩机排气管口时,有气泡,且管路附近有油迹。

③

补焊漏点部位

放掉空调器中的制冷剂,使用焊枪对检查出漏点的部位进行补焊。

图 10-17　制冷管路泄漏引起不制冷故障的检修

10.3.2 空调器遥控接收功能失常的故障检修实例

故障表现：

空调器开机工作，遥控器工作失常。

故障分析：

海信 KFR-35GW/06ABP 型变频空调器遥控控制功能失常时，首先应确认遥控器本身是
否正常，然后对变频空调器室内机中的遥控接收电路进行检测。其中，遥控
接收电路上的遥控接收器出现故障的概率很高，检查时，可首先从遥控接收
器入手，若是遥控接收器的故障，则直接替换即可。

空调器遥控接
收器的检测

图 10-18 为对遥控接收器信号输出端电压的检测。

经检测发现遥控接收器损坏，接下来将损坏的遥控接收器从遥控接收电
路上拆卸下来，并选择相匹配的遥控接收器直接替换就可以了。

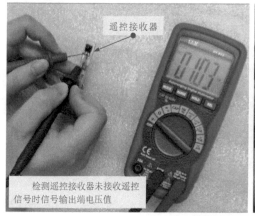
检测遥控接收器未接收遥控
信号时信号输出端电压值

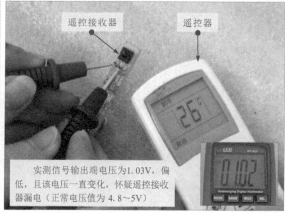
实测信号输出端电压为1.03V，偏
低，且该电压一直变化，怀疑遥控接收
器漏电（正常电压值为 4.8～5V）

图 10-18 对遥控接收器的检测

第11章

电冰箱维修

电冰箱的结构原理

11.1.1 电冰箱的结构特点

图 11-1 为典型电冰箱的内部结构和主要部件。其主要部件包括全封闭式压缩机、冷凝器、干燥过滤器、毛细管、蒸发器、温度传感器及控制电路等。

如图 11-2 所示，普通电冰箱的电路结构（电气系统）较为简单，主要由压缩机启动装置、保护装置、温度控制器、照明灯、门开关及其他部件构成。

工作时，交流 220V 电压通过启动继电器线圈、压缩机运行绕组 CM 及过热保护继电器形成回路，产生 6 ～ 10A 的大电流。这个大电流使启动继电器衔铁吸合（吸合电流为 2.5A），带动启动继电器常开触点接通，压缩机启动绕组 CS 产生电流，形成磁场，从而驱动转子旋转。压缩机转速提高后，在反电动势作用下，电路中电流下降，当下降到不足以吸合衔铁时（释放电流为 1.9A），启动继电器常开触点断开，启动绕组停止工作，电流降到额定电流（1A 左右），压缩机正常运转。

当压缩机内电动机过流或压缩机壳体温度过高时，过热保护继电器触点会从常闭状态自动转入断开状态，切断压缩机供电，使压缩机停止工作，从而实现保护。

11.1.2 电冰箱的工作原理

电冰箱主要通过制冷剂循环实现与外界的热交换，再通过冷气循环加速电冰箱的制冷效率。

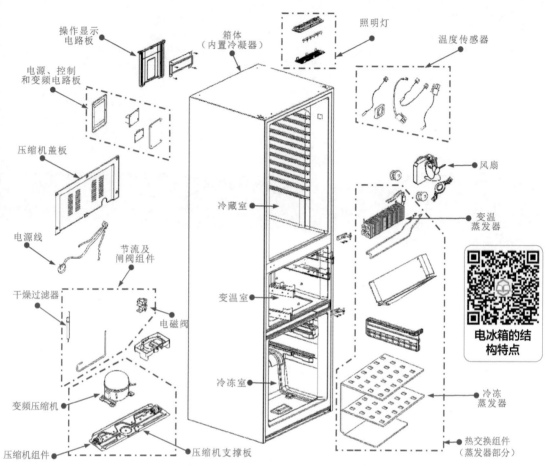

图 11-1　典型电冰箱的内部结构和主要部件

操作显示
电路板

电源、控制
和变频电路板

压缩机盖板

电源线

节流及
闸阀组件

干燥过滤器

电磁阀

变频压缩机

压缩机组件

压缩机支撑板

箱体
(内置冷凝器)

照明灯

温度传感器

风扇

变温
蒸发器

冷藏室

变温室

冷冻室

冷冻
蒸发器

热交换组件
(蒸发器部分)

电冰箱的结
构特点

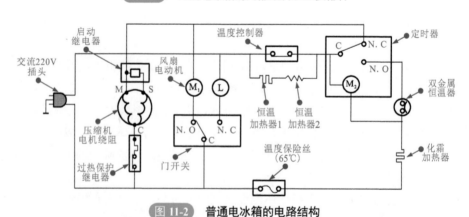

图 11-2　普通电冰箱的电路结构

启动
继电器

交流220V
插头

温度控制器

定时器

风扇
电动机

压缩机
电机绕阻

过热保护
继电器

门开关

恒温
加热器1

恒温
加热器2

温度保险丝
(65℃)

双金属
恒温器

化霜
加热器

　　图 11-3 为新型电冰箱的制冷剂循环原理。压缩机工作后，将内部制冷剂压缩成为高温高压的过热蒸汽，然后从压缩机的排气口排出，进入冷凝器。制冷剂通过冷凝器将热量散发给周围的空气，使得制冷剂由高温高压的过热蒸汽冷凝为常温高压的液体，然后经干燥过滤器后进入毛细管。制冷剂在毛细管中被节流降压为低温低压的制冷剂液体后，进入蒸发器。在蒸发器中，低温低压的制冷剂液体吸收箱室内的热量而汽化为饱和气体，这就达到了吸热制冷的目的。最后，低温低压的制冷剂气体经压缩机吸气口进入压缩机，开始下

一次循环。

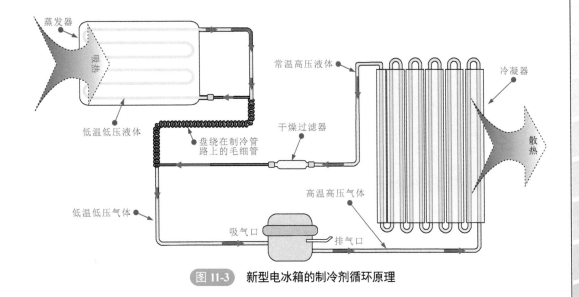

图 11-3 新型电冰箱的制冷剂循环原理

电冰箱多采用微处理器进行控制，其工作流程如图 11-4 所示。

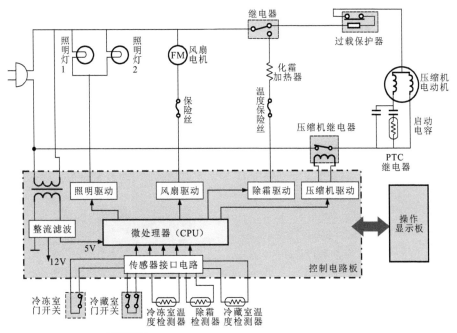

图 11-4 典型智能电冰箱电路系统的工作流程图

微处理器（CPU）是一个具有很多引脚的大规模集成电路，其主要特点是可以接收人工指令和传感信息，遵循预先编制的程序自动工作。冷藏室和冷冻室的温度检测信息随时送给微处理器，人工操作指令利用操作显示电路也送给微处理器，微处理器收到这些信息后，便可对继电器、风扇电机、除霜加热器、照明灯等进行自动控制。

电冰箱室内设置的温度检测器（温度传感器）将温度的变化变成电信号送到微处理器的传感信号输入端，当电冰箱内的温度达到预定的温度时电路便会自动进行控制。

微处理器对继电器、电机、照明灯等元件的控制需要有接口电路或转换电路。接口电路将微处理器输出的控制信号转换成控制各种器件的电压或电流。

操作电路是人工指令的输入电路，通过这个电路，用户可以对电冰箱的工作状态进行设置。例如温度设置、化霜方式等都可由用户进行设置。

11.2 电冰箱的维修方法

11.2.1 化霜定时器的维修方法

化霜加热器紧贴在蒸发器上，当化霜加热器工作时，便会对蒸发器进行加热。当加热器达到某一温度时，化霜温控器便会断开供电线路，当温度下降后再闭合。当加热器出现过载现象时，化霜熔断器便会熔断，保护加热器不受损坏。

首先，在对化霜定时器进行检测前，将化霜定时器旋钮调至化霜位置，使供电端和加热端的内部触点接通。

（1）对待测化霜定时器的供电端和压缩机端之间的阻值进行检测

将万用表的红、黑表笔分别搭在化霜定时器供电端和压缩机端两引脚上，正常情况下，万用表测得的阻值为无穷大。若阻值不正常，说明该器件损坏，应进行更换（化霜定时器旋钮位于化霜位置，供电端和压缩机端触点断开），如图 11-5 所示。

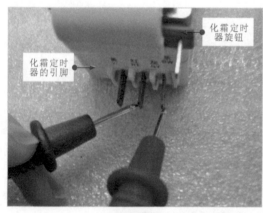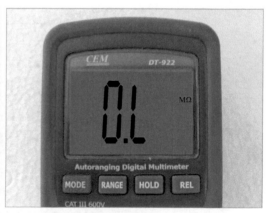

图 11-5　化霜定时器供电端与压缩机端之间阻值的检测方法

（2）对待测化霜定时器的供电端和加热端之间的阻值进行检测

将万用表的红、黑表笔分别搭在化霜定时器供电端和加热端两引脚上，正常情况下，万用表测得的阻值为零。若阻值不正常，说明该部件损坏，应进行更换，如图 11-6

所示。

图 11-6　化霜定时器供电端与加热端之间阻值的检测方法

　　若化霜定时器损坏,新型电冰箱便不能正常进行化霜操作。这时,就需要根据损坏化霜定时器的型号、体积大小等选择合适的化霜定时器进行更换。

11.2.2　保护继电器的维修方法

　　保护继电器是变频压缩机的重要保护器件,一般安装在变频压缩机接线端子附近。当变频压缩机温度过高时,便会断开内部触点,控制电路检测到保护继电器的触点状态,就会切断变频压缩机的供电,对变频压缩机起到保护作用。

　　可使用万用表测量待测保护继电器触点的阻值,然后将实测值与正常值进行比较,即可完成对保护继电器的检测。

电冰箱过热保护继电器的检测

（1）对常温状态下的待测保护继电器进行检测

　　将万用表的表笔分别搭在保护继电器的两引脚上,常温状态下测得的阻值接近于零,若阻值过大,则保护继电器损坏,应进行更换,如图 11-7 所示。

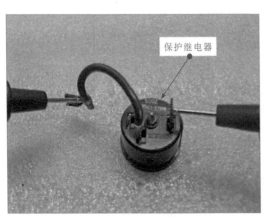

保护继电器

图 11-7　常温状态下的保护继电器的检测方法

（2）对高温状态下的待测保护继电器进行检测

将万用表的表笔分别搭在保护继电器的两引脚上，电烙铁靠近保护继电器的底部，高温情况下，万用表测得的阻值应为无穷大，若不正常，则保护继电器损坏，应进行更换，如图11-8所示。

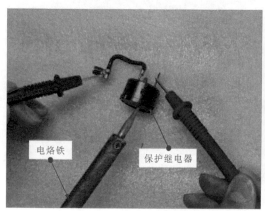

图 11-8　高温状态下保护继电器的检测方法

若保护继电器损坏，变频压缩机会出现不启动或过载烧毁等情况，此时就需要根据损坏的保护继电器的规格选择合适的保护继电器进行更换。

11.2.3　温度传感器的维修方法

电冰箱通常采用温度传感器（热敏电阻）对箱室温度、环境温度等进行检测，控制电路根据温度对新型电冰箱的制冷进行控制。

可使用万用表测量温度传感器在不同温度下的阻值，然后将实测值与正常值进行比较，即可完成对温度传感器的检测。

（1）对放在冷水中的温度传感器阻值进行检测

首先将温度传感器放入冷水中，然后分别将红、黑表笔搭在该温度传感器插件的对应两引脚上，正常情况下，万用表测得的阻值应比常温状态下大，若阻值无变化或变化量很小，说明该温度传感器可能已损坏，如图11-9所示。

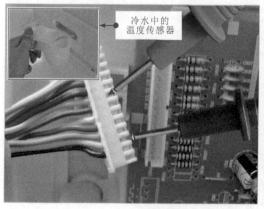

图 11-9　冷水中的温度传感器阻值的检测方法

（2）对放在热水中的温度传感器阻值进行检测

首先将温度传感器放入热水中，然后分别将红、黑表笔搭在该温度传感器插件的对应两引脚上，正常情况下，万用表测得的阻值应比常温状态下小，若阻值无变化或变化量很小，说明该温度传感器可能已损坏，如图 11-10 所示。

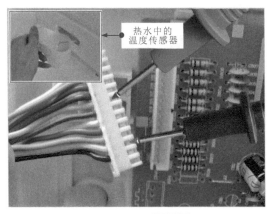

图 11-10　热水中的温度传感器阻值的检测方法

若温度传感器损坏，新型电冰箱的制冷将会出现异常情况，此时就需要根据损坏的温度传感器的规格选择合适的元件进行更换。

11.2.4　压缩机的维修方法

压缩机是电冰箱制冷系统中的关键部件。可使用万用表测量压缩机三个接线端之间的阻值，然后将实测值与正常值进行比较，即可完成对变频压缩机的检测。

（1）检测变频压缩机的一组接线端之间的阻值

将万用表的红、黑表笔分别搭在变频压缩机的 U、V 两接线端上，正常情况下，万用表可测得一定的阻值，若阻值为零或无穷大，说明压缩机损坏，需进行更换，如图 11-11 所示。

图 11-11　变频压缩机一组接线端之间的阻值检测方法

（2）检测变频压缩机的另两组接线端之间的阻值

将万用表的红、黑表笔分别搭在变频压缩机的 U、W 和 V、W 两组绕组接线端上，正常情况下，三组绕组之间的阻值应相同，若阻值差别较大，说明压缩机损坏，如图 11-12 所示。

图 11-12　变频压缩机另两组接线端之间的阻值检测方法

若电冰箱中的压缩机损坏，就需要选用型号相同的压缩机进行代换，通常压缩机固定在电冰箱的底部，并且与制冷管路连接密切，因此，拆卸压缩机首先要将管路断开，然后再设法将压缩机取出。

点燃焊枪后，首先对压缩机排气口的焊接部位进行加热，待加热一段时间后，用钳子将排气口与冷凝器管路分离，然后用同样方法，将压缩机吸气口与蒸发器管路分离。操作如图 11-13 所示。

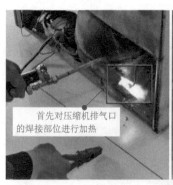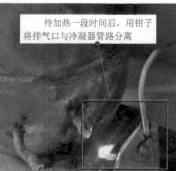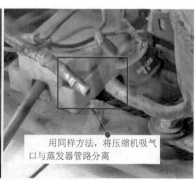

图 11-13　拆卸压缩机冷凝器管路及蒸发器管路

之后，使用扳手将压缩机底部与电冰箱底板固定的四个螺钉分别拧下，便可将损坏的压缩机从电冰箱底部取出，重新安装新的压缩机。待固定牢固，重新焊接连接管路即可。

11.2.5　节流及闸阀组件的维修方法

电冰箱中节流及闸阀组件的故障多为堵塞或泄漏。该系统组件出现故障需选择同规格组件进行代换。

（1）毛细管的维修方法

毛细管是非常细的铜管，呈盘曲状，被安装在干燥过滤器和蒸发器之间，毛细管又细又长，增强了制冷剂在制冷管路中流动的阻力，从而起到节流降压作用。

若新型电冰箱压缩机处于工作状态，无法停机，倾听蒸发器，没有制冷剂流动的声音，过一段时间开始结霜，触摸冷凝器，不热，则怀疑毛细管堵塞。

可首先用手触摸干燥过滤器与毛细管的接口处，感应温度与室温差不多或低于室温，初步确定毛细管脏堵；接着将毛细管与干燥过滤器连接处断开，若有大量制冷剂从干燥过滤器中喷出来，可进一步确定毛细管脏堵，若毛细管阻塞严重，应进行更换。

首先使用气焊设备将毛细管与干燥过滤器的焊接处焊开，将与毛细管相连的蒸发器从冷冻室中取出，如图 11-14 所示。

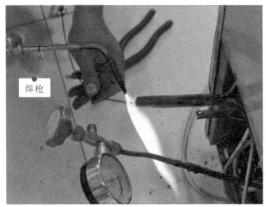 

图 11-14　将蒸发器从冷冻室取出

然后将与蒸发器连接的毛细管从箱体中抽出，再使用钳子将毛细管与蒸发器连接处剪断，即可完成对毛细管的拆卸。

接下来，分别完成毛细管与干燥过滤器、毛细管与蒸发器管口的焊接。具体操作如图 11-15 所示。

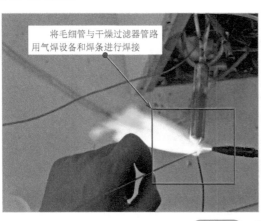 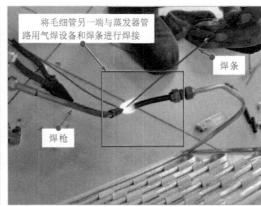

图 11-15　焊接代换毛细管

（2）干燥过滤器的维修方法

干燥过滤器是新型电冰箱中的过滤器件，主要用于吸附和过滤制冷管路中的水分和杂质，入口端过滤网（粗金属网）用于将制冷剂中的杂质粗略滤除，出口端过滤网（细金属网）用于滤除制冷剂中的杂质。干燥过滤器的入口端与冷凝器相连，出口端连接毛细管。

对干燥过滤器的检测，可通过倾听蒸发器和压缩机的运行声音、手摸冷凝器的温度以及观察干燥过滤器表面是否结霜进行判断。

将变频电冰箱启动，待变频压缩机运转工作后，用手触摸冷凝器，若发现冷凝器由开始发热而逐渐变凉，则说明干燥过滤器有故障。正常情况下冷凝器温度由进气口到出气口处逐渐递减。

若干燥过滤器损坏，容易造成制冷系统堵塞，此时就需要根据损坏干燥过滤器的大小选择同规格的干燥过滤器进行更换。

首先将焊枪发出的火焰对准干燥过滤器与毛细管的焊接处，利用中性火焰将干燥过滤器与毛细管分离；接着将焊枪发出的火焰对准干燥过滤器与冷凝器管路的焊接处，使用钳子夹住损坏的干燥过滤器，利用中性火焰将干燥过滤器与冷凝器管路分离，如图 11-16 所示。

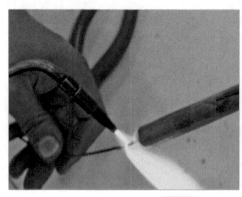

图 11-16　干燥过滤器的拆焊方法

 提示

将损坏的干燥过滤器拆下后，要对冷凝器和毛细管的管口进行切管处理，确保连接管口平整光滑，然后再安装焊接新的干燥过滤器，否则极易造成管路堵塞。

处理好管口，将新的干燥过滤器与冷凝器管路对插，将干燥过滤器的入口端与冷凝器出气口管路焊接，干燥过滤器的出口端与毛细管焊接。操作如图 11-17 所示。

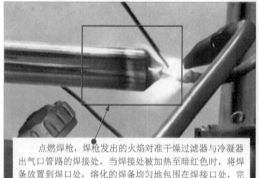

点燃焊枪，焊枪发出的火焰对准干燥过滤器与冷凝器出气口管路的焊接处，当焊接处被加热至暗红色时，将焊条放置到焊口处，熔化的焊条均匀地包围在焊接口处，完成干燥过滤器与冷凝器出气口管路的焊接

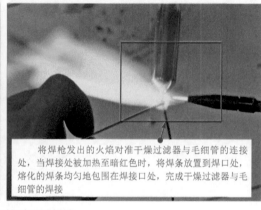

将焊枪发出的火焰对准干燥过滤器与毛细管的连接处，当焊接处被加热至暗红色时，将焊条放置到焊口处，熔化的焊条均匀地包围在焊接口处，完成干燥过滤器与毛细管的焊接

图 11-17　干燥过滤器焊接

11.3

电冰箱常见故障检修

11.3.1 春兰 BCD-230WA 电冰箱化霜功能失常的故障检修实例

故障现象：

春兰 BCD-230WA 型电冰箱通电后，制冷正常，但一段时间后自动开始化霜，且化霜持续很长时间，箱室内壁很热，再次制冷后便不再化霜。

故障分析：

根据电冰箱的故障表现可知，春兰 BCD-230WA 型电冰箱制冷正常，表明供电部分、控制部分、制冷循环正常，但化霜开始后便不能停止，说明化霜电路部分中的检测元件可能存在故障，由于化霜电路长时间工作，可能使化霜熔断器熔断或加热器烧毁，造成电冰箱之后不能进行化霜工作。图 11-18 为春兰 BCD-230WA 型电冰箱的化霜电路部分。

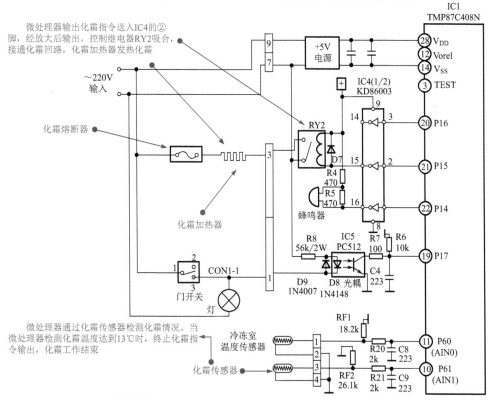

图 11-18 春兰 BCD-230WA 型电冰箱的化霜电路部分

该电冰箱由微处理器进行控制，当压缩机累计运行 7 小时，微处理器由㉑脚输出化霜指令并送入 IC4 的②脚，经放大后由⑮脚输出，控制继电器 RY2 吸合，接通化霜加热器的供电电路，化霜加热器发热化霜。与此同时，微处理器通过与其⑩脚连接的化霜传感器，检测化霜情况。化霜传感器（热敏电阻）将不同的温度转换成电信号，传送回 CPU 中。当微处理器检测化霜温度达到 13℃时，㉑脚终止化霜指令输出，化霜工作结束。

在对该电路进行排查时，应对各主要部件进行检测，先对化霜传感器进行检测，确认其是否良好后，再对化霜熔断器和加热器等进行检测。

检修过程：

根据以上检修分析，先对化霜传感器进行检测，如图 11-19 所示。

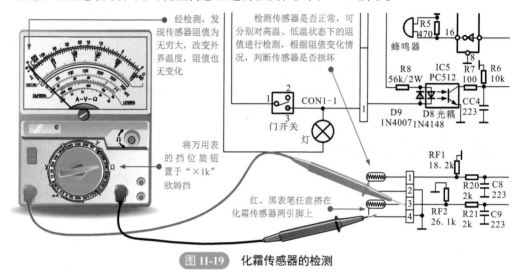

图 11-19　化霜传感器的检测

检测发现传感器阻值始终为无穷大，说明传感器已损坏，对其进行代换后，再对化霜熔断器进行检测，如图 11-20 所示。

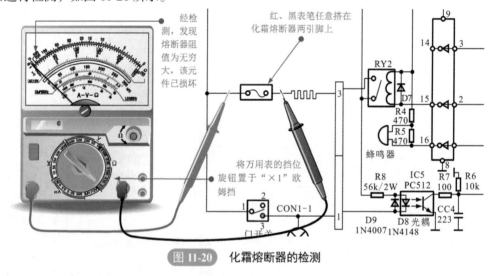

图 11-20　化霜熔断器的检测

检测发现化霜熔断器阻值为无穷大，说明熔断器已烧断，对其进行代换后，开机试运行，发现制冷正常，之后的化霜也正常，故障排除。

11.3.2　海尔 216KF 型电冰箱温度无法调节的故障检修实例

故障现象：

海尔 216KF 型电冰箱通电后，数码显示管显示状态正常，但通过按键调节电冰箱内的温度时，发现无法进行调节。

故障分析：

根据电冰箱的故障表现可知，海尔 216KF 型电冰箱显示状态正常，表明显示部分正常，但电冰箱内的温度无法进行调节，怀疑是操作电路部分存在故障。

图 11-21 为海尔 216KF 型电冰箱操作显示电路的电路图。

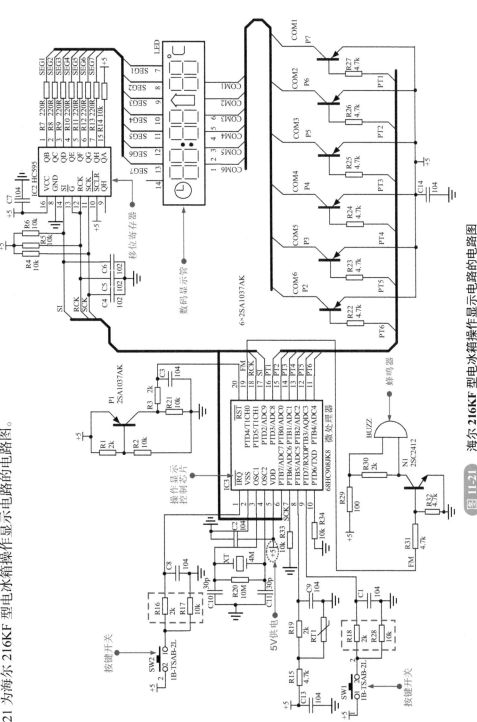

图 11-21　海尔 216KF 型电冰箱操作显示电路的电路图

从图 11-21 中可以看出，操作显示电路正常工作时，该电路应有 +5V 的供电电压。按键开关 SW1、SW2 主要是用来调节电冰箱内冷冻室、冷藏室的制冷温度。

在对该电路进行排查时，若按键本身、供电电压均正常的情况下，还需要对按键开关到微处理器之间的相关的外围元器件进行检测。

根据以上检修分析，首先检查按键开关本身是否正常，如图 11-22 所示。

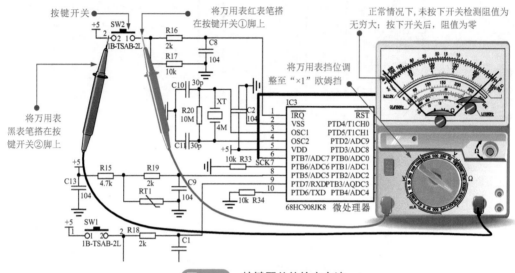

图 11-22　按键开关的检查方法

检测结果：

未按下开关的情况下，检测阻值为无穷大；按下开关后，阻值为零，说明按键开关正常。

根据检修分析，接下来检测操作显示电路的供电电压是否正常，如图 11-23 所示。

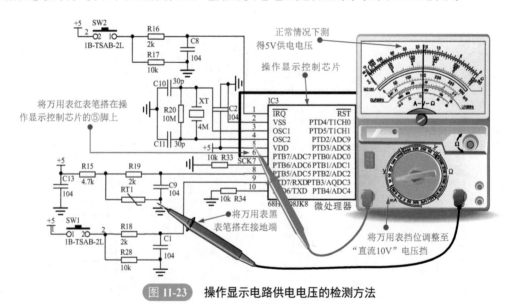

图 11-23　操作显示电路供电电压的检测方法

检测结果：

供电电压正常。根据检修思路，接下来应根据电路图对操作按键后级电路中的电阻器等关键元器件进行检测，如图 11-24 所示。

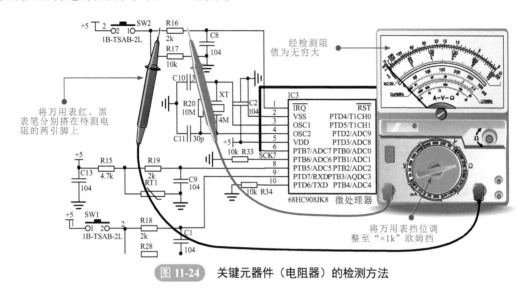

图 11-24 关键元器件（电阻器）的检测方法

检测结果：

电阻器 R16 的标称值为 2kΩ，经检测该电阻的阻值为无穷大，表明该电阻器已损坏，更换同型号的电阻器后，再次开机运行，故障排除。

第 12 章

洗衣机维修

12.1

洗衣机的结构原理

12.1.1　洗衣机的结构特点

（1）波轮洗衣机的结构特点

波轮洗衣机由电动机通过传动机构带动波轮做正向和反向旋转（或单向连续转动），利用水流与洗涤物的摩擦和冲刷作用进行洗涤。图 12-1 为典型波轮洗衣机的内部结构。

波轮式洗衣机的内部结构

（2）滚筒洗衣机的结构特点

图 12-2 为典型滚筒洗衣机整机和机架的结构分解图。该部分由上盖、箱体组件、主盖组件、门组件、门夹组件、电源线、抗干扰器组件、水位开关、调整脚组件、排水管组件等组成。

12.1.2　洗衣机的工作原理

（1）波轮洗衣机的工作原理

图 12-3 为典型波轮洗衣机的整机电路图，波轮洗衣机各部件的协调工作都是通过主控电路实现的。

接通波轮洗衣机的电源，按下电源开关后，交流 220V 电压经保险管、直流稳压电路为洗涤电动机、排水电磁阀、进水电磁阀等进行供电，时钟晶体 X1 为微处理器提供晶振信号。市电 220V 经直流稳压电路，为水位开关、微处理器提供 5V 工作电压。

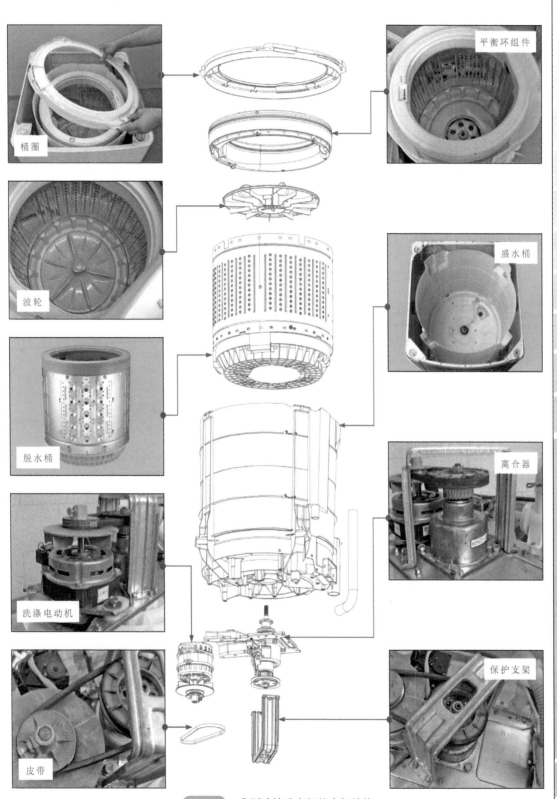

平衡环组件

桶圈

盛水桶

波轮

脱水桶

离合器

洗涤电动机

皮带

保护支架

图 12-1   典型波轮洗衣机的内部结构

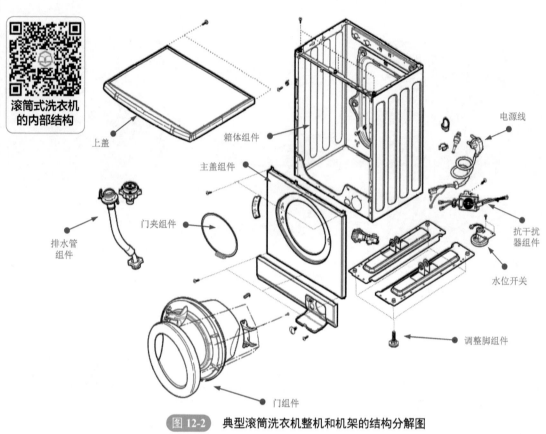

滚筒式洗衣机的内部结构

上盖
主盖组件
门夹组件
排水管组件
箱体组件
电源线
抗干扰器组件
水位开关
调整脚组件
门组件

图 12-2 典型滚筒洗衣机整机和机架的结构分解图

① 进水控制　设定洗衣机洗涤时的水位高度，水位开关闭合，将水位高度信号送往微处理器 IC1 的⑭脚，同时微处理器 IC1 的①脚输出驱动信号，经电阻器 R17 后，输入晶体管 VQ3 的基极，使晶体管 VQ3 导通，从而触发双向晶闸管 TR3 导通，进水电磁阀 IV 开始工作，洗衣机开始进水，当水位开关检测到设定好的高度时，水位开关内部触点断开，进水电磁阀 IV 停止工作。

② 洗涤控制　进水电磁阀 IV 停止工作后，微处理器 IC1 的㉘脚和㉙脚输出洗涤驱动信号，分别经电阻器 R15、R16 后，输入晶体管 VQ1、VQ2 的基极，使晶体管 VQ1、VQ2 导通，进而触发双向晶闸管 TR1、TR2 导通，洗涤电动机开始工作，同时带动波轮运转，实现洗涤功能。

③ 排水控制　衣物洗涤完成后，微处理器 IC1 控制洗涤电动机停止转动，同时微处理器 IC1 的②脚输出排水驱动信号，经电阻器 R18 后，输入晶体管 VQ4 的基极，使晶体管 VQ4 导通，进而触发双向晶闸管 TR4 导通，排水电磁阀 CS 开始工作，洗衣机开始排水工作。

④ 脱水控制　当排水完成后，由微处理器 IC1 的㉘脚和㉙脚输出脱水驱动信号，分别驱动晶体管 VQ1、VQ2 和双向晶闸管 TR1、TR2 导通，使洗涤电动机单向旋转，进行脱水工作。脱水完毕后，微处理器 IC1 控制排水电磁阀 CS 和洗涤电动机停止工作。

操作控制面板上的指示灯在洗衣机不同的工作状态下均有不同的指示，当脱水完成后，蜂鸣器输出提示音，提示洗涤完成，提示完后，操作控制面板上的指示灯全部熄灭。

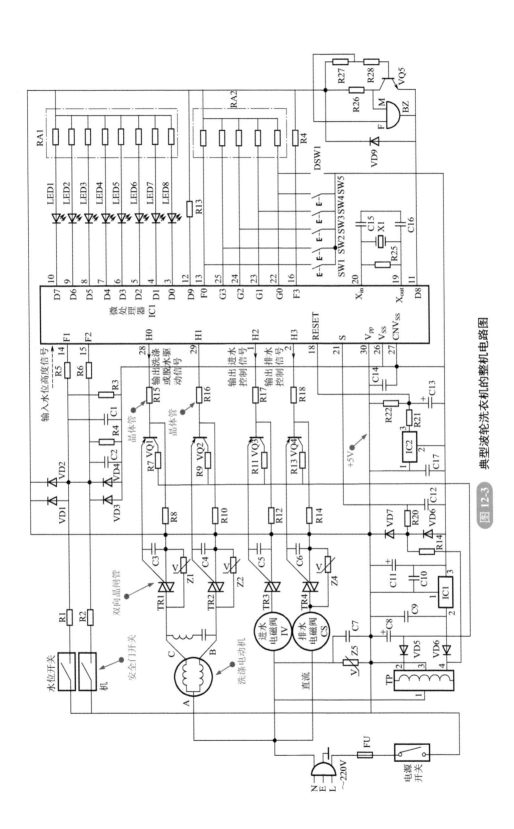

图 12-3   典型波轮洗衣机的整机电路图

（2）滚筒洗衣机的工作原理

滚筒洗衣机主要是将洗涤衣物盛放在滚筒内，部分浸泡在水中，在电动机带动滚筒转动时，由于滚筒内有突起，可以带动衣物上下翻滚，从而达到洗涤衣物的目的。

滚筒洗衣机各部件的协调工作也是通过主控电路实现的，如图 12-4 所示，为典型滚筒洗衣机的控制原理图。

交流 220V 电压经接插件 IF1 和 IF2 为主控板上的开关电源部分供电，开关电源工作后，输出直流电压 V_{CC} 为洗衣机的整个工作系统提供工作条件。

① 进水控制　主洗进水阀 VW、预洗进水阀 VPW 和热水进水阀 VHF 构成进水系统，通过主控电路板的控制进行加水，当水位到达预设高度时，水位开关内部触点动作，为主控电路输入水位高低信号，并由主控电路输出停止信号，进水电磁阀停止进水。

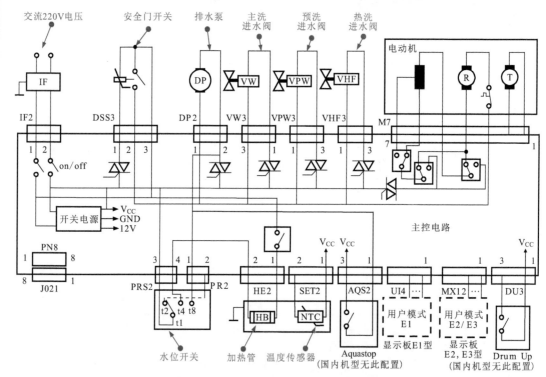

图 12-4　典型滚筒洗衣机的控制原理图

② 洗涤控制　进水完成后，若所加的水是凉水，则对凉水进行加热，这个功能是通过加热管 HB 和温度传感器 NTC 共同完成的。设定好预设温度后，主控电路便控制加热管开始对冷水进行加热，当温度达到预设值时，温度传感器 NTC 将温度检测信号送入主控电路中，由主控电路驱动电动机启动，进行洗涤操作。

③ 排水控制　排水泵 DP 是排水系统的主要部件，主要用于将滚筒内的水排出，和进水系统的工作正好相反。当洗涤完成后，主控电路控制洗涤系统停止工作，同时控制启动排水泵 DP 进行工作，将滚筒内的水通过出水口排放到机外。

④ 脱水控制　排水完成后，主控电路控制洗衣机自动进入脱水工作，洗涤电动机带动内桶高速旋转，衣物上吸附的水分在离心力的作用下，通过内桶壁上的排水孔甩出桶外，实现脱水功能。

滚筒洗衣机工作过程中，操作显示面板上会有不同的状态指示。当脱水完成后，便完成了衣物的洗涤工作。安全门开关在滚筒式洗衣机中起到保护作用，在洗衣机工作状态下，安全门是不能打开的；当洗衣机停止运转时，才可打开。

12.2 洗衣机的检修方法

12.2.1 洗衣机功能部件供电电压的检测

检测洗衣机是否正常时，可对怀疑故障的主要部件进行逐一检测，并判断出所测部件的好坏，从而找出故障原因或故障部件，排除故障。

洗衣机中各功能部件都需要在控制电路的控制前提下，才能接通电源工作，因此可用万用表检测各功能部件的工作电压来寻找故障线索。

各功能部件的供电引线与控制电路板连接，因此可在控制电路板与部件的连接接口处检测电压值，如进水电磁阀供电电压、排水组件供电电压、电动机供电电压等，这里以进水电磁阀供电电压的检测为例进行介绍。

进水电磁阀供电电压的检测如图 12-5 所示。

波轮式洗衣机
进水电磁阀的
检测方法

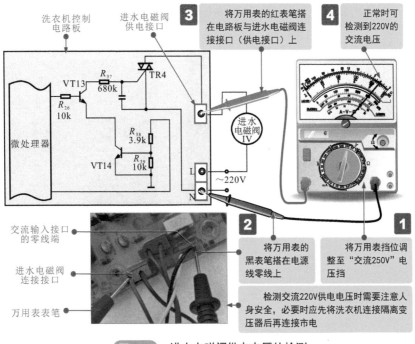

图 12-5 进水电磁阀供电电压的检测

若经检测交流供电正常，进水电磁阀仍无法正常排水或排水异常，则多为进水电磁阀本身故障，应进一步检测或更换进水电磁阀。

若无交流供电或交流供电异常，则多为控制电路故障，应重点检查进水电磁阀驱动电路（即双向晶闸管和控制线路其他元件）、微处理器等。

提示

对洗衣机进水电磁阀的供电电压进行检测时，需要使洗衣机处于进水状态。要求洗衣机中的水位开关均处于初始断开状态（水位开关断开，微处理器输出高电平信号，进水电磁阀得电工作，开始进水；水位开关闭合，微处理器输出低电平信号，进水电磁阀失电，停止进水），并按动洗衣机控制电路上的启动按键，为洗衣机创造进水状态条件。

另外值得注意的是，如果检修洗衣机为波轮洗衣机，进水状态下，安全门开关的状态大多不影响进水状态，即安全门开关开或关时，洗衣机均可进水；如果检修洗衣机为滚筒洗衣机，则若想要使洗衣机处于进水状态，除满足水位开关状态正确，输入启动指令外，还必须将安全门开关（电动门锁）关闭，否则洗衣机无法进入进水状态。

12.2.2 洗衣机电动机的检测

洗衣机电动机出现故障后，通常引起洗衣机不洗涤、洗涤异常或脱水异常等故障，可通过万用表检测电动机绕组阻值的方法判断好坏。

洗衣机电动机的检测如图 12-6 所示。一般来说，启动端与运行端之间的阻值约等于公共端与启动端之间的阻值加上公共端与运行端之间的阻值。

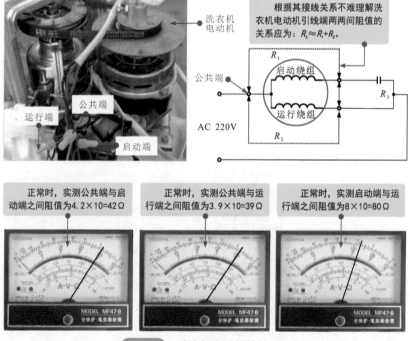

图 12-6　洗衣机电动机的检测

12.2.3　进水电磁阀的检测

　　洗衣机进水电磁阀出现故障后，常引起洗衣机不进水、进水不止或进水缓慢等故障，可通过对进水电磁阀内线圈阻值的检测来判断好坏。

　　洗衣机进水电磁阀的检测如图 12-7 所示。

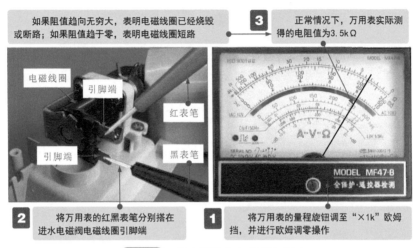

如果阻值趋向无穷大，表明电磁线圈已经烧毁或断路；如果阻值趋于零，表明电磁线圈短路

3　正常情况下，万用表实际测得的电阻值为3.5kΩ

电磁线圈　引脚端　红表笔

引脚端　黑表笔

2　将万用表的红黑表笔分别搭在进水电磁阀电磁线圈引脚端

1　将万用表的量程旋钮调至"×1k"欧姆挡，并进行欧姆调零操作

图 12-7　洗衣机进水电磁阀的检测

12.2.4　排水装置的检测

　　排水装置出现故障后，常引起洗衣机排水异常，应重点对排水装置中的牵引器进行检测。洗衣机排水装置中牵引器的检测如图 12-8 所示。

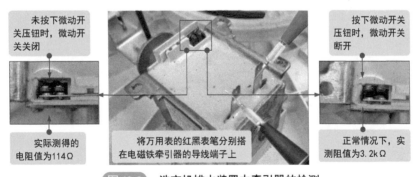

未按下微动开关压钮时，微动开关关闭

按下微动开关压钮时，微动开关断开

实际测得的电阻值为114Ω

将万用表的红黑表笔分别搭在电磁铁牵引器的导线端子上

正常情况下，实测阻值为3.2kΩ

图 12-8　洗衣机排水装置中牵引器的检测

提示

　　在检测中，所测得的两个阻值如果过大或者过小，都说明电磁铁牵引器线圈出现短路或者开路故障。并且在没有按下微动开关压钮时，所测得的阻值超过 200Ω，可以判断为转换触点接触不良。此时，可以将电磁铁牵引器拆卸下来，查看转换触点是否被烧蚀，可以清洁转换触点以排除故障。

12.2.5　控制电路板的检测

控制电路板是整机的控制核心，若该电路板异常，将导致洗衣机各种控制功能失常。怀疑控制电路板异常时，可用万用表对电路板上的主要元件进行检测，如微处理器、晶体管、变压器、整流二极管、双向晶闸管、操作按键、指示灯、稳压器件等。

下面以较易损坏的双向晶闸管为例进行介绍。

双向晶闸管是洗衣机各功能部件供电线路中的电子开关，当双向晶闸管在微处理器控制下导通时，功能部件得电工作；当双向晶闸管截止时，功能部件失电停止工作。若该器件损坏，将导致相应功能部件无法得电，进而引起洗衣机相应功能失常或不动作故障。

如图 12-9 所示，可用万用表检测双向晶闸管引脚间阻值来判断其好坏。

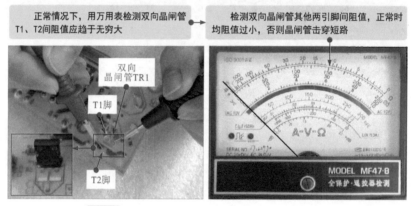

图 12-9　洗衣机控制电路板中双向晶闸管的检测

12.3
洗衣机常见故障检修

12.3.1　滚筒式洗衣机不洗涤的故障检修实例

机型：海尔克林 XQG50-AL600TXBS 型滚筒式洗衣机。

故障表现：

一台海尔克林 XQG50-AL600TXBS 型洗衣机在使用时进水正常，且当水位到达预定水位时自动停止进水，但此时洗涤桶不转，不能进行洗涤操作。

故障分析：

洗衣机使用过程中，出现不洗涤、不脱水的故障率极高，而在洗衣机中用于实现洗涤和脱水功能的主要部件为电动机，因此该类故障通常是由于电动机不运转所引起的。

一般造成电动机不运转的原因主要有：带轮和传动皮带安装不到位或磨损；启动电容损坏；电动机本身损坏；程序控制器（或控制电路板）损坏。

首先直观检查带轮和传动皮带的安装和位置均正常，检测电动机的启动电容器也正常，

第②篇／家电维修实战

怀疑电动机损坏引起洗涤异常故障，对电动机进行检测。

海尔克林 XQG50-AL600TXBS 型洗衣机电动机的检测方法如图 12-10 所示。

经检测发现电动机绕组损坏，此时故障明了，更换电动机即可。将替换用的电动机装入洗衣机原位置后，检查连接、安装无误后，通电试机恢复正常，电动机更换成功。

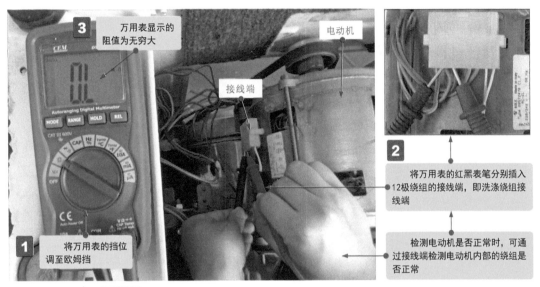

图 12-10　海尔克林 XQG50-AL600TXBS 型洗衣机电动机的检测方法

12.3.2　波轮洗衣机不进水的故障检修实例

机型：小天鹅 XQB30-8 型波轮洗衣机。

故障表现：

一台小天鹅 XQB30-8 型波轮洗衣机，按下启动按钮后，指示灯亮，但洗衣机无法进水。

故障分析：

洗衣机不能进水，故障范围应在进水系统部分，可首先排查是否存在水龙头未开、水压不足、进水管连接异常等情况，若这些外围因素均正常，则多为进水电磁阀或进水控制电路部分出现了故障。

图 12-11 为小天鹅 XQB30-8 型波轮洗衣机电路原理图。

可以看到，微处理器（IC1）是整个洗衣机的控制核心。晶体 X1 接在⑩脚和⑪脚，用于产生 IC1 所需的时钟信号，为 IC1 提供正常工作的条件。

操作开关 SW1 ～ SW4 为 IC1 送入人工指令信号，由多个发光二极管显示工作状态。IC1 收到人工指令后，根据内部程序控制洗衣机的进水电磁阀、驱动电动机等。

洗衣机的驱动电动机、进水电磁阀和排水电磁阀的电磁线圈是由交流电源驱动的，交流电源经过双向晶闸管为电动机绕组和电磁阀线圈供电，该机设有 4 个双向晶闸管。微处理器的控制信号经 VT9 ～ VT13 放大后去触发双向晶闸管，实现对进水电磁阀、排水电磁阀和电动机的控制。排水电磁阀需要直流电源驱动，因而控制信号经桥式整流堆再加到电磁阀上。

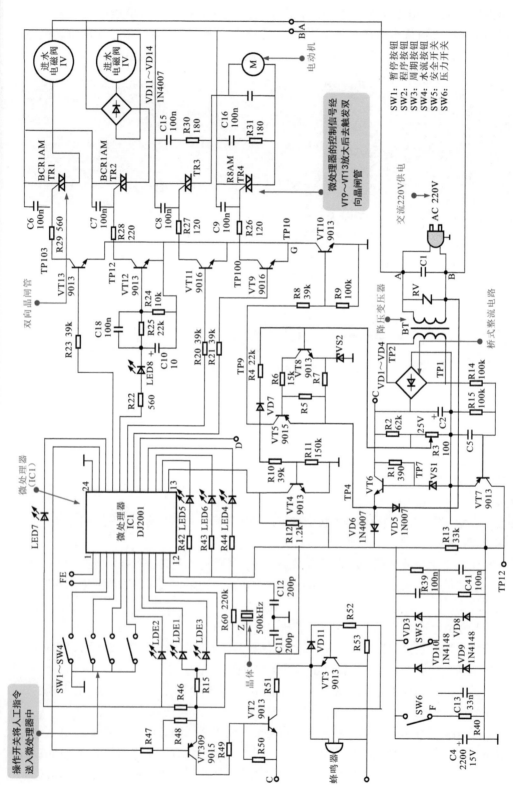

图12-11　小天鹅XQB30-8型波轮洗衣机电路原理图

根据故障表现，应重点对与进水电磁阀相关的双向晶闸管 TR1（BCR1AM）、晶体三极管 VT13（9013）、电阻器 R23（39kΩ）进行检查。

首先将洗衣机断电，检测进水电磁阀两端的阻值，判断进水电磁阀是否正常。

经检查，进水电磁阀的阻值正常，初步怀疑为进水控制电路部分异常。接下来可借助万用表检测进水电磁阀的供电电压（在进水电磁阀接口插件处检测）。

经检测，进水电磁阀的铁芯上无 AC 220V 供电电压，但电源线路中的 AC 220V 电压正常，由于进水电磁阀的供电电压需经双向晶闸管 TR1 为进水电磁阀供电，因此说明进水控制电路中的双向晶闸管 TR1 没有导通，此时需对进水控制电路中的双向晶闸管 TR1 进行检测，如图 12-12 所示。

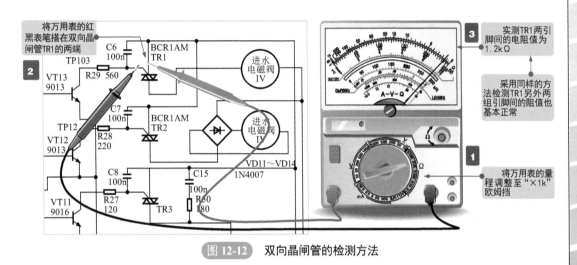

图 12-12　双向晶闸管的检测方法

经检测，双向晶闸管 TR1 正常，说明进水控制电路输出的控制信号失常，无法使双向晶闸管导通。此时，顺电路信号流程可知，双向晶闸管 TR1 受晶体三极管 VT13 驱动，接下来对 VT13 进行检测，如图 12-13 所示。

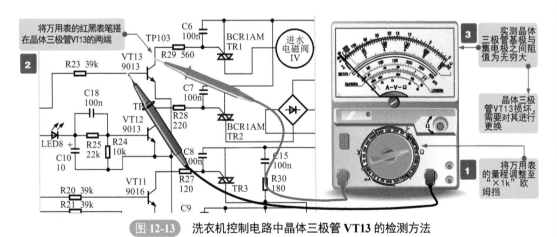

图 12-13　洗衣机控制电路中晶体三极管 VT13 的检测方法

经检测，晶体三极管 VT13 的基极与集电极之间的阻值为无穷大，说明晶体三极管 VT13 断路，无法输出控制信号。更换损坏的晶体三极管 VT13 后，开机试运行，故障排除。

电磁炉维修

13.1
电磁炉的结构原理

13.1.1　电磁炉的结构特点

电磁炉是一种利用电磁感应涡流加热原理进行加热的电热炊具。图 13-1 为典型电磁炉的外形结构图。

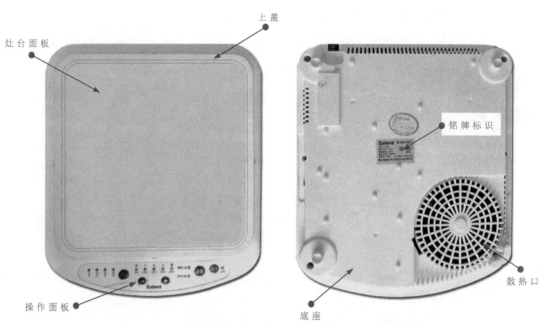

图 13-1　典型电磁炉的外形结构图

图 13-2 是电磁炉的内部结构。可以看到，它主要由炉盘线圈、门控管、供电电路、检测控制电路、操作显示电路和风扇散热组件等几部分构成的。

炉盘线圈一般由多股漆包线（近 20 根直径 0.31mm）拧合后盘绕而成，以适应高频大电流信号的需求。220V 交流电压直接经供电电路中桥式整流变成直流 300V 电压，再经门控管、炉盘线圈及谐振电容形成高频高压脉冲电流，通过线圈的磁场与铁质灶具的作用转换成热能，从而进行煎、炒、烹、炸等操作。

电磁炉的内部结构

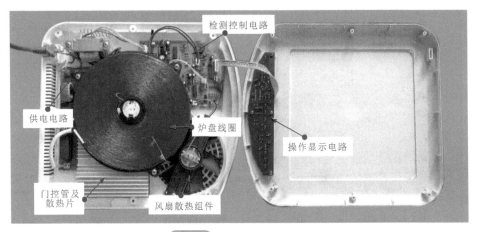

图 13-2　电磁炉的内部结构

13.1.2　电磁炉的工作原理

（1）电磁炉的整机加热原理

图 13-3 为典型电磁炉的加热原理示意图。炉盘线圈为感应加热线圈，简称加热线圈。加热线圈在电路的驱动下形成高频交变电流，根据电磁感应原理，交变电流通过加热线圈时就产生交变的磁场，对铁质的软磁性灶具进行磁化，这样就使灶具的底部形成许多由磁力线感应出的涡流（电磁的涡流），这些涡流又由于灶具本身的阻抗将电能转化为热能，从而实现对食物的加热，这就是电磁炉加热的原理。

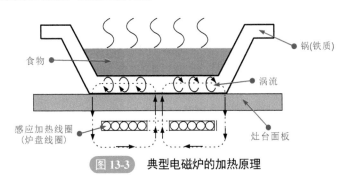

图 13-3　典型电磁炉的加热原理

电磁炉的加热原理

（2）电磁炉的整机工作原理

图 13-4 示为典型电磁炉电路的功能框图。

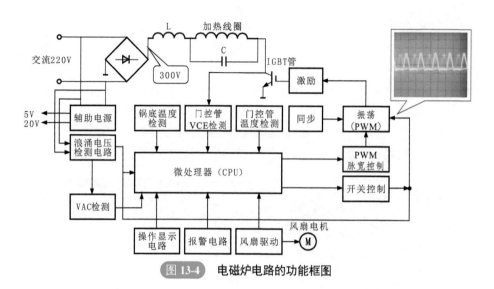

图 13-4 电磁炉电路的功能框图

交流 220V 电源经过桥式整流电路，给加热线圈提供电流，对加热线圈的控制是由门控管实现的。而对门控管的控制是由一个激励电路（脉冲信号放大电路）实现的，激励电路的功能是给门控管提供足够的驱动电流，因为一般门控管的功率比较大，如果激励电流过小，门控管就不能正常工作。

振荡电路为门控管提供驱动脉冲，振荡电路输出脉冲的宽度受 PWM 脉宽调制电路的控制，从而可以控制电磁炉的输出功率。同步电路的功能是使振荡电路产生的脉冲信号频率与PWM 信号的频率相同。在控制过程中只改变脉冲信号的宽度而不改变频率，有利于电路的稳定性。

微处理器可通过开关控制电路直接对振荡电路进行开 / 关控制。当温度过高时，由温度检测方面送来的控制信号就会对振荡电路进行自动控制，此时，即使饭没做熟，也要对电磁炉进行断电关机，等电磁炉的温度降低以后才能够启动，继续进行加热工作。

作为控制核心，微处理器对门控管的温度进行检测，对门控管的电压进行检测，对锅底的温度进行检测，这些都要符合正常的工作条件，如果不符合就要关机进行保护。

人工操作指令是通过操作显示面板上的操作按键完成的，当按下某一操作按键后，操作显示电路就会将人工指令传递给微处理器，微处理器根据所接收到的指令信息对电磁炉的工作进行控制。在工作过程中，微处理器还会将电磁炉的工作状态信号送到操作显示电路进行显示，是开机工作状态还是关机保护状态都会在显示电路中显示出来。

电磁炉工作时会产生大量热量，因此在电磁炉中都设有风扇以利于散热。散热风扇的驱动也是由微处理器完成的，一般都是采用延迟控制，即在电磁炉加热之前便会启动风扇，电磁炉停止加热之后，风扇还会再工作一段时间，以确保机器内部的热量彻底散去。

报警电路就是在电磁炉出现过压、过载情况时，发出报警信号。例如，炉温过高或电磁炉在工作时表面未检测到铁质炊具时，报警电路就会发出报警信号，驱动蜂鸣器发声。

此外，由于电磁炉的加热线圈需要高压高电流，而控制电路、检测电路等需要低压低电流，所以在电磁炉中都设有一个辅助电源以提供其他电路所需的低压。浪涌电压检测电路主要对电磁炉整机电路进行保护。例如，如果 220V 电压升得过高，浪涌电压检测电路就会将检测信号传给微处理器，微处理器输出保护信号，对整个机器进行保护。

13.2

电磁炉的维修方法

检修电磁炉时，应根据电磁炉的组成和工作原理，顺信号流程，对各主要功能部件或电子元器件进行检测。

13.2.1 操作显示电路板的维修方法

操作显示电路板主要是由微动开关、电容、电阻、发光二极管、晶体三极管和操作显示接口电路（移位寄存器）等组成。

（1）操作显示电路板上元器件的检测

① 发光二极管的检测　在操作显示电路板上有红、绿发光二极管，配合文字和图形，指示电磁炉的工作状态。

检测发光二极管时，一般使用指针式万用表的"×10k"欧姆挡进行检测。如图13-5所示，检测发光二极管的正向阻抗，即将万用表的黑表笔接发光二极管的正极引脚，红表笔接发光二极管的负极引脚，测得发光二极管的正向阻抗为20kΩ左右。

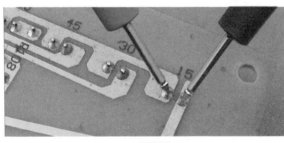

图 13-5　发光二极管正向阻抗的检测

调换表笔，检测发光二极管的反向阻抗，即将万用表的黑表笔接发光二极管的负极引脚，红表笔接发光二极管的正极引脚，发光二极管的反向阻抗应为无穷大。

② 微动开关的检测　检测微动开关的时候，一般使用指针式万用表的欧姆挡进行检测。如图13-6所示，检测微动开关两个引线端之间的电阻，一般情况下表针不摆动，微动开关为断开状态。

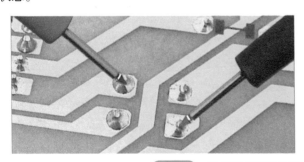

图 13-6　微动开关断开状态的检测

保持表笔不动，按下微动开关，万用表的表针指向零位，表明微动开关为导通状态。

若按动微动开关，万用表的表针迅速摆动，说明这个微动开关是正常的；如果万用表的表针仍然不动，说明这个微动开关已经损坏，需要更换。

③ 操作显示接口电路（移位寄存器）的检测　操作显示接口电路中的移位寄存器（74H164）有14个引脚，其中⑦脚为接地端。若该集成电路失常，会使操作指令不能送入，同时显示也会不正常。在检测时，可以将万用表的黑表笔接在⑦脚，然后用红表笔分别检测⑦脚与其他引脚之间的阻抗。

检测操作显示接口电路的时候，一般使用指针式万用表的"×1k"挡进行检测。图 13-7 为操作显示接口电路⑦脚与①脚之间的阻抗检测，结果为 6kΩ 左右。

图 13-7　操作显示接口电路⑦脚与①脚间阻抗的检测

再分别检测⑦脚与其他引脚之间的阻抗：⑦脚与②脚之间的阻抗为 6kΩ 左右，⑦脚与③脚之间的阻抗为 6kΩ 左右，⑦脚与④脚之间的阻抗为 5.5kΩ 左右，⑦脚与⑤脚之间的阻抗为 5.5kΩ 左右，⑦脚与⑥脚之间的阻抗为 5.5kΩ 左右，⑦脚与⑧脚之间的阻抗为 7kΩ 左右，⑦脚与⑨脚之间的阻抗为 4.6kΩ 左右，⑦脚与⑩脚之间的阻抗为 5.5kΩ 左右，⑦脚与⑪脚之间的阻抗为 3.6kΩ 左右，⑦脚与⑫脚之间的阻抗为 3.2kΩ 左右，⑦脚与⑬脚之间的阻抗为 3.6kΩ 左右，⑦脚与⑭脚之间的阻抗为 4.8kΩ 左右。

如果出现操作指令失常或显示失常的情况，检测操作显示接口电路时结果与上述所测的阻抗值不符，就有可能是该集成电路损坏，需要更换新的集成电路。

（2）操作显示电路板上信号波形的检测

在检测操作显示电路板的信号波形时，需要使用示波器。在使用示波器探头检测之前，还要做好接地保护，如图 13-8 所示。在这里所找的接地端为电磁炉操作显示电路板与检测控制电路板之间的连接数据线插头的⑦脚，为了方便示波器探头接地夹夹在接地端上，在断电情况下将曲别针插入接地端引脚，再将示波器探头接地夹夹好即可。

① 集成电路 74H164 信号波形的检测　检测操作显示电路板上的集成电路 74H164 的引脚波形时可在电路板背面的引脚焊点处进行检测。集成电路 74H164 ①脚和②脚为信号输入端，图 13-9 为集成电路 74H164 ①脚波形的检测方法，正常时应能够检测到输入信号的波形。

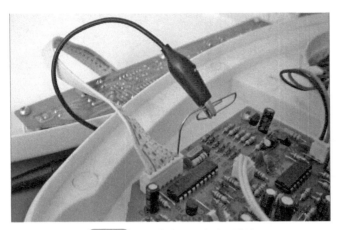

图 13-8　示波器探头接地夹接地

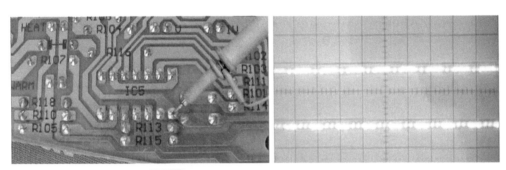

图 13-9　集成电路 74H164 ①脚波形的检测

② 操作显示电路板与微处理器之间的信号波形检测　图 13-10 为操作显示电路板与微处理器之间的数据连接线引脚。这个数据连接线的插件有 7 个引脚，①脚是电源供电端，+5V 电源通过一个电阻供电；⑦脚是接地端；②～⑥脚分别为操作显示电路板给微处理器送来人工指令的信号端，也就是操作指令信号端。

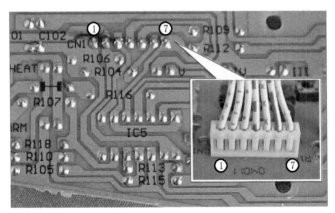

图 13-10　操作显示电路板与微处理器之间的数据连接线引脚

使用示波器可以在②～⑥脚处检测出相应的波形，图 13-11 为②脚的信号波形。

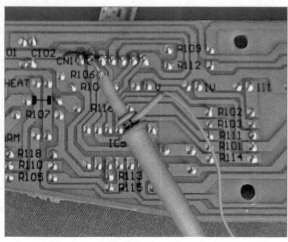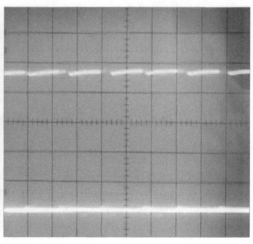

图 13-11　操作显示电路板与微处理器的连接数据线引脚②的波形检测

13.2.2　炉盘线圈的维修方法

炉盘线圈的正中间设有热敏电阻，该热敏电阻通过导热硅胶感应陶瓷板的温度，并准确地传递给检测控制电路。

热敏电阻是检测炉盘线圈工作温度的，通过红色的引线连接到检测控制电路板上。常温下测量热敏电阻的直流电阻使用万用表"×1k"挡，如图 13-12 所示，将万用表的红、黑表笔分别放到热敏电阻的两个引线端上，测得的阻值为 80kΩ 左右。随着温度的上升，热敏电阻的阻值会逐渐减小。

电磁炉炉盘线圈的检测方法

图 13-12　热敏电阻的检测

图 13-13 为检测炉盘线圈的阻值，将红、黑表笔分别放到炉盘线圈的两个引线柱上，在正常情况下阻值约为 0Ω。如果阻值比较大，则说明炉盘线圈有断路的情况。

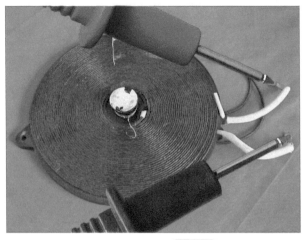

图 13-13　炉盘线圈的检测

13.2.3　检测控制电路板的维修方法

（1）温度检测集成电路LM324的检测

集成电路 LM324 在电磁炉中常作为温度检测电路和电压检测电路。通过 LM324 外接引脚的连接组成的电路，主要用来检测电压以及电磁炉的工作状态。下面检测一下该集成电路各个引脚的电压。

在检测的时候先将黑表笔接地，如操作显示电路板与检测控制电路板之间的数据引线插座的⑦脚，再使用红表笔分别检测集成电路的各个引脚，检测的时候使用指针万用表的直流电压挡。

如图 13-14 所示，用红表笔检测集成电路①脚处的电压为 1.1V。

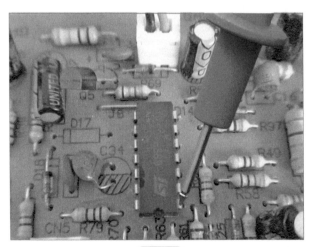

图 13-14　集成电路 LM324 ①脚处的电压

②脚处检测的电压为 3.4V，③脚处检测的电压为 3.4V，④脚处检测的电压为 12V，⑤、⑥脚处检测的电压为 0V，⑦脚处检测的电压为 0.35V，⑧脚处检测的电压为 0V，⑨脚处检

测的电压为 4.8V，⑩、⑪、⑫、⑬脚处检测的电压为 0V，⑭脚处检测的电压为 12V。

这时所测量出的是该集成电路的直流工作点，如果某个引脚的电压出现了偏差，就应该检测相关的外围电子元器件。注意有些引脚的输入端是可变的，比如温度检测端、电压检测端、温控器的检测端。当这些检测端出现温度变化异常的时候，传感器的输出就会有变化，这时候引脚电压的变化是正常的。在测量电压比较器和运算放大器时应该注意这个问题。

（2）PWM信号产生集成电路LM339的检测

LM339 是双列直插式集成电路。它一共有 14 个引脚，在其内部共有 4 个电压比较器。电压比较器实际上也是运算放大器，每一个电压比较器都可以单独使用。电压比较器 A 的②脚是输出端，④、⑤脚是输入端。一般情况下，⑤脚的电压高于④脚时，②脚就会输出高电平；如果⑤脚的电压低于④脚，②脚就输出低电平。

检测时，可对 LM339 的④脚进行检测，如图 13-15 所示。该引脚为锯齿波信号引脚端。锯齿波信号经过控制以后形成 PWM 信号，然后驱动门控管，这个信号异常的话会影响驱动脉冲信号的产生。

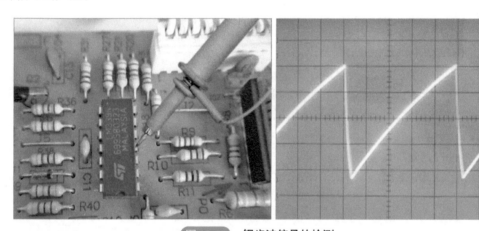

图 13-15　锯齿波信号的检测

13.2.4　供电电路板的维修方法

供电电路板主要由滤波电容、平滑电容、高频谐振电容、保险丝、扼流圈（电感线圈）、电流检测变压器、门控管、门控管温度检测器、桥式整流堆、散热片等元器件组成。

提示

　　一般在开机检测的情况下，首先打开电磁炉的上盖，使炉盘线圈和门控管的散热片露出来。因为散热片和炉盘线圈是带高压的，所以在测量的时候应该注意安全，最好使用隔离变压器将电磁炉的供电与市电隔离开。

图 13-16 为电磁炉供电交流变压器，这个变压器有三个绕组，红色引线是 220V 的输入绕组，蓝色和黄色引线是两组交流电压输出绕组。

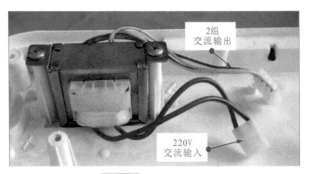

图 13-16　交流变压器

在通电状态下，用指针式万用表的交流 75V 挡分别检测两组交流输出的电压。如图 13-17 所示，检测蓝色引线端，大约是交流 16V。

图 13-17　交流变压器蓝色引线交流输出的检测

如图 13-18 所示，检测黄色引线端，大约是交流 22V。这两个电压送到电路板上经过整流滤波以后形成电路板中所需要的各种直流电压。

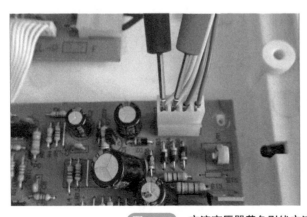

图 13-18　交流变压器黄色引线交流输出的检测

另外，可以用感应法检测高频振荡信号，如果感应测量的信号正常，则表明门控管、炉盘线圈以及供电电路是正常的；如果感应的高频振荡信号不正常，应该检查其他部分。

13.2.5　炉盘线圈的维修方法

（1）炉盘线圈高频振荡信号波形的检测

首先接通电源，打开电磁炉的电源开关，此时风扇转动。若没有放灶具，在检测的时候会发出振荡信号，这同时也是对灶具的检测。在检测几次后，电磁炉会自动停机。

如图13-19所示，将示波器的探头放到线圈上，在还没有停机的时候会检测到高频信号的波形。

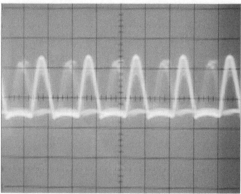

图 13-19　炉盘线圈高频振荡信号波形的检测

（2）散热片（门控管集电极）高频振荡信号波形的检测

如图13-20所示，将示波器探头放到门控管散热片上，在散热片上也会感应到高频信号波形，有这个信号波形就表明振荡电路、门控管、线圈（即高频振荡电路）基本上是正常的。

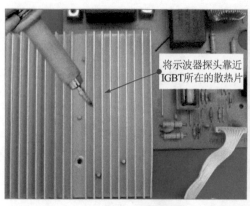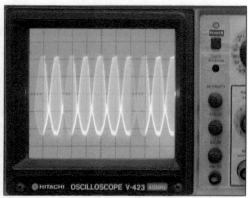

将示波器探头靠近IGBT所在的散热片

图 13-20　门控管高频振荡信号波形的检测

在检测的时候要注意信号的波形和幅度，示波器的探头越靠近门控管，也就离散热片越近，高频信号的幅度就会越大。

218

13.3
电磁炉常见故障检修

13.3.1 电磁炉屡损 IGBT 的故障检修实例

机型：富士宝 IH-P260 型。

故障表现：

富士宝 IH-P260 型电磁炉通电开机后，不加热，将电磁炉断电后，检查 IGBT 已被击穿，但更换后，该故障现象依旧存在。

故障分析：

电磁炉出现此种故障，主要是由于 IGBT 驱动电路、过压保护电路损坏所导致的，应重点对这些部分进行检测。

检测时，首先应对 IGBT 驱动电路中的关键元器件进行检测，若 IGBT 驱动电路中各元器件均正常时，则需要进一步对过压保护电路进行检测。

如图 13-21 所示，应先检测 IGBT 驱动电路中晶体三极管是否正常。

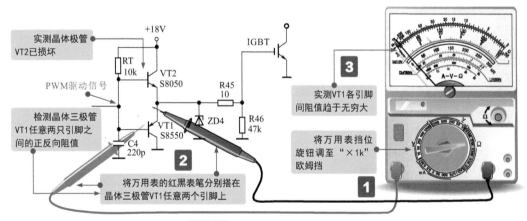

图 13-21 晶体三极管的检测方法

将电磁炉断电后，使用万用表检测 IGBT 驱动电路中的晶体三极管 VT1、VT2 时，发现晶体三极管 VT1、VT2 均已击穿损坏，更换损坏的晶体三极管 VT1、VT2 后，开机试运行，故障排除。

13.3.2 电磁炉烧熔断器的故障检修实例

机型：尚朋堂 SR-1604A 型。

故障表现：

尚朋堂 SR-1604A 型电磁炉通电后，电磁炉不工作。电源指示灯不亮，按下任何操作按键，电磁炉均无反应。

故障分析：

根据故障表现分析，电磁炉通电后指示灯不亮、无任何反应，多为电源供电电路未工作、无输出。将电磁炉的外壳打开后，发现该电磁炉的熔断器已经烧坏，这种情况一般是电磁炉中存在短路性故障。

根据维修经验，排查短路性故障时，应重点检查电源供电电路和其负载电路。检修时，将电源供电电路作为入手点，重点检查电路中的桥式整流堆、过压保护器等有无严重短路性故障；若电源供电电路正常，再对其负载电路进行检查。

首先检查电源供电电路中的桥式整流电路是否正常。断开电磁炉供电，用万用表测阻值法检测桥式整流电路有无短路故障。

经检测可知，桥式整流电路正常。进一步检测电源供电电路中的过压保护器 ZNR1，如图 13-22 所示。

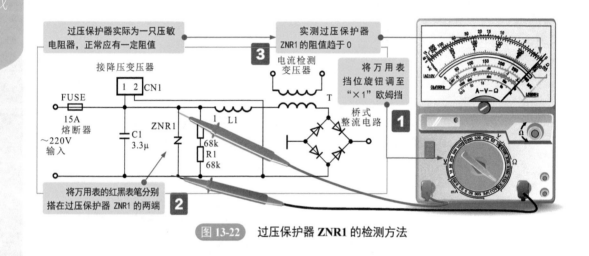

图 13-22　过压保护器 ZNR1 的检测方法

实测过压保护器 ZNR1 的阻值约为 0Ω，怀疑该过压保护器已经击穿短路，造成交流 220V 严重对地短路，瞬间电流过大，将熔断器 FUSE 烧毁。用同规格的过压保护器 ZNR1 更换后，对电磁炉重新开机试操作，故障排除。

 提示

在检修短路性故障时，若电源供电电路正常，则多为电源负载电路中存在短路故障，可检测电源供电电路电压输出端的对地阻值。

若检测结果有一定阻值，说明该路电压负载基本正常，应对电源供电电路中的相关元件进行检测；若检测阻值为 0Ω，说明该路输出电压的负载器件有短路故障。可根据电路分析找到所测供电电路的负载元件，如供电电路输出的 +16V 电压主要供给电压比较器、温度传感器等，可逐一断开这些负载的供电端，如焊开微处理器的电源引脚、拔下温度传感器接口插件等，每断开一个器件，检测一次 16V 对地阻值，若断开后阻值仍为 0Ω，说明该负载正常；若断开后，阻值恢复正常，则说明该器件存在短路故障。

第②篇／家电维修实战

13.3.3 电磁炉通电掉闸的故障检修实例

机型：乐邦 18A3 型电磁炉。

故障表现：

乐邦 18A3 型电磁炉通电掉闸，不能开机加热。

故障分析：

电磁炉使用时出现通电掉闸故障，多是由于 IGBT 损坏、桥式整流堆击穿、阻尼二极管击穿，或者是由于 IGBT 的过压保护电路损坏等引起的，可重点对这些元件及相关电路进行检测。

首先使用万用表检测桥式整流堆各引脚之间的阻抗，具体检测方法前文已介绍，这里不再重复。经检测发现，桥式整流堆的输入与输出端短路，判断该桥式整流堆损坏。接着，再对 IGBT 进行检测，一般可采用万用表测 IGBT 引脚间阻值的方法来判断好坏，如图 13-23 所示。

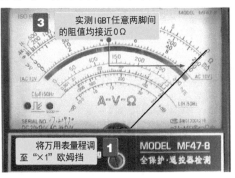

图 13-23　故障机 **IGBT** 的检测方法

经检测 IGBT 任意两脚间的阻值均接近 0Ω，因此，可判断该 IGBT 损坏。在更换损坏的 IGBT 之前，还应对可能造成 IGBT 损坏的 IGBT 过压保护电路进行检测，以防更换后再次击穿，扩大故障范围。

使用万用表的欧姆挡依次检测 IGBT 过压保护电路中的元件，查找故障元件。图 13-24 为使用万用表检测 IGBT 过压保护电路中电阻器 R61 的检测示意图。

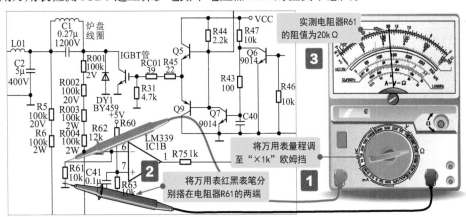

图 13-24　**IGBT** 过压保护电路中电阻器 **R61** 的检测方法

经检测，电阻 R61 阻值明显变大。根据上述检测结果可知，电路中桥式整流堆和 IGBT 击穿、电阻器 R61 变质，依次将这些异常元件更换后，开机试运行，故障排除。

第14章

微波炉维修

14.1 微波炉的结构原理

14.1.1 微波炉的结构特点

微波炉是使用微波加热食物的现代化厨房电器，根据控制方式不同，可分为定时器控制方式微波炉和电脑控制方式微波炉。

如图 14-1 所示，微波炉内部主要是由保险丝、温度开关、磁控管、高压变压器、高压电容、高压二极管、散热风扇、操作显示控制面板等几部分构成的。只是定时器控制方式微波炉和电脑控制方式微波炉在控制方式上所采用的电路有所不同。

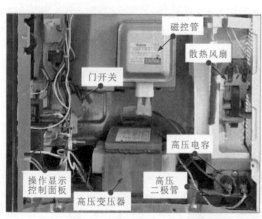
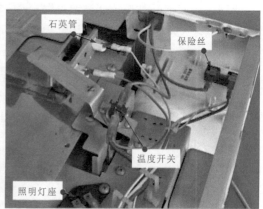

图 14-1 微波炉的内部结构图

（1）电路保护装置

保险丝和温度开关是微波炉的电路保护装置。当电路里的电流有过流、过载的情况发生时，保险丝就会被烧坏，从而实现保护电路的作用。温度开关在常温下是导通状态，当炉腔里的温度过高时就会自动断开，实现对电路的保护。

（2）门开关

在微波炉的门框部位都设有多个门开关。在微波炉的门被打开时，门开关会自动地将高压管和磁控管电路切断，以防止磁控管继续工作而产生微波外泄。

（3）磁控管

磁控管的主要功能是产生和发射微波信号。磁控管的天线（发射端子）将微波信号送入炉腔，加热食物。

（4）高压变压器

高压变压器是用来产生高压电压的，就是输入 220V 的交流电压经过高压变压器输出 2000V 左右的高压，然后再送给高压电容和高压二极管。

（5）高压电容和高压二极管

经过高压变压器送出的 2000V 左右高压，通过高压电容和高压二极管后，形成 4000V 左右高压和 2000MHz 以上的振荡信号，再通过导线给磁控管供电，使磁控管产生微波信号。

（6）石英管

如图 14-2 所示，带有烧烤功能的微波炉还设有石英管，用以实现烧烤功能。

图 14-2　石英管

14.1.2　微波炉的工作原理

（1）定时器控制方式微波炉的工作原理

图 14-3 为定时器控制方式微波炉的工作原理图。高压变压器、高压整流二极管、高压电容和磁控管是微波炉的主要部件。

这种电路的主要特点是由定时器控制高压变压器的供电。定时器定时旋钮旋到一定时间后，交流 220V 电压便通过定时器为高压变压器供电。当到达预定时间后，定时器回零，便切断交流 220V 供电，微波炉停机。

微波炉的磁控管是微波炉中的核心部件。它是产生大功率微波信号的器件，它在高电压的驱动下能产生 2450MHz 的超高频信号，由于它的波长比较短，因此这个信号被称为微波信号。利用这种微波信号可以对食物进行加热，所以磁控管是微波炉里的核心部件。

给磁控管供电的重要器件是高压变压器。高压变压器的初级接 220V 交流电，高压变压器的次级有两个绕组，一个是低压绕组，一个是高压绕组。低压绕组给磁控管的阴极供电，磁控管的阴极相当于电视机显像管的阴极，给磁控管的阴极供电就能使磁控管有一个基本的工作条件。高压绕组线圈的匝数约为初级线圈的 10 倍，所以高压绕组的输出电压也大约是输入电压的 10 倍。如果输入电压为 220V，高压绕组输出的电压约为 2000V，这个高压是 50Hz 的，经过高压二极管的整流，就将 2000V 的电压变成 4000V 的高压。当 220V 是正半周时，高压二极管导通接地，高压绕组产生的电压就对高压电容进行充电，使其达到 2000V 左右的电压。当 220V 是负半周时，高压二极管是反向截止的，此时高压电容上面已经有 2000V 的电压，高压线圈上又产生了 2000V 左右的电压，加上电容上的 2000V 电压大约就是 4000V 的电压加到磁控管上。磁控管在高压下产生了强功率的电磁波，这种强功率的电磁波就是微波信号。微波信号通过磁控管的发射端发射到微波炉的炉腔里，在炉腔里面的食物由于受到微波信号的作用就可以实现加热。

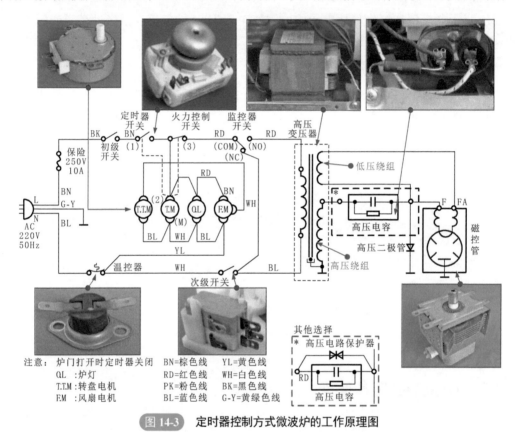

图 14-3　定时器控制方式微波炉的工作原理图

（2）电脑控制方式微波炉的工作原理

图 14-4（见第 226 页）为电脑控制方式微波炉的电路结构。电脑控制方式微波炉的高压线圈部分和定时器控制方式的微波炉基本相同，所不同的是控制电路部分。

电脑控制方式微波炉的主要器件和定时器控制方式微波炉是一样的，即产生微波信号的都是磁控管。其供电电路由高压变压器、高压电容和高压二极管构成。高压电容和高压变压器的线圈产生 2450MHz 的谐振。

从图中可以看出，该微波炉的频率可以调整。即微波炉上有两个挡，当微波炉拨至高频率挡时，继电器的开关就会断开，电容 C2 就不起作用。当微波炉拨至低频率挡时，继电器的开关便会接通。继电器的开关一接通，就相当于给高压电容又增加了一个并联电容 C2，谐振电容量增加，频率便有所降低。

该微波炉不仅具有微波功能，而且还具有烧烤功能。微波炉的烧烤功能主要是通过石英管实现的。在烧烤状态时，石英管产生的热辐射可以对食物进行烧烤加热，这种加热方式与微波不同。它完全是依靠石英管的热辐射效应对食物进行加热。在使用烧烤功能时，微波/烧烤切换开关切换至烧烤状态，将微波功能断开。微波炉即可通过石英管对食物进行烧烤。为了控制烧烤的程度，微波炉中安装有两根石英管。当采用小火力烧烤加热时，石英管切换开关闭合，将下加热管（石英管）短路，即只有上加热管（石英管）工作。当选择大火力烧烤时，石英管切换开关断开，上加热管（石英管）和下加热管（石英管）一起工作对食物加热。

在电脑控制方式微波炉中，微波炉的控制都是通过微处理器控制的。微处理器具有自动控制功能，它可以接收人工指令，也可以接收遥控信号。微波炉里的开关、电机等都是由微处理器发出控制指令进行控制的。

在工作时，微处理器向继电器发送控制指令即可控制继电器的工作。继电器的控制电路有5根线，其中一根控制断续继电器，它是用来控制微波火力的。即如果使用强火力，继电器就一直接通，磁控管便一直发射微波对食物进行加热。如果使用弱火力，继电器便会在微处理器的控制下间断工作，例如可以使磁控管发射30s微波后停止20s，然后再发射30s，这样往复间歇工作，就可以达到火力控制的效果。

第二条线是控制微波/烧烤切换开关，当微波炉使用微波功能时，微处理器发送控制指令将微波/烧烤切换开关接至微波状态，磁控管工作对食物进行微波加热。当微波炉使用烧烤功能时，微处理器便控制切换开关将石英管加热电路接通，从而使微波电路断开，即可实现对食物的烧烤加热。

第三条线是控制频率切换继电器从而实现对微波炉功率的调整控制。第四根和第五根线分别控制风扇/转盘继电器和门联动继电器。通过继电器对开关进行控制可以实现小功率、小电流、小信号对大功率、大电流、大信号的控制。同时，便于将工作电压高的器件与工作电压低的器件分开放置，对电路的安全也是一个保证。

在微波炉中，微处理器专门制作在控制电路板上，除微处理器外，相关的外围电路或辅助电路也都安装在控制电路板上。其中，时钟振荡电路是给微处理器提供时钟振荡的部分。微处理器必须有一个同步时钟，内部的数字电路才能够正常工作。同步信号产生器为微处理器提供同步信号。微处理器的工作一般都是在集成电路内部进行，用户是看不见摸不着的，所以微处理器为了和用户实现人工对话，通常会设置有显示驱动电路。显示驱动电路将微波炉各部分的工作状态通过显示面板上的数码管、发光二极管、液晶显示屏等器件显示出来。这些电路在一起构成微波炉的控制电路部分。他们的工作一般都需要低压信号，因此需要设置一个低压供电电路，将交流220V电压变成5V、12V直流低压，为微处理器和相关电路供电。

14.2

微波炉的检修

14.2.1 微波发射装置的检修方法

微波发射装置是微波炉故障率最高的部位，其内部的磁控管、高压变压器、高压电容和高压二极管由于长期受到高电压、大电流的冲击，较容易出现异常情况。

（1）磁控管的检测方法

磁控管是微波发射装置的主要器件，该器件可将电能转换成微波能辐射。当磁控管出现故障时，微波炉会出现转盘转动正常但食物不热的故障。检测磁控管，可在断电状态下检测磁控管的灯丝端、灯丝与外壳之间的阻值，如图14-5所示。

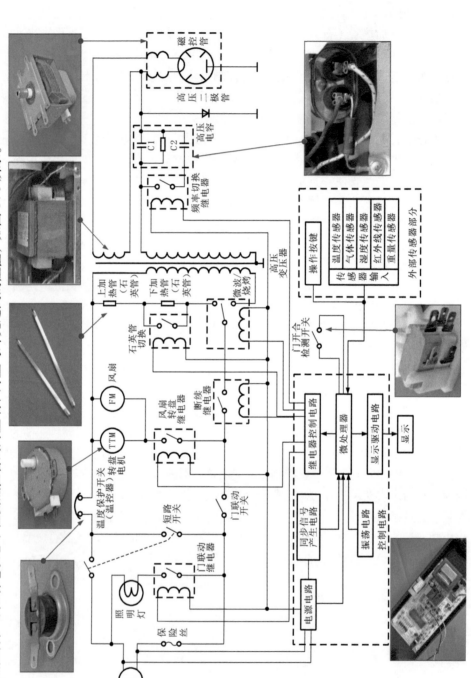

图14-4　电脑控制方式微波炉的电路结构

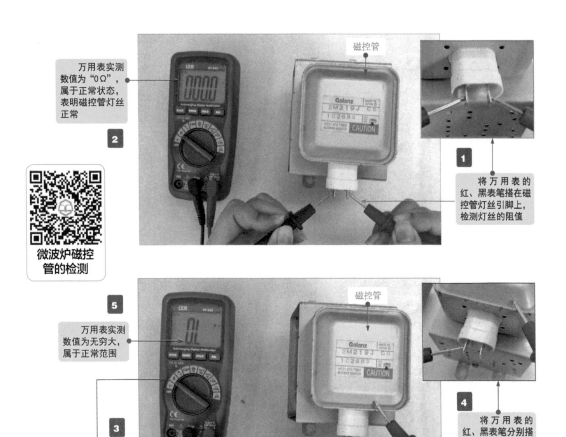

万用表实测
数值为 "0Ω"，
属于正常状态，
表明磁控管灯丝
正常

2

磁控管

1

将 万 用 表 的
红、黑表笔搭在磁
控管灯丝引脚上，
检测灯丝的阻值

5

万用表实测
数值为无穷大，
属于正常范围

磁控管

3

保持万用表
位在 "欧姆挡"

4

将 万 用 表 的
红、黑表笔分别搭
在灯丝引脚和磁控
管外壳上，检测灯
丝引脚与外壳之间
的阻值

图 14-5　微波炉中磁控管的检测方法

用万用表测量磁控管灯丝阻值的各种情况为：

① 磁控管灯丝两引脚间的阻值小于 1Ω 为正常；

② 若实测阻值大于 2Ω，则多为灯丝老化，不可修复，应整体更换磁控管；

③ 若实测阻值为无穷大，则为灯丝烧断，不可修复，应整体更换磁控管；

④ 若实测阻值不稳定变化，多为灯丝引脚与磁棒电感线圈焊口松动，应补焊。

用万用表测量灯丝引脚与外壳间阻值的各种情况为：

① 磁控管灯丝引脚与外壳间的阻值为无穷大为正常；

② 若实测有一定阻值，则多为灯丝引脚相对外壳短路，应修复或更换灯丝引脚插座。

（2）高压变压器的检测方法

　　高压变压器是微波发射装置的辅助器件，也称为高压稳定变压器，在微波炉中主要用来为磁控管提供高电压和灯丝电压。当高压变压器损坏时，将引起微波炉出现无微波的故障。

　　检测高压变压器可在断电状态下，通过检测高压变压器各绕组之间的阻值来判断高压变压器是否损坏，如图 14-6 所示。

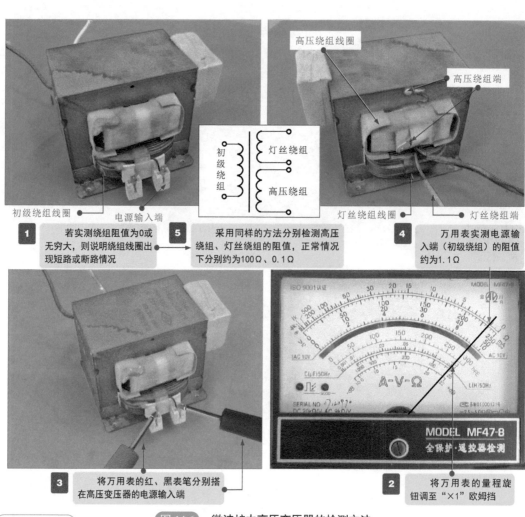

1 若实测绕组阻值为0或无穷大，则说明绕组线圈出现短路或断路情况

5 采用同样的方法分别检测高压绕组、灯丝绕组的阻值，正常情况下分别约为100Ω、0.1Ω

4 万用表实测电源输入端（初级绕组）的阻值约为1.1Ω

初级绕组线圈

电源输入端

高压绕组线圈

高压绕组端

灯丝绕组线圈

灯丝绕组端

初级绕组

灯丝绕组

高压绕组

3 将万用表的红、黑表笔分别搭在高压变压器的电源输入端

2 将万用表的量程旋钮调至"×1"欧姆挡

图 14-6　微波炉中高压变压器的检测方法

（3）高压电容器的检测方法

高压电容器是微波炉中微波发射装置的辅助器件，主要是起着滤波的作用。若高压电容器变质或损坏，常会引起微波炉出现不开机、无微波的故障。检测高压电容器时，可用数字万用表检测电容量来判断好坏，如图 14-7 所示。

微波炉高压电容器的检测

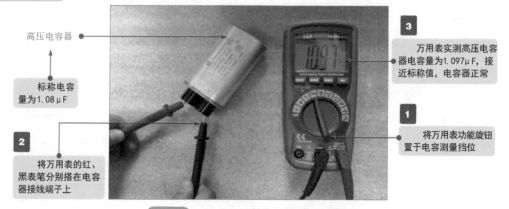

高压电容器

标称电容量为1.08μF

2 将万用表的红、黑表笔分别搭在电容器接线端子上

3 万用表实测高压电容器电容量为1.097μF，接近标称值，电容器正常

1 将万用表功能旋钮置于电容测量挡位

图 14-7　微波炉中高压电容器的检测方法

（4）高压二极管的检测方法

高压二极管是微波炉中微波发射装置的整流器件，该二极管接在高压变压器的高压绕组输出端，对交流输出进行整流。

检测高压二极管时，可借助万用表检测正、反向阻值来判断好坏，如图 14-8 所示。

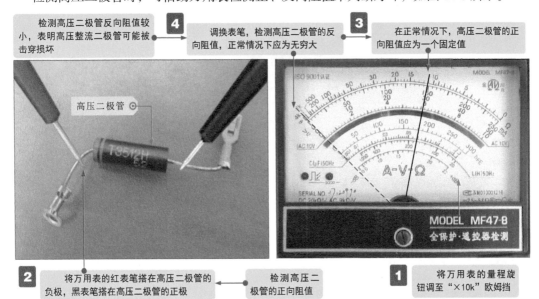

4 检测高压二极管反向阻值较小，表明高压整流二极管可能被击穿损坏

3 调换表笔，检测高压二极管的反向阻值，正常情况下应为无穷大

在正常情况下，高压二极管的正向阻值应为一个固定值

2 将万用表的红表笔搭在高压二极管的负极，黑表笔搭在高压二极管的正极

检测高压二极管的正向阻值

1 将万用表的量程旋钮调至"×10k"欧姆挡

图 14-8　微波炉中高压二极管的检测方法

14.2.2　烧烤装置的检修方法

在微波炉的烧烤装置中，石英管是该装置的核心部件。若石英管损坏，将引起微波炉烧烤功能失常的故障。

检测石英管时，应先检查石英管连接线是否出现松动、断裂、烧焦或接触不良等现象，然后借助万用表对石英管阻值进行检测来判断好坏，如图 14-9 所示。

微波炉烧烤组件的检测方法

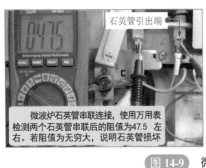

石英管引出端

微波炉石英管串联连接，使用万用表检测两个石英管串联后的阻值为47.5 左右。若阻值为无穷大，说明石英管损坏

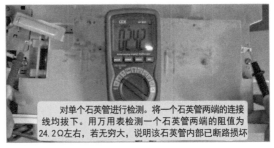

对单个石英管进行检测。将一个石英管两端的连接线均拔下。用万用表检测一个石英管两端的阻值为24.2Ω左右，若无穷大，说明该石英管内部已断路损坏

图 14-9　微波炉中石英管的检测方法

14.2.3　门开关的检修方法

如图 14-10 所示，微波炉有 3 个门开关，上面的一个是蓝色的，下面的是灰色的和白色的，它们叠加在一起。

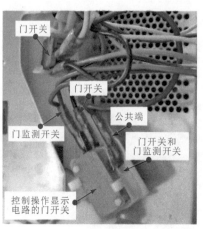

图 14-10 微波炉门开关

其中蓝色的开关只有两个引线端，白色的开关有 3 个引线端，灰色的开关是控制操作显示电路板的门开关。当微波炉的门被关上的时候，门上的 3 个开关都被按下。门打开时，门开关的两条引线间的触点就会断开，这样就断开了给磁控管的供电，起到安全作用。

如图 14-11 所示为门开关的检测操作。首先测量上面的蓝色门开关，将万用表的两表笔放到两个引线端上。在关门状态下，这个开关呈导通状态。所测阻值为零。当门打开时，开关就断开了。实测阻值应为无穷大。这是正常的，若阻值不变，则说明门开关损坏。

微波炉门开关组件的检测方法

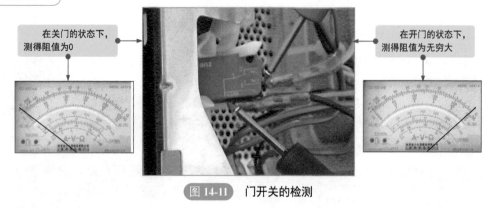

在关门的状态下，测得阻值为0

在开门的状态下，测得阻值为无穷大

图 14-11 门开关的检测

14.3

微波炉常见故障检修

14.3.1 微波炉加热功能失常的故障检修实例

机型：格兰仕 WD900B 型微波炉。

故障表现：

格兰仕 WD900B 微波炉，通电后启动正常，进行微波加热时，微波炉转盘转动，当达到微波加热设定的时间后，拿出微波的食物，食物没有被加热过的迹象。

故障分析：

重新对微波炉通电，设定微波加热时间后，可以感觉到该微波炉有轻微的震动，说明该微波炉的高压变压器开始工作，因此可以断定该微波炉的微波加热继电器及其驱动电路正常，应重点检测微波加热组件。

对该微波炉通电，使其处于微波炊饭状态，使用示波器检测微波加热组件的输出波形判断该微波炉的故障点。

由于高压变压器输出电压幅度超过示波器的测量范围，因而采用感应法，将示波器的探头靠近高压变压器的绕组线圈，而不接触焊点，就能感应出图示的波形，如图14-12所示。

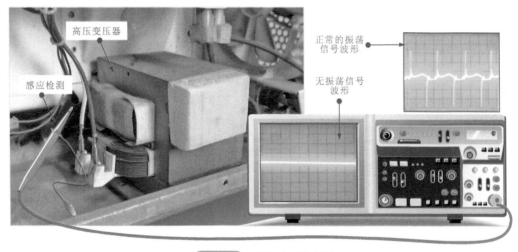

图 14-12　检测高压变压器

高压变压器输出的波形不正常，应再检测磁控管的连接是否正常，如外部连接正常，采用感应法，将示波器探头靠近磁控管引脚的外部，检测是否有振荡信号波形。如图14-13所示，经检测，无正常的振荡信号波形。

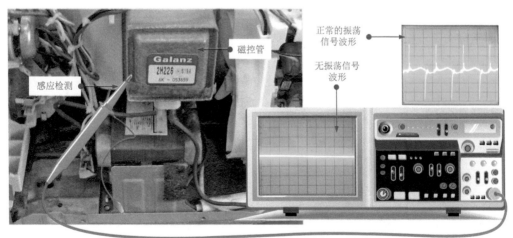

图 14-13　检测磁控管的输出波形

实测无信号波形，可以断定为故障出现在磁控管、高压电容和高压二极管等部分。将微波炉断电后，对磁控管进行阻值检测。正常情况下，磁控管的阻值很小几乎为 $0 \sim 1.2\Omega$。当前所测该磁控管的阻值为无穷大，说明该磁控管已经损坏。选择同型号磁控管更换，故障排除。

14.3.2 微波炉开机烧保险管故障的检修

机型：高士达微波炉。

故障表现：

高士达微波炉通电后，烧断保险管，微波炉不工作。

故障分析：

导致微波炉保险管烧断，通常由微波炉的直流电源电路有损坏的元器件以及加热组件有击穿损坏的元器件造成的。判断故障点时，首先通过外观检查电源电路以及加热组件。而从外观上无法判断故障点，则需要依次检测和排除故障。

将微波炉断电，首先检测降压变压器。如图 14-14 所示，将万用表的量程调整至"R×1Ω"挡，红黑表笔任意搭在降压变压器的①、②脚上。

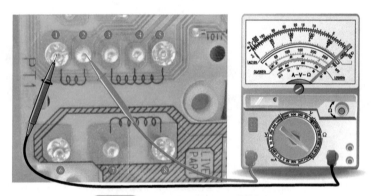

图 14-14　检测降压变压器的次级绕组

经检测该变压器的①、②脚阻值约为 2Ω，正常。此时，应继续检测低压变压器的其他绕组阻值，阻值均正常，继续对整流二极管进行检测。

如图 14-15 所示，检测整流二极管的正反向阻抗。其正向阻抗应小于 5kΩ，反向阻抗应远大于正向阻抗。实测偏差较大，说明二极管损坏，更换后故障排除。

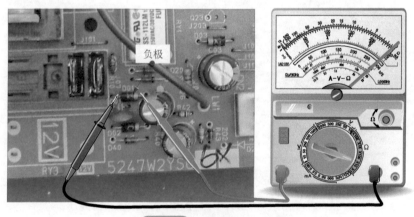

图 14-15　检测整流二极管

第 15 章

电饭煲维修

15.1 电饭煲的结构原理

15.1.1 电饭煲的结构特点

电饭煲是利用锅体底部的电热器（电热丝）加热产生高能量，以实现炊饭功能的器具，根据电饭煲控制方式的不同，通常可分为机械控制式和微电脑控制式电饭煲。

机械控制式电饭煲主要通过杠杆联动装置对电饭煲进行加热保温控制。它主要由锅盖、锅体、内锅、电热盘、磁钢限温器等构成。

微电脑控制式电饭煲主要采用微处理器控制电路对电饭煲中的电热器和各部件进行控制。微电脑控制式电饭煲主要是增加了一套以微处理器为核心的自动控制电路，如图 15-1 所示。

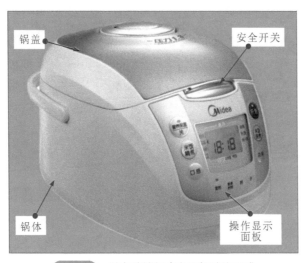

图 15-1 微电脑控制式电饭煲结构组成

（1）操作显示面板

电饭煲的操作显示面板根据其控制的方式不同主要分为机械键杆式控制和清除按键式操作面板两种，如图 15-2 所示。在机械控制式电饭煲中，按下按动开关后即可实现电饭煲的加热保温操作，而微电脑控制式电饭煲则主要采用轻触按键式操作面板形式进行控制，用户可以通过其操作面板的不同功能键对电饭煲进行控制。

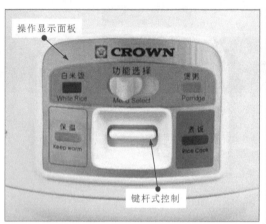
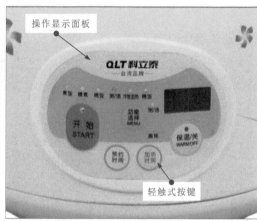

图 15-2　操作显示面板

（2）电热盘

电热盘是电饭煲用来为电饭煲提供热源的部件。它安装于电饭煲的底部，是由管状电热元件铸在铝合金圆盘中制成的，供电端位于锅体的底部，通过连接片与供电导线相连，如图 15-3 所示。

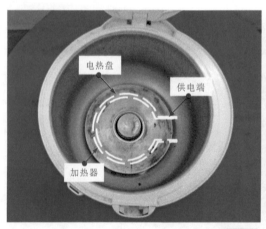

图 15-3　电热盘

（3）感温器和限温器

电饭煲的限温器主要分为热敏电阻式感温器和磁钢限温器两种，如图 15-4 所示。热敏电阻式感温器主要是通过热敏电阻检测电饭煲的温度，由控制电路对电热器进行控制。在这种方式中热敏电阻只是一个温度传感器。磁钢限温器与炊饭开关直接连接，磁钢限温器动作，感温后直接控制加热器供电开关。

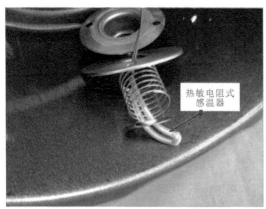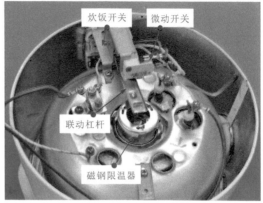

图 15-4　感温器和限温器

（4）双金属片恒温器

双金属片恒温器并联在磁钢限温器上，是饭熟后的自动保温装置，如图 15-5 所示。

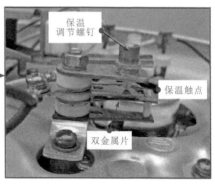

图 15-5　双金属片恒温器

15.1.2　电饭煲的工作原理

（1）机械控制式电饭煲的电路结构和工作原理

图 15-6 是机械控制式电饭煲炊饭工作原理示意图，交流 220V 电压经电源开关加到炊饭加热器上，炊饭加热器发热，开始炊饭，此时电饭煲处于炊饭加热状态，而在炊饭加热器上并联有一只氖灯，氖灯发光以指示电饭煲进入炊饭工作状态。

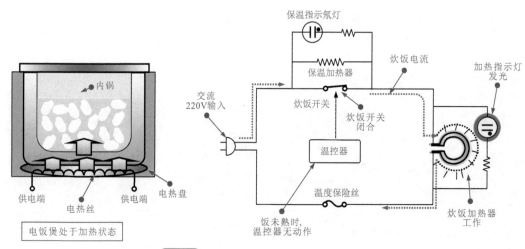

图 15-6 机械控制式电饭煲炊饭工作原理

温控器设在锅底，当饭熟后水分蒸发，锅底温度会上升超过 100℃，温控器感温后复位，使炊饭开关断开，电饭煲停止炊饭加热，进入保温状态。物体由液态转为气态时，要吸收一定的能量，叫做"潜热"，此时电饭煲内锅已经含有一定的热量。这时，温度会一直停留在沸点，直至水分蒸发后，电饭煲里的温度便会再次上升。电饭煲底面设有温度传感器和控制电路，当它检测到温度再次上升，并超过 100℃后，感温磁钢失去磁性，释放永久磁体，使炊饭开关断开，保温加热器串入电路之中，炊饭加热器上的电压下降，电流减小，进入保温加热状态，如图 15-7 所示。

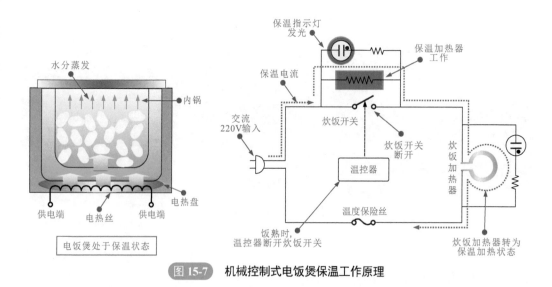

图 15-7 机械控制式电饭煲保温工作原理

（2）微电脑控制式电饭煲的电路结构和工作原理

图 15-8 是微电脑（微处理器，简称 CPU）控制式电饭煲的工作原理方框图。接通电源后，交流 220V 市通过直流稳压电源电路，进行降压、整流、滤波和稳压后，为控制电路提供直流电压。当通过操作按键输入人工指令后，由微处理器根据人工指令和内部程序对继电器

驱动电路进行控制，使继电器的触点接通，此时，交流 220V 的电压经继电器触点便加到炊饭加热器上，为炊饭加热器提供 220V 的交流工作电压，进行炊饭加热。当加热器开始加热时，微处理器将显示信号输入到显示部分，以显示电饭煲当前的工作状态。

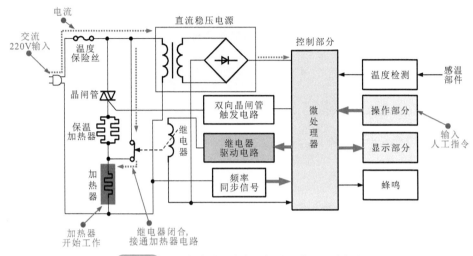

图 15-8 微电脑控制式电饭煲的工作原理方框图

炊饭加热器进行炊饭加热时，锅底的温度传感器不断地将温度信息传送给微处理器，当锅内水分大量蒸发，锅底没有水的时候，其温度会超过 100℃，此时微处理器判别饭已熟（不管饭有没有熟，只要内锅内不再有水，微处理器便作出饭熟的判断）。当饭熟之后，继电器释放触点，停止炊饭加热，此时，控制电路启动双向晶闸管（可控硅），晶闸管导通，交流 220V 通过晶闸管将电压加到保温加热器和炊饭加热器上，两种加热器成串联型。由于保温加热器的功率较小、电阻值较大，炊饭加热器上只有较小的电压，这种情况的发热量较小，只能起保温的作用。微处理器同时对显示部分输送保温显示信号，如图 15-9 所示。

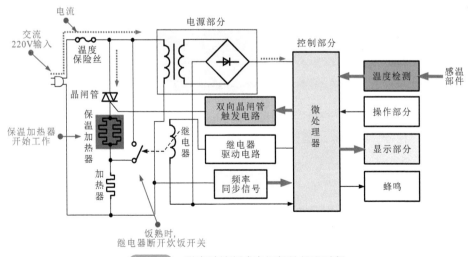

图 15-9 微电脑控制式电饭煲的保温过程

15.2 电饭煲的维修方法

对电饭煲的检修，应根据电饭煲的组成和工作原理，顺信号流程对各主要功能部件或电子元器件进行检测。

15.2.1 炊饭装置的维修方法

电饭煲的炊饭装置出现故障主要表现为：通电后不炊饭、炊饭不良或一直炊饭。此时，应检查炊饭装置中的各个部件，对损坏的部件进行及时更换。

（1）电热盘的检测与代换

电饭煲在长期使用以及挪动过程中，可能会出现内部连接线老化或者松动等现象，应检查电热盘连接线的情况。如果电热盘的连接线出现松动，重新拧紧固定螺钉即可。

若重新固定电热盘连接线后，仍不可以排除电饭煲故障，则检测电热盘供电端的阻值是否正常。检测电热盘时，万用表的两只表笔分别接在电热盘的两个供电端，如图 15-10 所示。

检测电热盘
供电端阻值

电饭煲加热盘
的检测

图 15-10　检测电热盘供电端的阻值

若测得两端之间的阻值为 85Ω 左右，则说明电热盘正常。若电阻值无穷大，说明电热盘内部断路，应该对其进行更换。若阻值为 0Ω，表明电热盘的供电输入端可能与外壳短路，应仔细检查。

（2）磁钢限温器的检测与代换

炊饭装置不工作，也有可能是磁钢限温器出现故障，检查磁钢限温器的周围是否被异物（饭粒或者其他脏物）卡住，使永磁铁和感温磁钢不能吸合。用镊子取出即可排除故障，清除异物后，若故障仍不能排除，则检查加热杠杆开关和供电微动开关接触的动作是否正常，供电微动开关的触点是否良好，如图 15-11 所示。

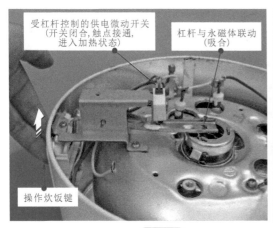
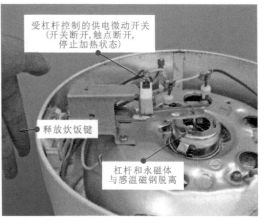

受杠杆控制的供电微动开关
(开关闭合,触点接通,
进入加热状态)

杠杆与永磁体联动
(吸合)

操作炊饭键

受杠杆控制的供电微动开关
(开关断开,触点断开,
停止加热状态)

释放炊饭键

杠杆和永磁体
与感温磁钢脱离

图 15-11　检查加热杠杆开关和供电微动开关的状态

感温磁钢失效或永久磁铁退磁严重,使磁钢限温器开关触点不能闭合,使电热盘只能由保温加热器工作,使内锅的温度只能升到65℃左右,所以不能将饭煮熟。这时只要购买规格与电热盘相符的磁钢限温器,更换即可。更换磁钢限温器与更换电热盘的步骤大致相同。

15.2.2　保温装置的检修

电饭煲的保温装置主要用来对锅内煮熟后的食物进行保温,若保温装置出现故障,则主要表现为饭熟后不能自动保温。

当电饭煲保温装置出现故障时,需要检查保温板、密封胶圈和双金属片恒温器是否出现了故障,对出现故障的部件进行更换即可。

图 15-12 为双金属片恒温器开关的检测方法。饭熟后不能自动保温,此故障的原因也可能是双金属片恒温器开关出现故障,在常温下用万用表检测两接线片之间的阻值。

图 15-12　双金属片恒温器开关的检测

正常时两支表笔之间的电阻值近似为0Ω,若检测的阻值为无穷大,则可能是双金属片恒温器触点表面氧化、双金属片弹性不足、调节螺钉松动或脱落等。

提示

　　双金属片恒温器的调节螺钉松动会导致触点不能接通，也会出现电饭煲不能自动保温的现象，这时可重新调整螺钉的位置，以保证恒温器触点在65℃左右时断开，如图15-13所示。调节螺钉的方向视情况而定，如果恒温器的动作温度偏高，可逆时针拧螺钉，这样可以降低恒温器的动作温度；反之，顺时针方向拧动，恒温器的动作温度升高。

　　若双金属片恒温器的金属片弹性不足时，也会使动触点不能与静触点很好地接触，这时会造成开关断路。

图 15-13　调节双金属片恒温器的调节螺钉

15.3 电饭煲常见故障检修

15.3.1　电饭煲显示"E1～E4"故障码的故障检修实例

机型：爱德 YBW50-90A 电饭煲。

故障表现：

　　爱德 YBW50-90A 电饭煲通电后，显示屏显示故障代码"E1～E4"，蜂鸣器报警。

故障分析：

　　根据爱德电饭煲故障代码的提示，表明电饭煲的故障出现在温度控制组件。检修时，可直接检查电饭煲的温度控制组件是否正常。

　　根据电饭煲温度控制组件的特点，可直接检测电饭煲的温度控制组件及其供电电路是否正常。

　　将电饭煲拆卸后，使用对电饭煲进行通电检测。注意供电电路中有 AC 220V 高压，防触电。检测时，将万用表调整至直流电压挡，黑表笔接地，红表笔检测限温器的供电端，如图 15-14 所示。

图 15-14　检测限温器的供电电压

经检测限温器工作电压正常。断开电源，拔下限温器的连接端，在室温温度下，检测限温器的阻值，如图 15-15 所示。

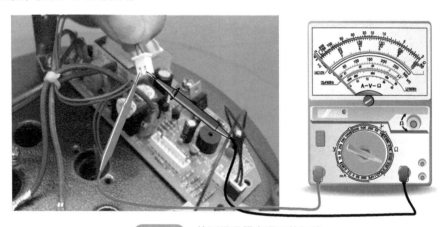

图 15-15　检测限温器室温下的阻值

将限温器放置 90℃左右的热水中，此时用万用表检测限温器的温度，如图 15-16 所示。检测过程中发现万用表指针无变化，表明限温器已经损坏。

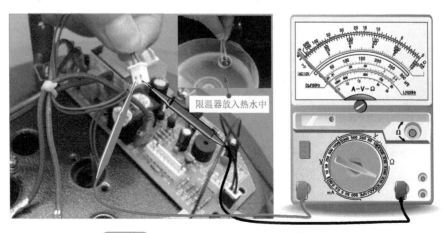

图 15-16　升高限温器的表面温度检测限温器阻值

更换故障元器件，开机试运行，故障排除。

15.3.2 电饭煲开机无反应故障的检修

机型：格兰仕 CFXB30-50B 电饭煲。

故障表现：

格兰仕 CFXB30-50B 电饭煲按下炊饭开关后，电饭煲无反应，指示灯也不亮。

故障分析：

该电饭煲结构简单，正常情况下，电饭煲通电后，按下炊饭开关后，加热指示灯同时点亮。而该电饭煲按下炊饭开关后，电饭煲无反应，指示灯也不亮，可对电饭煲机械控制组件进行检查。

首先，检查机械控制组件之间的连接是否良好。如图 15-17 所示，取下微动开关并进行检测。

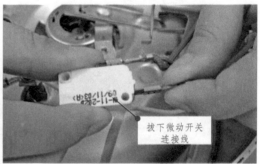

微动开关

拧下微动开关
的固定螺钉

拔下微动开关
连接线

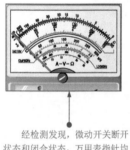
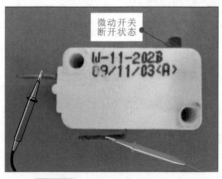
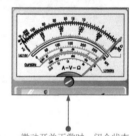

微动开关
断开状态

经检测发现，微动开关断开状态和闭合状态，万用表指针均指向无穷大。

微动开关正常时，闭合状态测得阻值应为 0Ω，因此，可以断定该微动开关已经损坏

图 15-17 取下微动开关并检测

用万用表的两支表笔任意搭在微动开关的 2 个连接端，查看万用表指针的变化。经检测发现，微动开关断开状态和闭合状态，万用表指针均指向无穷大。而微动开关正常时，闭合状态测得阻值应为 0Ω，因此，可以断定该微动开关已经损坏。更换微动开关后，开机运行，故障排除。

15.3.3 电饭煲持续加热的故障检修实例

机型：爱德 YBW50-90A 电饭煲。

故障表现：

爱德 YBW50-90A 电饭煲在工作时，温度检测失灵，电饭煲持续加热。

故障分析：

出现电饭煲温度检测失灵的故障时，经分析可初步断定为电饭煲的温度控制组件出现故障。首先检测限温器是否有 +5V 左右的工作电压，如图 15-18 所示。

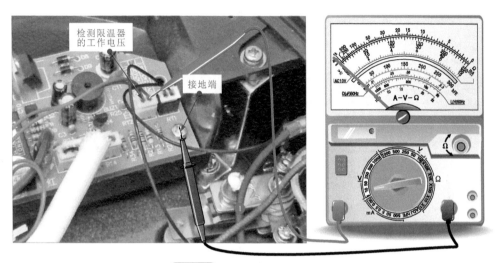

图 15-18　检测限温器的工作电压

经检测后，发现限温器没有工作电压，由此可判断电饭煲的电源供电电路出现故障。根据电饭煲限温器的连接端查找出限温器的供电电路，如图 15-19 所示。

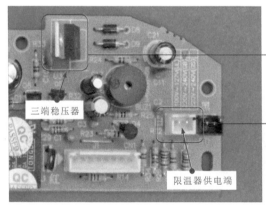
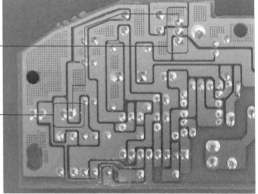

图 15-19　找出限温器的供电电路

找到限温器由稳压电路为其提供电压，在查找故障时，需检测稳压电路是否正常。检测时，使用万用表检测三端稳压器输出端是否有 +5V 的电压，如图 15-20 所示。

经查，三端稳压器输出电压正常。此时，可以判断为稳压电路中的其他元器件损坏。通过限温器的连接端找到稳压电路中限温器供电电路的支路，如图 15-21 所示。

检测电路中的二极管（D9）是否良好，操作如图 15-22 所示。

经检测二极管（D9）正反向的阻抗都很大，表明该二极管可能断路损坏，更换该二极管后，再开机，工作正常。

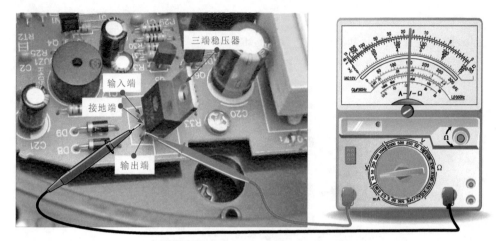

图 15-20　检测三端稳压器的输出电压

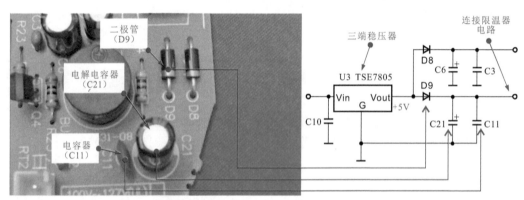

图 15-21　查找稳压电路限温器供电支路

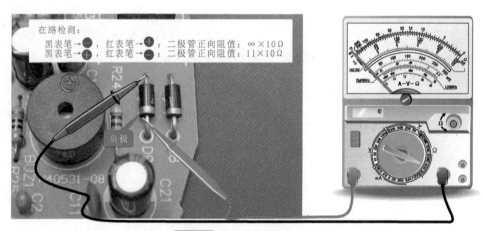

图 15-22　检测二极管（D9）

第16章

电热水壶维修

16.1

电热水壶的结构原理

16.1.1 电热水壶的结构特点

如图 16-1 所示为典型电热水壶的结构组成。电热水壶主要由电源底座、壶身底座、蒸汽式自动断电开关等构成的。

图 16-1 典型电热水壶的实物外形

在电热水壶中，电源底座是用于对电热水壶进行供电的主要部件，它主要是由一个圆形的底座与一个可以和水壶底座相吻合的底座插座以及电源线构成的，如图 16-2 所示。

电热水壶的底部为壶身底座，将电热水壶的壶体与壶身底座分离后，即可看到电热水壶壶身底座的内部结构，如图 16-3 所示。

电源线

底座插座

圆形底座

图 16-2　电源底座

蒸汽式
自动断电开关

水壶插座

温控器

指示灯(氖管)

加热盘(加热器)

热熔断器

图 16-3　电热水壶中壶身底座的外形

由图 16-3 可知，电热水壶中的加热盘、温控器、蒸汽式自动断电开关以及热熔断器等部件均安装在壶身底座中。

加热盘是电热水壶中重要的加热部件，主要是用于对电热水壶内的水进行加热。

温控器是电热水壶中关键的一种保护器件，用于防止蒸汽式自动断电开关损坏后，电热水壶内的水被烧干。

蒸汽式自动断电开关是控制电热水壶中自动断电的装置，当电热水壶内的水沸腾后，水蒸气通过导管使蒸汽式自动断电开关断开电源，停止电热水壶的加热。

16.1.2　电热水壶的工作原理

图 16-4 为具有保温功能电热水壶的整机电路结构，它主要是由加热及控制电路、电磁泵驱动电路等部分构成。

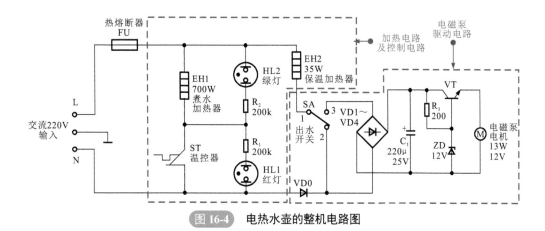

图 16-4 电热水壶的整机电路图

具有保温功能电热水壶的工作原理

（1）加热电路的工作原理

交流 220V 电源为电热水壶供电，交流电源的 L（火线）端经热熔断器 FU 加到煮水加热器 EH1 和保温加热器 EH2 的一端，交流电源的 N（零线）端经温控器 ST 加到煮水加热器的另一端，同时交流电源的 N（零线）端经二极管 VD0 和选择开关 SA 加到保温加热器 EH2 的另一端。使煮水加热器和保温加热器两端都有交流电压，开始加热，如图 16-5 所示。在煮水加热器两端加有 220V 电压，交流 220V 经 VD0 半波整流后变成 100V 的脉动直流电压加到保护加热器上，保温加热器只有 35 W。

电热水壶刚开始煮水时，温控器 ST 处于低温状态。此时，温控器 ST 两引线端之间是导通的，为电源供电提供通路，此时，绿指示灯亮，红指示灯两端无电压，不亮。

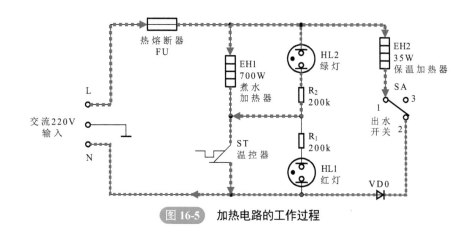

图 16-5 加热电路的工作过程

（2）加热控制电路的工作原理

当水瓶中的温度超过 96℃时（水开了），温度控制器 ST 自动断开，停止为煮水加热器供电。此时，保温加热器两端仍有直流 100V 电压，但由于保温加热器电阻值较大所产生的能量只有煮水加热器的 1/20，因此只起到保温的作用。此时，交流 220V 经 EH1 为红指示灯供电，红指示灯亮。由于 EH1 两端压降很小，因而绿灯不亮，如图 16-6 所示。

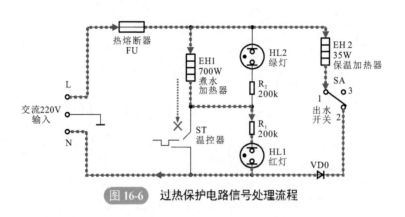

图 16-6 过热保护电路信号处理流程

如果电热水壶中水的温度降低了，温度控制器 ST 又会自动接通，煮水加热器继续加热，始终使水瓶中的开水保持在 90℃以上。

（3）电磁泵驱动电路的工作原理

电磁泵驱动电路也称为出水控制电路，饮水时，操作出水选择开关 SA，使交流电源经过保温加热器和整流二极管 VD0，为桥式整流电路 VD1～VD4 供电，经整流后变成直流电压，并由电容器 C_1 平滑滤波。滤波后的直流电压，经稳压电路变成 12V 的稳定电压，加到电磁泵电动机上，电动机启动，驱动水泵工作，热水自动流出，如图 16-7 所示。

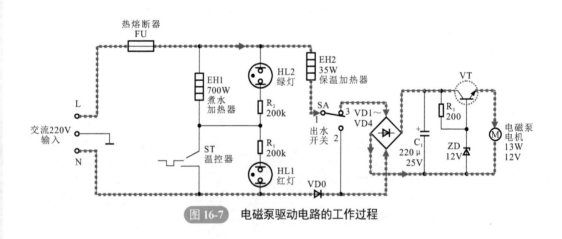

图 16-7 电磁泵驱动电路的工作过程

16.2

电热水壶的维修方法

16.2.1 电热水壶加热盘的维修方法

加热盘是为电热水壶中的水进行加热的重要器件，该元器件不轻易损坏。若电热水壶出现无法正常加热的故障时，在排除各机械部件的故障后，则需要对加热盘进行检修。

第❷篇／家电维修实战

对加热盘进行检修时，可以使用万用表检测加热盘阻值判断其好坏。

加热盘的检修方法如图 16-8 所示。将万用表红、黑表笔分别接加热盘两连接端。正常情况下应能检测到一定的阻值。

将万用表的红、黑表笔分别搭在加热盘的两连接端上

正常情况下，万用表显示的数值为40Ω左右

图 16-8　加热盘的检修方法

16.2.2　电热水壶温控器的维修方法

温控器是电热水壶中关键的保护器件，若电热水壶出现加热完成后不能自动跳闸，以及无法加热的故障时，若机械部件均正常，则需要对温控器进行检修。

检修温控器时可使用万用表电阻挡检测其在不同温度条件下两引脚间的通断情况，来判断好坏。温控器的检修方法如图 16-9 所示。

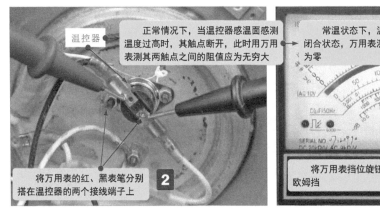

温控器

正常情况下，当温控器感温面感测温度过高时，其触点断开，此时用万用表测其两触点之间的阻值应为无穷大

常温状态下，温控器触点处于闭合状态，万用表测触点间阻值应为零　3

将万用表挡位旋钮置于"×1"欧姆挡　1

将万用表的红、黑表笔分别搭在温控器的两个接线端子上　2

图 16-9　温控器的检修方法

如果使用电烙铁接触温控器感温面，至温控器内部触片断开，则通常会听到"嗒"的声响，所测的阻值也会变为无穷大。

16.2.3　电热水壶热熔断器的维修方法

热熔断器是整机的过热保护器件，判断热熔断器的好坏可使用指针万用表电阻挡检测其阻值。正常情况下，热熔断器的阻值为零，若实测阻值为无穷大说明热熔断器损坏。

热熔断器的检修方法如图 16-10 所示。

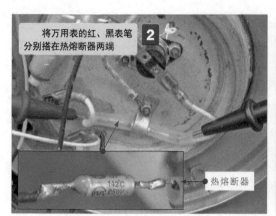

将万用表的红、黑表笔分别搭在热熔断器两端 **2**

热熔断器

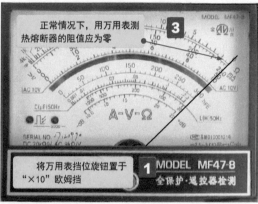

正常情况下，用万用表测热熔断器的阻值应为零 **3**

将万用表挡位旋钮置于"×10"欧姆挡 **1**

MODEL MF47-8
全保护·遥控器检测

图 16-10 热熔断器的检修方法

16.3

电热水壶常见故障检修

16.3.1 电热水壶不加热故障的检修实例

故障表现：

电热水壶，按下开关按键后，电热水壶不加热，加热指示灯亮。

故障分析：

根据故障现象可知电热水壶的保险管正常，应主要检查电热水壶的加热器件。

如图 16-11 所示，取下电热水壶的底座后，将电热水壶的壶身和底座分离，检查电热水壶的内部加热组件。

分离电热水壶壶身

检查加热器的导线

图 16-11 检查电热水壶内部加热组件

经检查加热器的导线连接良好。将万用表调整至"$R×1$"挡，分别检测温控器和加热器的阻值，如图 16-12 所示。加热器正常情况下，应可以测得 26Ω 左右的阻值。温控器常温下应为 0Ω。

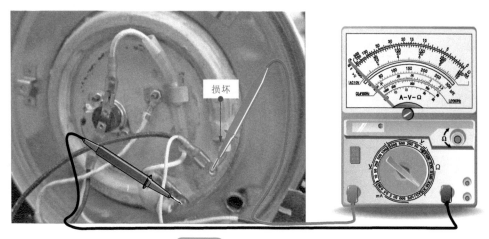

图 16-12　检测加热器的阻值

经检测，温控器的阻值正常，加热器的阻值为无穷大，此时表明加热器已经损坏。

在检修的过程中，加热器阻值出现无穷大，还有可能是由于加热器的连接端断裂导致加热器阻值不正常，需检查后对加热器的连接端进行检修，再次检测加热器的阻值。从而，排除加热器所引起的故障。

16.3.2　电热水壶出水功能失常故障的检修

故障表现：

电热水壶通电后，热水壶工作正常，但按下出水开关后，出水口没有水流出。

故障分析：

图 16-13 所示为电热水壶的整机电路图。通过查看电热水壶的电路图，可知该电热水壶的出水控制组件出现故障。

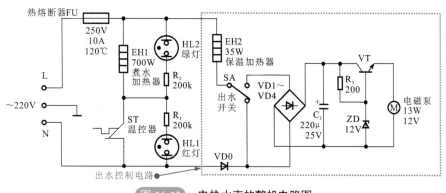

图 16-13　电热水壶的整机电路图

检修电热水壶的出水组件，主要通过检查电热水壶的电磁泵、电磁泵控制电路，以及出水开关是否正常。如图 16-14 所示，拆卸电热水壶底部护盖，检查电磁泵控制电路板中的元器件是否有烧坏的迹象。

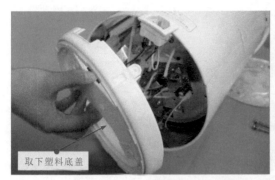

取下塑料底盖

检查电磁泵
控制电路板

图 16-14 检查电磁泵控制电路板中的元器件

确认电磁泵进／出水管处的密封均良好，继续检查电磁泵是否损坏，如图 16-15 所示。

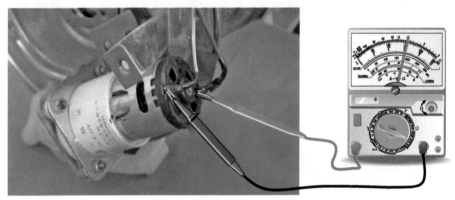

图 16-15 检测电磁泵

对电磁泵驱动电机进行检测，发现绕组有短路情况，更换新的电磁泵，故障排除。

第 17 章

电热水器维修

电热水器的结构原理

17.1.1　电热水器的结构特点

电热水器的基本结构如图 17-1 所示。电热水器可设定温度，启动后会自动加热，到达设定温度后，会停止加热并进行保温。有些电热水器还具有预约定时加热功能，因而还具有定时时间设定功能。电热水器的安全性是很重要的，因而普遍都具有漏电保护功能。

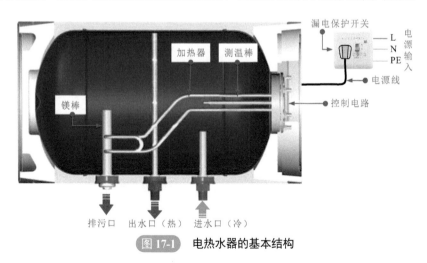

图 17-1　电热水器的基本结构

温控器是利用液体热胀冷缩的原理制成的。温控器将特殊的液体密封在探管中，并将探管插入到储水罐中。图 17-2 为温控器的实物外形，是由温度检测探头和温控开关组成的。当储水罐中的水温到达设定温度时，温控器内的触点被膨胀的液体推动，使电路断开，停止加热。

调节温控旋钮可调节触点断开的位移量。位移量与检测的温度成正比。当温度下降后，触点又恢复导通状态，加热管又重新加热。

温度设定钮

电路接点

测温探头

电路接点　电路接点

测温探头
（置于储水罐中）

图 17-2　电热水器中的温控器

加热器是将电阻丝封装在金属管（钢制、铜制或铸铝材料）、玻璃管或陶瓷管中制成的，如图 17-3 所示。

有些电热水器只有一根加热器，有些有两根，有些还会有三根。具有多个加热器时，可根据不同需要进行半罐加热和整罐加热。

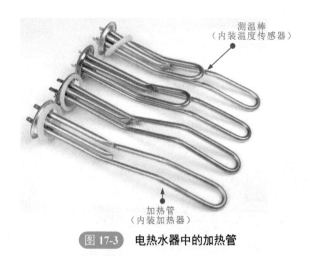

测温棒
（内装温度传感器）

加热管
（内装加热器）

图 17-3　电热水器中的加热管

17.1.2　电热水器的工作原理

电热水器储满水后通电，电源（AC220V）经控制电路为加热器供电，加热器对储水罐内的水进行加热。当加热温度大于设定温度时，温控电路切断电源供电，进入保温状态，可以用水洗浴；当水温下降，低于设定温度时，温控电路再次接通电源进行供电，可实现自动温度控制，始终有热水可用。

图 17-4 是采用三个加热器的控制方式。将三个加热器串接起来，并设两个继电器控制触点。当两个继电器 K1、K2 都不动作时，三个加热器构成串联关系，电阻为三个加热器之和，流过加热器的电流变小，发热量也最小，只能用于洗手、洗脸。当继电器 K2 动作时，K2-1

触点接通，中、下加热器被短路，只有上加热器加热（1000W），对上半罐加热。当加热器 K1 动作时，K1-1 将上、中发射器短路，只有下发热器工作（1500W）对整罐进行加热。

在温控方式上，电热水器可分为温控器控制方式和微处理器控制方式。

采用温控器控制电路的方式比较简单，如图 17-5 所示，电源经漏电保护开关后，分别经过熔断器和温控器为电加热器（EH）供电。当温度达到设定的温度时，自动切断电源，停止加热，当温度低于设定值时，接通电源开始加热。温控器的动作温度可由人工调整。

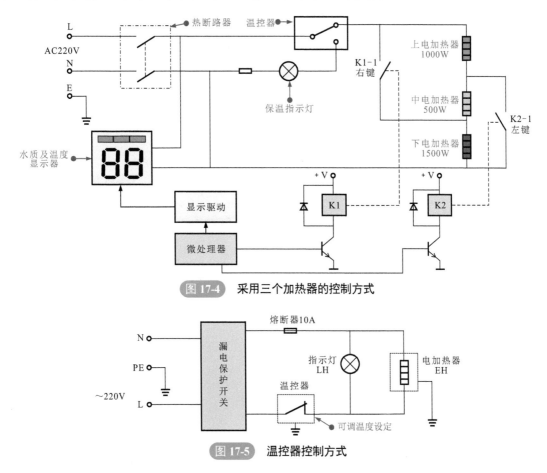

图 17-4　采用三个加热器的控制方式

图 17-5　温控器控制方式

图 17-6 是微处理器控制电路，定时开 / 关机和温度都可人工设定。微处理器通过继电器对加热器进行控制，通过对储水罐内水的温度检测进行控制和温度检测。

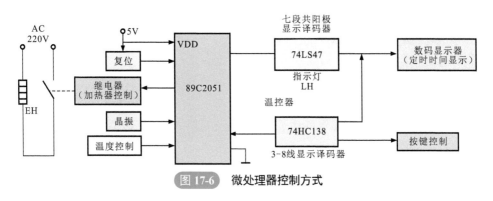

图 17-6　微处理器控制方式

电热水器的维修方法

17.2.1　电热水器加热管的维修方法

　　电热水器加热管故障会造成电热水器开机不加热、加热慢等情况。检测时，打开电热水器储水罐的侧盖，将加热管取出。

　　首先，观察加热管表面，是否有很多水垢附着。若是，需进行水垢清除，然后进一步对加热管的性能进行检测。

　　检测加热器两端之间的阻值即可判断是否正常，如图 17-7 所示，经查两端阻值为无穷大，表明加热器已被烧断，在正常情况下应为 50 ～ 100Ω。

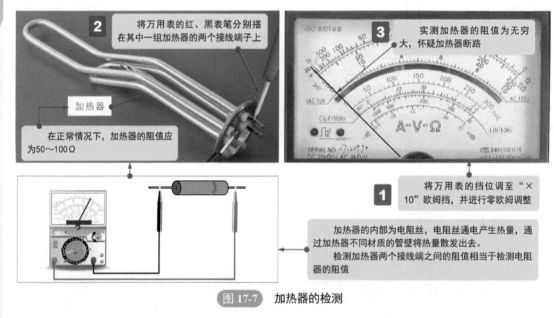

図 17-7　加热器的检测

　　若加热管损坏，需选择同型号的加热管更换即可。但重新安装时一定要注意安装位置和角度。

17.2.2　电热水器温控器的维修方法

　　温控器是电热水器中非常重要的控制器件，温控器故障常常会造成电热水器不能正常加热、出水不热、水温调节失常等情况。

　　如图 17-8 所示，对于温控器的检测可使用万用表检测温度变化过程中的阻值变化。首先，调整温控器的旋钮设定一个温度值。然后，将万用表两表笔分别搭在温控器两引脚端。观察测量结果。正常情况下，温控器内部在常温状态下为接通的，所以测得的阻值应为 0，若阻值不正常，说明温控器故障。

　　接下来，改变感温头的感应温度，即将感温头置于热水中，若感温头感应的温度超出先前设定温度，温控器内部应处于断路状态，则所测得的阻值应为无穷大。若阻值没有变化，则说明温控器已损坏，需要更换。

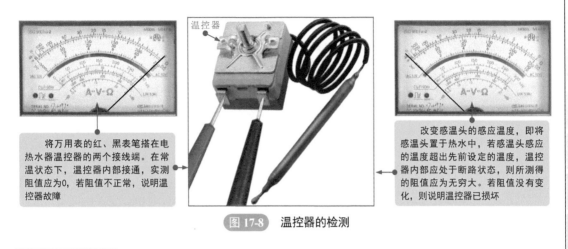

将万用表的红、黑表笔搭在电热水器温控器的两个接线端。在常温状态下，温控器内部接通，实测阻值应为0，若阻值不正常，说明温控器故障

改变感温头的感应温度，即将感温头置于热水中，若感温头感应的温度超出先前设定的温度，温控器内部应处于断路状态，则所测得的阻值应为无穷大。若阻值没有变化，则说明温控器已损坏

图 17-8 温控器的检测

17.3
电热水器常见故障检修

17.3.1 电热水器使用时开关跳闸故障的检修实例

故障表现：

电热水器使用过程中突然断电并使供电配电箱的开关跳闸。

故障分析：

电热水器在使用过程中突然断电，并使供电配电箱的开关跳闸的原因可能是机内出现短路故障，应断电检查电路。

打开电热水器的侧面，发现连接电热水器 A、B 两端供电导线之间因靠得太近发生短路击穿情况，电热水器一端引线接口出现烧黑情况。更换加热器及其引线，重新开机，故障被排除。图 17-9 为电热水器的接线图。

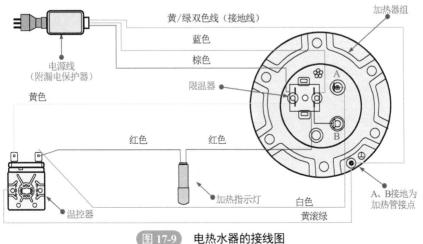

黄/绿双色线（接地线）
蓝色
棕色
加热器组
电源线（附漏电保护器）
黄色
限温器
A
B
红色
红色
加热指示灯
白色
黄滚绿
温控器
A、B接地为加热管接点

图 17-9 电热水器的接线图

17.3.2　电热水器加热时间过长的故障检修实例

故障表现：

电热水器通电开机工作正常，能够加热，但加热时间过长。

故障分析：

根据经验，电热水器通电开机工作正常，说明各组成部件及相关连接没有问题。重点应检查加热管本身。由于水质的影响，电热水器加热管长时间使用会在其表面形成厚厚的水垢，产生加热不良的故障。

如图 17-10 所示，将电热水器的加热管拆卸取出，可以看到其表面有厚厚的水垢。对加热器表面的水垢进行清除或更换。故障排除。

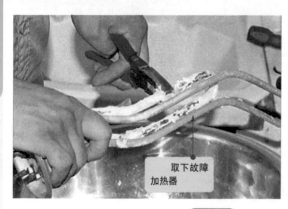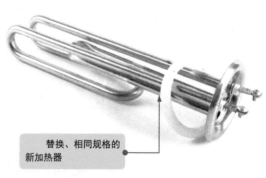

取下故障加热器

替换、相同规格的新加热器

图 17-10　电热水器加热管水垢严重

空气净化器维修

18.1 空气净化器的结构原理

18.1.1 空气净化器的结构特点

空气净化器是对空气进行净化处理的机器，图 18-1 为典型空气净化器的外部结构，其外部主要由操作 / 显示面板、进风口、出风口、传感器检测口等部分构成。

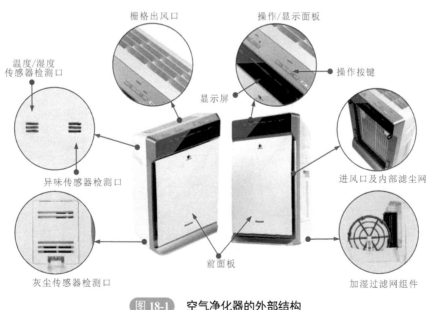

图 18-1 空气净化器的外部结构

图 18-2 为典型空气净化器的内部结构，其内部主要是由空气净化器的空气过滤网 / 滤尘网、主电路板、传感器组件等部分构成。

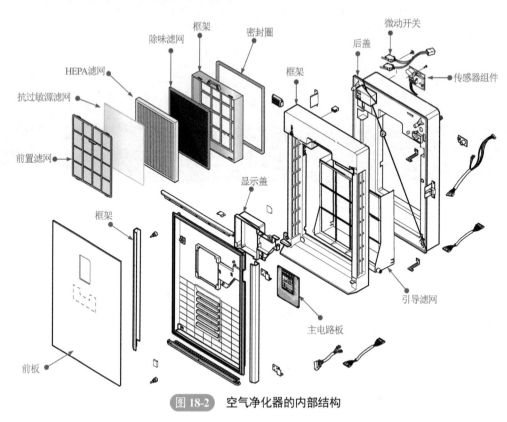

图 18-2 空气净化器的内部结构

18.1.2 空气净化器的工作原理

目前，空气净化器主要采用过滤网进行除尘滤尘。如图 18-3 所示，空气净化器是对空气进行净化处理的机器，可以有效吸附、分解或转化空气中的灰尘、异味、杂质、细菌及其他污染物，进而为室内提供清洁、安全的空气。

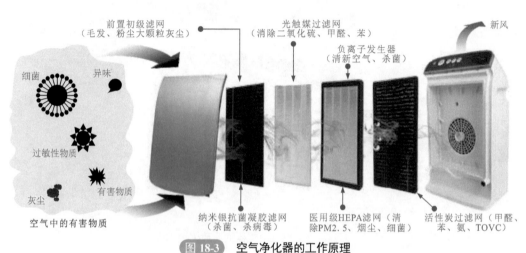

图 18-3 空气净化器的工作原理

空气净化器在室内的位置及所形成的气流如图 18-4 所示。

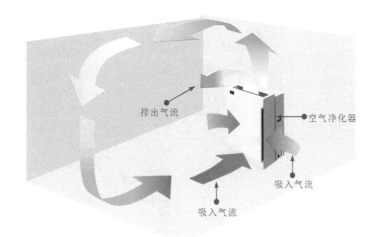

图 18-4　空气净化器在室内的位置及所形成的气流

图 18-5 为空气净化器的电路结构，它是由电源电路和系统控制电路两部分构成的。电源电路为空气净化器各功能部件及单元电路供电，而系统控制电路则主要实现对空气净化部件的工作管理，其电路外连接有传感器，随时向系统控制电路传送当前的环境信息，以便系统控制电路自动工作。

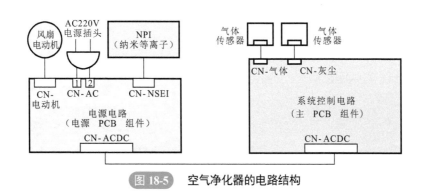

图 18-5　空气净化器的电路结构

18.2

空气净化器的维修方法

18.2.1　电动机的维修方法

如果空气净化器在运行过程中出现不转或转速不均匀、运转噪声等情况，应对电动机进行检查。图 18-6 为空气净化器风扇和电动机的拆卸方法。

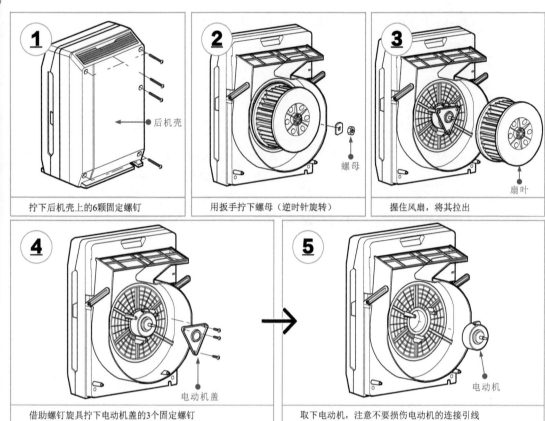

1 拧下后机壳上的6颗固定螺钉

后机壳

2 用扳手拧下螺母（逆时针旋转）

螺母

3 握住风扇，将其拉出

扇叶

4 借助螺钉旋具拧下电动机盖的3个固定螺钉

电动机盖

5 取下电动机，注意不要损伤电动机的连接引线

电动机

图 18-6　风扇和电动机的拆卸方法

　　空气净化器的电动机多采用单相交流电动机。如图 18-7 所示，检测时，使用万用表分别检测电动机任意两接线端的阻值，其中两组阻值之和应基本等于另一组阻值。

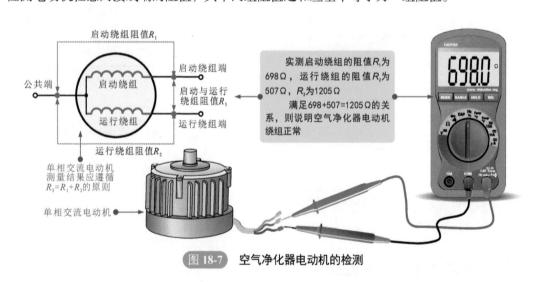

启动绕组阻值R_1

公共端

启动绕组

运行绕组

启动绕组端

启动与运行绕组阻值R_3

运行绕组端

运行绕组阻值R_2

单相交流电动机测量结果应遵循$R_3=R_1+R_2$的原则

单相交流电动机

实测启动绕组的阻值R_1为698Ω，运行绕组的阻值R_2为507Ω，R_3为1205Ω

满足698+507=1205Ω的关系，则说明空气净化器电动机绕组正常

图 18-7　空气净化器电动机的检测

　　若检测时发现某两个接线端的阻值趋于无穷大，则说明电动机绕组中有断路的情况。若三组测量值不满足等式关系，则说明电动机绕组可能存在绕组间短路的情况。此时需要对电

动机进行更换。

18.2.2 灰尘传感器的维修方法

图 18-8 是灰尘检测传感器的电路单元，可检测空气中灰尘的含量，PM2.5 检测传感器是检测微颗粒灰尘的传感器。它将检测值变成电信号作为空气净化器的参考信息，经控制电路对净化器的各种装置进行控制，如风量和风速的控制及电离装置的控制。

若灰尘传感器脏污，会触发报警状态，此时应进行检查和清洁。灰尘传感器装在空气净化器左侧下部，打开小门即可看到。使用干棉签清洁镜头，注意操作时应断开电源。如果灰尘覆盖镜头，则传感器会失去检测功能。拆卸传感器盖板，清洁传感器镜头的方法如图 18-9 所示。

图 18-8　灰尘检测传感器的电路单元

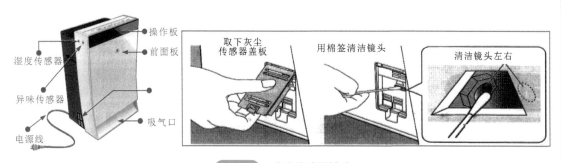

图 18-9　清洁传感器镜头

18.3

空气净化器常见故障检修

18.3.1 空气净化器能正常开机，但显示屏显示失常的故障检修实例

故障表现：

空气净化器通电开机正常，但显示屏显示失常。

故障分析：

空气净化器开机能进入工作状态，只有显示屏显示失常，可能是显示屏和触摸键电路板故障。按图 18-10 所示，对该电路板进行拆卸检查。

经查，电路板损坏，选择同型号电路板代换，故障排除。

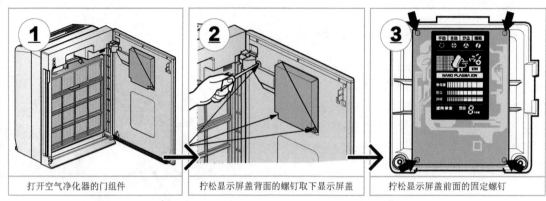

| ① 打开空气净化器的门组件 | ② 拧松显示屏盖背面的螺钉取下显示屏盖 | ③ 拧松显示屏盖前面的固定螺钉 |

图 18-10 显示屏和触摸键电路板的拆卸检查

18.3.2 空气净化器能正常工作，但出风伴随有异味的故障检修实例

故障表现：

空气净化器通电开机正常，也能正常工作，但出风总伴随有异味。

故障分析：

根据故障表现，说明空气净化器各单元电路工作正常，各功能部件也能正常工作。所以应重点对空气净化器内的滤网进行检查，可能是滤网不清洁所致。

按图 18-11 所示，先切断电源，然后对空气净化器中的滤网进行拆卸。

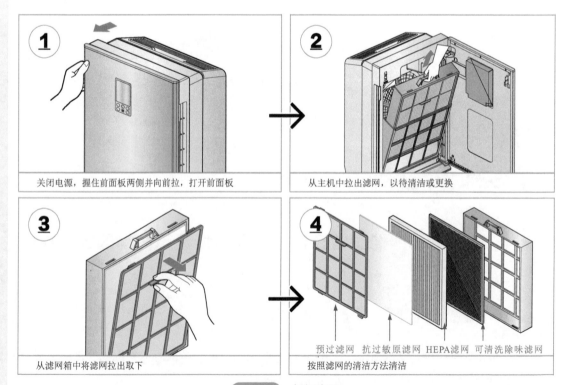

| ① 关闭电源，握住前面板两侧并向前拉，打开前面板 | ② 从主机中拉出滤网，以待清洁或更换 |
| ③ 从滤网箱中将滤网拉出取下 | ④ 预过滤网 抗过敏原滤网 HEPA滤网 可清洗除味滤网　按照滤网的清洁方法清洁 |

图 18-11 拆卸滤网

滤网的清洁与更换如图 18-12 所示。

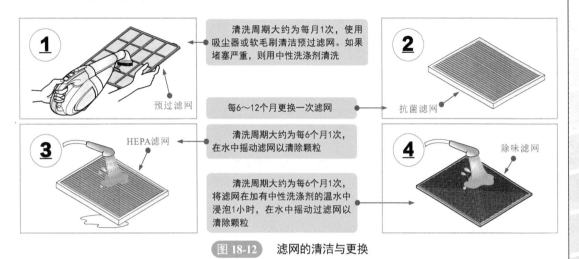

1 清洗周期大约为每月1次，使用吸尘器或软毛刷清洁预过滤网。如果堵塞严重，则用中性洗涤剂清洗

预过滤网

2 抗菌滤网

每6~12个月更换一次滤网

3 HEPA滤网 清洗周期大约为每6个月1次，在水中摇动滤网以清除颗粒

清洗周期大约为每6个月1次，将滤网在加有中性洗涤剂的温水中浸泡1小时，在水中摇动过滤网以清除颗粒

4 除味滤网

图 18-12　滤网的清洁与更换

注意，滤网清洁后一定要晾干，不可直接装入机器，否则会因潮湿引发电路故障，或者因为潮湿霉变导致异味再次产生。

第 19 章

加湿器维修

19.1

加湿器的结构原理

19.1.1 加湿器的结构特点

加湿器是一种用于增加环境湿度的电器产品。常见的加湿器主要可分为超声波型加湿器、直接蒸发型加湿器和热蒸发型加湿器。

（1）超声波型加湿器

超声波型加湿器采用超声波技术进行雾化，利用超声波换能器件，将水雾化为 1 ~ 10μm 的超微粒子，通过风扇将水雾扩散到空气中，使空气湿度增加并伴有丰富的负离子。

超声波型加湿器大都由两个大件构成，即上部的储水罐和底部的超声波产生电路及雾化器，整机结构如图 19-1 所示。电路板、超声雾化器都安装在下部底座内，同时在两体的衔接处设有水罐检测开关，如水罐没装好，则电路不会工作。在水罐内还设有水位检测开关，如果无水或水位很低，则电路也不能工作。水位检测多采用永磁体和干簧管（开关）组合来完成。永磁体浮在水中，随着水的减少，永磁体会随水向下移动。水快干时，由于永磁体的移动使干簧管开关断开，使振荡电路停振进行保护，待重新加水后，振荡电路又恢复正常工作。

① 超声波雾化器　超声波型加湿器采用超声波雾化器作为加湿器的主要器件。图 19-2 是超声波雾化片。它是一个压电陶瓷片，固有振荡频率约为 1.7MHz。当振荡电路产生的振荡信号加到雾化片的两极时，会激励陶瓷片产生强烈的机械振荡，将水击打成雾，水雾被风扇吹出到室内空气中，使空气中的湿度增加。

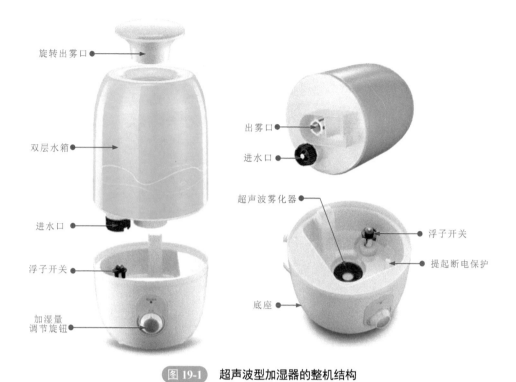

旋转出雾口

双层水箱

进水口

浮子开关

加湿量
调节旋钮

出雾口

进水口

超声波雾化器

浮子开关

提起断电保护

底座

图 19-1　超声波型加湿器的整机结构

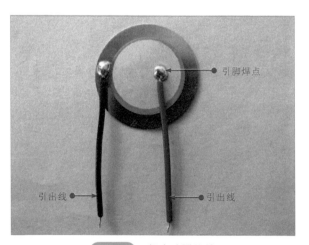

引脚焊点

引出线

引出线

图 19-2　超声波雾化片

② 振荡电路　为超声雾化片提供振荡信号的电路通常是一个振荡电路单元，是由直流电源供电的晶体管振荡器，可以产生几十伏至 200V 的振荡电压。振荡晶体管和雾化片都需要散热，因而都应安装到散热片上，以保证能长期正常的工作。为振荡电路提供电源（直流电压）的电路是一个开关电源，被制作在一个独立的电路板上，其结构如图 19-3 所示。

（2）直接蒸发型加湿器

直接蒸发型加湿器是通过分子筛蒸发技术，除去水中的钙、镁离子，再通过水幕洗涤空气，在将空气加湿的同时还对空气进行净化，借助风扇使水雾扩散到空气中，增加空气的湿度。

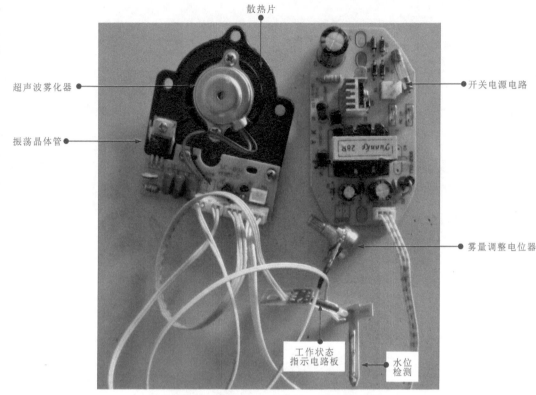

散热片

超声波雾化器

振荡晶体管

开关电源电路

雾量调整电位器

工作状态指示电路板

水位检测

图 19-3　超声波型加湿器的开关电源电路板

图 19-4 是直接蒸发型加湿器（净化膜加湿器）的结构。由图可见，直接蒸发型加湿器的核心部件是一个由湿膜材料制成的蒸发膜，通过循环水泵，将水送到直接蒸发型加湿器顶部的水分配器，将水均匀分配到蒸发膜上，水从蒸发膜上向下渗透，被蒸发膜吸收成均匀的水膜，当干燥的空气被风机吸入直接蒸发型加湿器时，一部分水与空气接触吸热，并发生汽化，使空气的湿度增加。

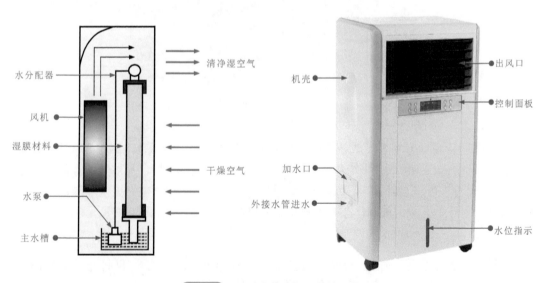

水分配器

清净湿空气

风机

湿膜材料

水泵

干燥空气

主水槽

机壳

出风口

控制面板

加水口

外接水管进水

水位指示

图 19-4　直接蒸发型加湿器的结构

（3）热蒸发型加湿器

热蒸发型加湿器是采用电热的方式将水加热到100℃使水汽化，再利用风扇将蒸汽扩散到空气中去，从而增加空气的湿度。热蒸发型加湿器耗能较大，加热后容易产生结垢。

图19-5是热蒸发型加湿器的基本结构。

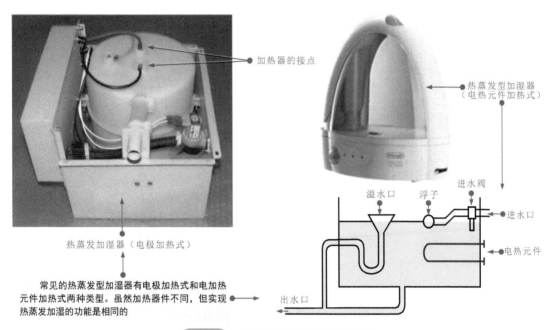

加热器的接点

热蒸发型加湿器
（电热元件加热式）

溢水口　浮子　进水阀
进水口
电热元件

出水口

热蒸发加湿器（电极加热式）

常见的热蒸发加湿器有电极加热式和电加热元件加热式两种类型。虽然加热器件不同，但实现热蒸发加湿的功能是相同的

图 19-5　热蒸发型加湿器的基本结构

由图可见，加热元件安装在热蒸发型加湿器的主机中，上部水罐内的水通过进水阀流入，热蒸发型加热器所产生的水蒸气通过喷雾口喷出。

热蒸发型加湿器（也可称为电热式加湿器）是采用电能对水加热而成为雾的加湿器。电流具有热效应，当电流流过电阻（加热元件）时，由于电阻消耗电能而生热，电能被转换成热能，将加热元件浸入水中，加热元件所产生的热量会对水加热，使水沸腾变成蒸汽，蒸汽被吹入空气中会使空气的湿度增加，这就是热蒸发型加湿器的基本原理。

此外，为了适应不同的环境要求，厂商开发了很多各具特色的加湿器，以满足人们的需要。

19.1.2　加湿器的工作原理

加湿器的整机工作过程即在控制部件或电路的作用下，利用特定的功能部件（如超声波雾化器、分子筛蒸、加热元件等）将水雾化后喷出。

图19-6是典型超声波型加湿器的电路原理图。该电路主要由电源供电电路、水位检测和控制电路及振荡电路和超声波雾化器B等部分构成。

① 电源供电电路　交流220V电源经电源开关S1后为降压变压器T1和风扇电动机M供电。降压变压器的次级绕组输出约50V的交流电压，经桥式整流电路VD1～VD4形成约60V的脉动直流电压。该电压经熔断器FU（1A）、C3滤波后为振荡控制电路供电。

② 水位检测和控制电路　水位检测采用探针式，a、b两探针位于水罐中。若水罐中有水，

则 a、b 两探针之间导通，三极管 V2 和 V3 由于基极电流的作用而导通，电源正极经 R3 和
V3 及 L3、R3 为振荡三极管 V1 基极提供偏压。

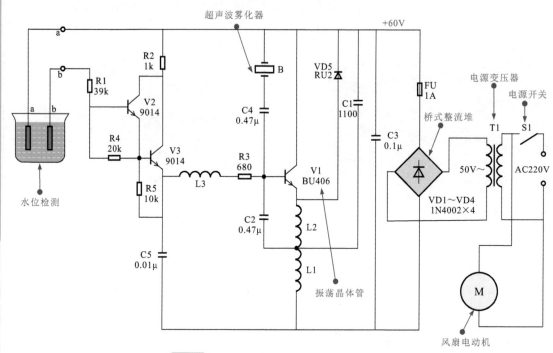

图 19-6 典型超声波型加湿器的电路原理图

若水罐中无水，则 a、b 两探针之间绝缘，V2 无基极电流而截止，V3 也截止，振荡三极
管 V1 的基极无偏压而停止工作。

③ 振荡电路　振荡电路是由三极管 V1 及外围元器件构成的电容式三点振荡器。当三极
管 V2、V3 导通时，电源经 R2 和三极管 V3 为振荡三极管 V1 的基极提供基极偏压，使振荡
电路开始振荡。

该振荡电路是一种自激式振荡电路，振荡频率通常为 1.7MHz。振荡信号由 V1 基极输出
经 C4 加到超声波雾化器 B 上，雾化器将水雾化，使水变成水雾扩散到空气中。加湿器中的
电动机带动扇叶旋转，将水雾从加湿器中吹出。

ZS2-45 型加湿器的电路结构如图 19-7 所示。由图可见，它也是由电源供电电路、水位
检测和控制电路、振荡电路和超声波雾化器 B 等部分构成的。

① 电源供电电路　交流 220V 电压经过电源开关 SW1 为风扇电动机和降压变压器 T 供电，
经降压变压器降压后，由次级绕组输出 38V 的交流低压，再经桥式整流电路（VD1 ～ VD4）
变成直流低压。该电压经保险电阻 FR（0.5Ω）和 C1（47μF）滤波后为振荡电路供电。

② 振荡电路　振荡电路的核心是以三极管 V1（BU406）为核心的超声波振荡电路。振
荡电路的输出加到超声波雾化器 B 的两端上。

③ 水位检测和雾量控制电路　电源电路中整流和滤波后的直流电压（约为 +45V）经 R1
和 RP1 分压后，再经过可变电阻 RP2 得到一个直流电压。该电压经水位检测开关（干簧管）
为振荡电路（V1）供电。

有水时，干簧管内的开关接通，有偏压加到振荡三极管 V1；若无水，则干簧管内的开关断开，无偏压加给振荡三极管 V1，V1 不工作。

图 19-7 中，RP1 是振荡偏压调整电位器。若 RP1 上调，偏压升高，则振荡幅度增强；反之，振荡幅度减弱，可根据用户的需要对雾量进行微调。VD5 跨接在振荡三极管 V1 的集电极和发射极之间，可吸收振荡时发射极产生的正向脉冲，起保护作用。

典型加湿器电路的结构原理

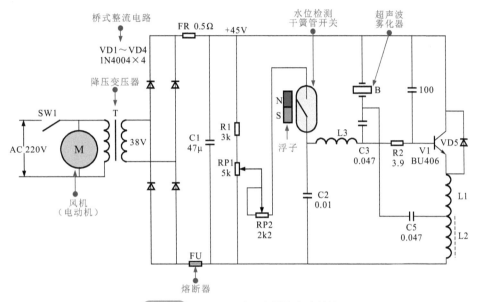

图 19-7 **ZS2-45 型加湿器的电路结构**

19.2

加湿器的检修方法

19.2.1 加湿器电源电路的检修方法

加湿器的电源电路多采用变压器降压、桥式整流电路（4 个整流二极管）整流、电容器滤波的方式输出直流电压，为振荡电路供电。若开机全无动作，指示灯不亮，则应检测电源电路中的各主要部件。

（1）降压变压器的检修方法

降压变压器正常工作时，输入端电压一般为交流 220V 电压，输出电压为交流低压，有的为 38V、有的为 50V、有的为 90V。

降压变压器一般可采用在路检测电压或开路检测绕组阻值的方法判断好坏。

在路检测时，可检测输入交流电压是否为 220V，输出电压是否为交流 38V 或 50V 或 90V。若输入正常，无输出或输出不正常，则变压器损坏。

开路检测时，即用万用表的电阻挡检测变压器初级绕组和次级绕组的阻值，如图 19-8 所示。

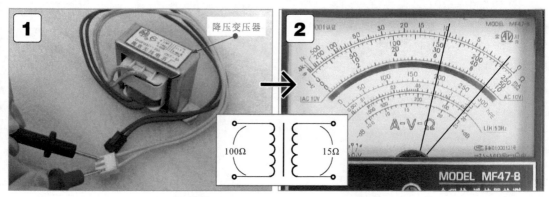

图 19-8　变压器开路检测绕组阻值的方法

将万用表的量程调至"×10"欧姆挡，红、黑表笔分别搭在初级绕组、次级绕组引出线的两个触点上。

本例中，实际测得初级绕组的阻值为 100Ω，次级绕组的阻值为 15Ω，正常。

提示说明

在一般情况下，初级绕组的阻值为 100Ω 左右，次级绕组的阻值为几欧姆到十几欧姆。如果出现断路或短路情况，则属不正常。

（2）整流二极管的检修方法

整流二极管的故障判别方法可以在加电的条件下检测整流电路的输出。一般可在滤波电容器的两端检测桥式整流电路的输出电压。有交流输入，则有直流电压输出（若整流电路输入为交流 38V，则输出约为直流 40V）。若无输出，则整流电路有故障。

判断整流二极管的好坏还可以将整流二极管从电路板上取下来，用万用表的电阻挡（×1k 欧姆挡）检测正、反向阻值，通常正向阻值为 3 ~ 10kΩ，反向阻值为无穷大。如果检测不符合此值，则表明整流二极管有故障，应更换同型号的二极管。

（3）滤波电容器（电解电容器）的检修方法

滤波电容器的好坏可以通过检测其充、放电的特性进行判断。借助指针万用表（×1k 欧姆挡）检测电容器的两引脚时，指针会向右偏摆，然后又向左偏摆到一定的位置。

如果检测时偏摆角度很小，并停留在电阻值较小的位置上，则表明该滤波电容器漏电严重。如果停留在电阻值很大的位置上，则表明该滤波电容器内的电解液已干枯或断路。这两种情况都应更换电容器。

19.2.2　加湿器超声波雾化器的检修方法

超声波雾化器是超声波型加湿器的核心部件。若供电正常、显示正常，而无水雾喷出，则往往是由于雾化器有故障，可用万用表检测阻值的方法判断好坏，如图 19-9 所示。

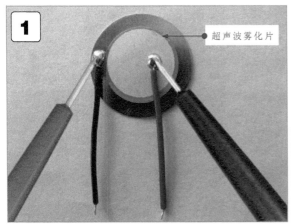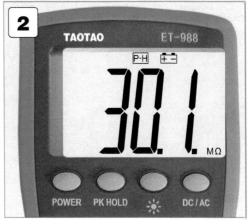

图 19-9 超声波雾化器的检测方法

调整万用表量程，将红、黑表笔分别搭在超声波雾化器的两个焊点或引出线上。

本例中，实际测得超声波雾化器的阻值为 30MΩ，正常。若测得阻值过小，则可能是超声波雾化器内部损坏，应更换。

提示

雾化器是由外壳固定架和压电陶瓷片等部分构成的。通常，陶瓷片碎裂、损坏、脱胶、焊点脱落、引线断路等都需要更换新品。

19.2.3　加湿器振荡三极管的检测方法

在加湿器电路中，振荡三极管多采用 NPN 型三极管 BU406，它是一种大功率三极管，集电极与发射极间的耐压不低于 200V，I_C=7A，f_t=10MHz，P=60W，有些电路对耐压要求会更高。

判别加湿器电路中振荡三极管的好坏时，可用万用表的电阻挡（×1k 欧姆挡）测量基极与集电极和发射极之间阻值，如图 19-10 所示。

将黑表笔搭在振荡三极管的基极（b），红表笔搭在集电极（c）上，检测 b-c 极之间的正向阻值。

实测 b-c 极之间的正向阻值为 4.5kΩ，属于正常范围。调换表笔位置，检测 b-c 极之间的反向阻值为无穷大。

将黑表笔搭在 NPN 型三极管的基极（b），红表笔搭在发射极（e）上，检测 b-e 极之间的正向阻值。

实测 NPN 型三极管 b-e 极之间的正向阻值为 8kΩ，正常。调换表笔测其反向阻值为无穷大，正常。

加湿器振荡晶体管的检测

通常，BU406 三极管的基极与集电极之间有一定的正向阻值（3～10kΩ），反向阻值为无穷大；基极与发射极之间有一定的正向阻值（3～10kΩ），反向阻值为无穷大；集电极与发射极之间的正、反向阻值均为无穷大。

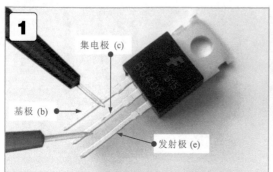

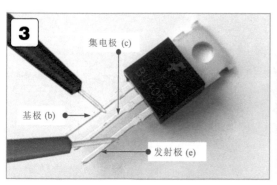

图 19-10　振荡三极管 BU406 的检测方法

19.3

加湿器常见故障检修

19.3.1　加湿器雾化失常的故障检修实例

故障表现：

加湿器开机供电正常，显示正常，但无水雾喷出。

故障分析：

根据故障表现，怀疑超声波雾化器故障，对超声波雾化器进行检测，发现性能良好。继续对相关的振荡电路部分进行检测。图 19-11 为加湿器的超声波雾化器和振荡电路板。

区分雾化器有问题还是振荡电路有故障最直接的方式是检查振荡电路输出的信号波形，正常的信号波形幅度可达 100～200V。

若无信号波形，再进一步检查振荡三极管和为振荡电路供电的电源，特别是为振荡三极管提供基极偏压的电路。雾化量调整电位器损坏也会引起电路不振荡的故障，若不良，则应当更换。

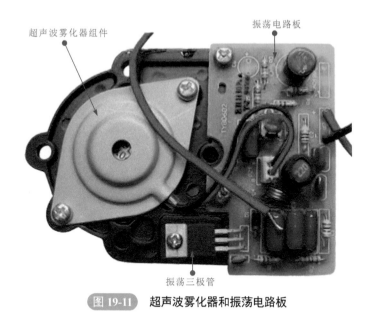

超声波雾化器组件

振荡电路板

振荡三极管

图 19-11　超声波雾化器和振荡电路板

19.3.2　加湿器不工作的故障检修实例

故障表现：

加湿器开机，无反应，不能正常工作。

故障分析：

加湿器开机无反应，怀疑开关电源电路故障。

对开关电源电路板进行检测。先断开输出引线插头，接通交流 220V 电源，检查直流输出。该电源有两组直流输出：一组输出 +12V，为风扇电动机供电；另一组输出 +38V 或 +45V，为振荡电路供电。

若只有一路输出正常，则为另一组次级输出部分的整流二极管或滤波电容器不良，应进一步检查相关的整流二极管和滤波电容器。

若两路直流输出均为 0V，则表明开关振荡电路或 +300V 整流滤波电路有故障。这种情况可先检查 +300V 滤波电容器两端是否有 +300V 直流电压，若无电压，则检查交流 220V 输入线或桥式整流电路（整流二极管）。

如果桥式整流输出电压 +300V 正常而无直流输出，则应重点检查开关晶体管。

经查，开关晶体管损坏，可用同型号或性能更好的场效应晶体管代换，故障排除。

第 20 章

榨汁机维修

20.1 榨汁机的结构原理

20.1.1 榨汁机的结构特点

如图 20-1 所示，榨汁机是粉碎水果或蔬菜等的机器，借助电动机的动力带动粉碎刀头的旋转，将水果或蔬菜粉碎并压榨成新鲜可口的果汁或蔬菜汁，有些还可以制作豆浆或粥类。

图 20-1 榨汁机的整机结构

图 20-2 为榨汁机的结构分解图。它是由压棒、加料筒、上盖、过滤网（带刀具）、汁液收集器、果汁喷嘴、果渣储罐和主机等部分构成的。主机上设有两个锁扣，上盖、过滤网和

汁液收集器安装到主机后，用于将它们与主机锁定为一体，防止松脱。主机上还设有操作开关，可选择速度、定时等功能。

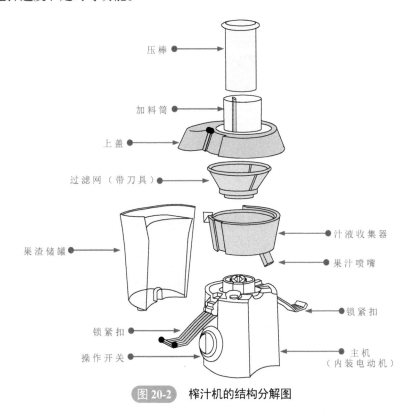

压棒

加料筒

上盖

过滤网（带刀具）

果渣储罐

锁紧扣

操作开关

汁液收集器

果汁喷嘴

锁紧扣

主机
（内装电动机）

图 20-2 榨汁机的结构分解图

20.1.2 榨汁机的工作原理

图 20-3 是典型榨汁机的电路结构，是由单相串励式交流电动机和调速开关等部分构成的。此外，在杯体与主机的连接部分设有压力安全开关（杯盖压力开关）SP，若杯盖没盖好，则 SP 开关不能接通，实现安全保护。

该电路设有三个调速开关控制电动机的转速。若接通高速开关，则交流 220V 电源接通后全压为电动机供电。若接通低速开关，则电源经整流二极管 VD1 半波整流后为电动机供电，电源只有一半的能量加给电动机，因而电动机的转速也大约降低 1/2。若接通点动开关，则按下开关，电动机高速旋转，松开开关，电动机停转。

该电路采用的电动机为单相串励式交流电动机，两个定子绕组通过电刷和整流子为转子绕组供电形成串联式结构。在定子绕组中还串接两只正温度系数（PTC）的热敏电阻器。在工作过程中，若绕组温度上升，则会使热敏电阻器的阻值变大，使流过电动机绕组的电流减小，速度降低，实现自我保护，待冷却后，仍能正常工作，可有效防止电动机损坏。

有些榨汁机还设有杯体位置开关，若杯体放置不到位，如杯体倾斜等，则开关也不能接通，电动机不转，实现安全保护。杯盖压力开关和杯体位置开关是实现榨汁机安全保护的开关装置。

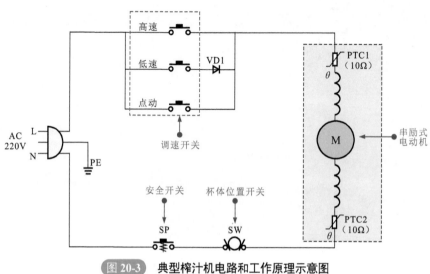

图 20-3　典型榨汁机电路和工作原理示意图

20.2

榨汁机的维修方法

20.2.1　榨汁机限温器的维修方法

图 20-4 为限温器的结构。限温器又称热保护开关，常用于电动机的过热保护。当电动机的温度过高时，限温器会将电路断开，停止工作，以免过热烧坏电动机；当温度降至正常范围时，电路又恢复接通，进入正常的工作状态。

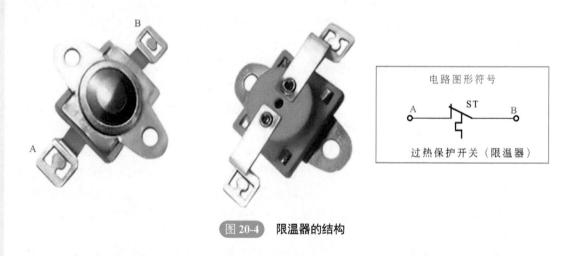

图 20-4　限温器的结构

图 20-5 为限温器的检测方法。可使用万用表检测限温器两引脚端的阻值，正常情况下，阻值应为零。若无限大，说明限温器故障，需要更换。

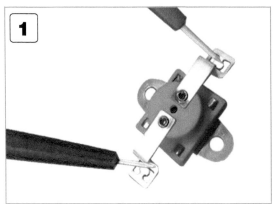

图 20-5　限温器的检测方法

![提示说明]
提示说明

　　限温器（热保护开关）有两种：一种是可自动恢复功能的器件，当温度降低后，自动恢复接通状态，设备能自动恢复功能；另一种是不能自动恢复功能的器件，需要靠人工复位。榨汁机多采用具有自动恢复功能的限温器。

20.2.2　榨汁机控制开关的维修方法

　　定时器开关的维修方法：定时器有两根引线，定时操作后，两根引线之间短路，可为设备供电,定时器到预定时间后,两根引线之间断路,停止为设备供电。判别定时器是否正常工作,可使用万用表检测两根引线之间的电阻。如图 20-6 所示，操作定时器时，两根引线之间短路（阻值为 0Ω），定时器复位后，两根引线之间的阻值为无穷大。

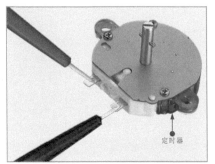

操作定时器时，所测阻值为0Ω　　　　　定时器　　　　　定时器复位后，所测阻值为无穷大

图 20-6　定时器开关的维修方法

20.2.3　榨汁机电动机的维修方法

　　当榨汁机中的电动机内部出现断路、短路的情况时，会造成榨汁机不工作的故障，一般

可用检测电动机电刷之间的阻值判断性能的好坏。

图 20-7 为用万用表检测电动机的方法。检测时，拨动电动机的转子，在正常情况下，万用表的指针会有相应的摆动情况。如万用表指针无反应，则说明电动机已经损坏。

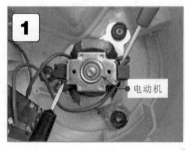

图 20-7 用万用表检测电动机的方法

 提示说明

由于电动机的绕组连接电源供电端，因此还可以通过检测电路中两根供电引线之间的阻值（绕组之间的阻值）判断电动机绕组是否正常。一般榨汁机中切削电动机绕组的阻值有几十至几百欧姆。

20.3
榨汁机常见故障检修

20.3.1 榨汁机榨汁晃动严重的故障检修实例

故障表现：

榨汁机通电后，工作不正常，时而出现晃动的情况。

故障分析：

根据故障现象分析，可知榨汁机的切削电动机可以运转。因此，可以排除切削电动机损坏的可能。榨汁机在搅拌的过程中出现晃动的情况，一般是由于切削搅拌杯与机座连接不良或切削电动机的底部固定不良所造成的。

通过分析可知，该榨汁机存在安装的问题，因此，需将该榨汁机的外壳进行拆卸。

拆开榨汁机后，对榨汁机重新通电检查后，发现榨汁机依旧出现晃动的情况。此时，则需检查榨汁机的切削电动机的固定是否良好。

拧下榨汁机的底盖固定螺钉后，即可将榨汁机的底盖取下，进而检查切削电动机。

检查榨汁机的切削电动机时，晃动切削电动机，发现切削电动机的安装并不稳固。将切削电动机的固定螺钉拧下后，发现其中有两个固定点断裂，如图 20-8 所示。使用强力的胶水将固定点黏结，故障排除。

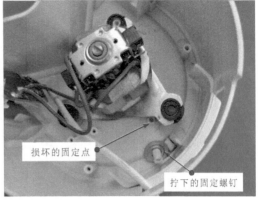

拧下切削电动机
的固定螺钉

损坏的固定点

拧下的固定螺钉

图 20-8　切削电动机固定点断裂

20.3.2　榨汁机不启动的故障检修实例

故障表现:

榨汁机通电后,转动榨汁机的启动开关至 1 挡,榨汁机无反应。

故障分析:

榨汁机启动后不工作,可能是由开关组件或切削电动机损坏所引起的。打开榨汁机的底盖后,检查电动机的两个电刷是否有磨损的情况,电刷的连接是否良好,如图 20-9 所示。切削电动机的外观正常,应重点检查榨汁机的开关组件。

检查搅拌电动机

电刷连接线
连接良好

图 20-9　检查切削电动机

检修开关组件时,主要通过检测开关组件的电源开关和启动开关,由开关组件的不同工作状态,检测其内部的连接情况。

如图 20-10 所示,旋转启动开关至 1 挡,检测此时启动开关的阻值。

经检测发现,启动开关处于 1 挡时,开关焊点之间的阻值为 0Ω,说明启动开关正常。此时,需检测电源开关,如图 20-11 所示。

启动开关处于 1 挡时,电源开关的阻值应为 0Ω。电源开关测得阻值为无穷大,该结果说明,电源开关内部的触片并没有接通。将电源开关取下后,按下电源开关的按钮,检测此时电源开关的阻值,如图 20-12 所示。

经检测,电源开关的触片接触正常,可以判断为按压装置与电源开关的接触不良。将开关组件拆下后,重新安装开关组件,如图 20-13 所示。

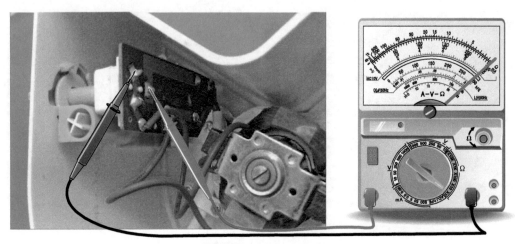

图 20-10　检测启动开关

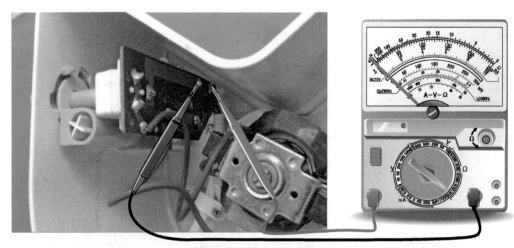

图 20-11　检测电源开关（1）

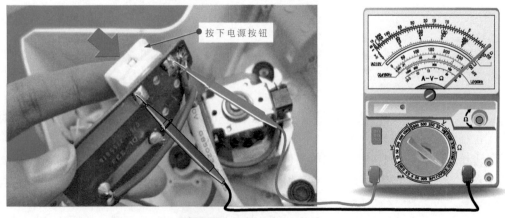

按下电源按钮

图 20-12　检测电源开关（2）

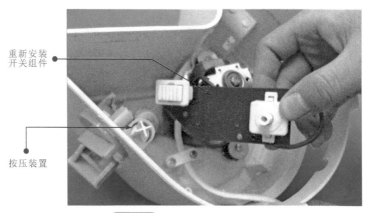

重新安装
开关组件

按压装置

图 20-13　重新安装开关组件

　　安装固定后，重新旋转启动开关至 1 挡，检测电源开关的阻值。经检测电源开关的阻值为 0Ω，故障排除。

第 21 章

豆浆机维修

21.1 豆浆机的结构原理

21.1.1 豆浆机的结构特点

豆浆机主要是由罐体、电动机驱动的刀头、加热器（管）、温度检测传感器（或温控器）、水位检测（防烧干功能）电极、防溢检测电极、电源供电电路、控制电路及操作显示电路等部分构成的。

豆浆机多采用交流 220V 供电。图 21-1 为豆浆机的基本结构，电路刀头和驱动电动机等多安装在豆浆机的上盖部分。

上盖

刀头电动机和控制电路位于上盖部分

不锈钢罐体

图 21-1　豆浆机的基本结构

图 21-2 为典型豆浆机的电路板结构，是由控制电路板和操作显示板构成的。可以看到电源变压器、桥式整流器、三端稳压器、控制继电器、蜂鸣器、驱动晶体管、二极管、发光二极管（LED）、微处理器、运算放大器、门电路和计数分频器等主要组成部件。

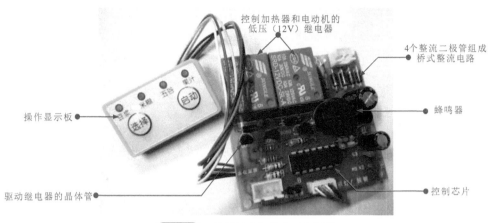

控制加热器和电动机的
低压（12V）继电器

4个整流二极管组成
桥式整流电路

操作显示板

蜂鸣器

驱动继电器的晶体管

控制芯片

图 21-2 典型豆浆机的电路板结构

21.1.2 豆浆机的工作原理

图 21-3 为豆浆机控制电路框图。这种电路是以微处理器芯片为核心的自动控制电路，温度检测、水位检测（下限检测防干烧、上限检测或称防溢检测）和控制（加热管、刀头电动机）都是由微处理器控制的。

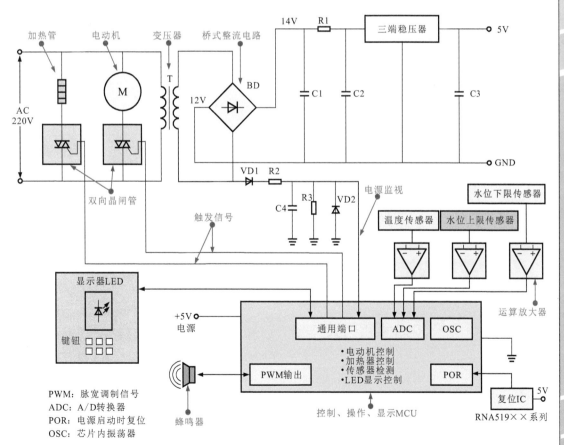

PWM：脉宽调制信号
ADC：A/D转换器
POR：电源启动时复位
OSC：芯片内振荡器

图 21-3 豆浆机控制电路框图

加热管和电动机接在交流 220V 供电电路中与双向晶闸管串联（或与继电器触点串联），双向晶闸管受微处理器的控制，微处理器输出触发脉冲加到双向晶闸管的触发端，控制双向晶闸管的导通状态。双向晶闸管导通，电动机或加热管得电工作。微处理器根据电源的过零脉冲输出触发脉冲。

（1）电源电路

交流 220V 电源经降压变压器 T 变成低压 12V，送至桥式整流堆 BD 交流输入端，经桥式整流后输出 +14V 的直流电压，再经 Π 形滤波后（RC），由三端稳压器输出稳定的 +5V 电压为微处理器供电。

（2）电源同步脉冲（过零脉冲）产生电路

电源变压器次级输出电压加到桥式整流电路 BD 的同时，经 VD1 整流和 R2 限流形成 100Hz 脉动直流电压作为电源同步基准信号（过零脉冲）送到微处理器中，微处理器根据过零脉冲的相位输出双向晶闸管的触发脉冲触发双向晶闸管，控制电动机或加热管的工作状态。

（3）微处理器及控制电路

微处理器是一种按照程序工作的智能控制集成电路，是由运算器、控制器、存储器和输入/输出接口电路等构成的。安装前，先将工作程序写入芯片中。图中的芯片主要由通用接口输出控制信号完成刀头控制和加热管的控制。

微处理器的 AD 接口电路接收温度传感器、水位上限传感器、水位下限传感器的信号，经过由运算放大器构成的外部接口电路为微处理器提供检测信息。

+5V 为微处理器提供电源，同时经复位芯片为微处理器提供复位信号，使微处理器清零。微处理器芯片内设有振荡器，可产生微处理器所需的时钟信号。

（4）操作显示电路

操作显示电路是由操作按键和显示电路构成的。操作按键为微处理器提供人工指令，用启动、加热、粉碎和停机等指令键输入指令信息。显示电路可采用发光二极管，也可采用液晶显示屏，用来显示豆浆机的工作状态。

21.2
豆浆机的维修方法

21.2.1 豆浆机加热器和打浆电动机的检修方法

（1）加热器的检修方法

豆浆机中的加热器（加热丝）通常被安装在金属管中，通过引线与供电线相连，也被称为加热管。一般家用豆浆机的加热器由交流 220V 供电，功率通常为 600 ～ 800W，阻值为 60 ～ 80Ω。注意，加热器在高温条件下的阻值与低温时不同。

检测时可使用数字万用表或模拟万用表，通常故障为烧断故障，检测后，再检测一下引线接头，看是否有连接不良的情况。

（2）打浆电动机的检修方法

豆浆机的打浆电动机通常采用单相串激式交流电动机，结构比较简单，如图21-4所示。主轴上安装粉碎刀头，在高速转动的情况下，将黄豆粉碎，因而对速度的准确性要求不高。检测时，可直接检测电源供电线之间的电阻看是否有短路或断路情况，此外用交流220V电源直接为电动机供电，电动机能正常运转，表明电动机正常。如转动不正常，则可检查连接点是否有污物，引线状态是否良好。

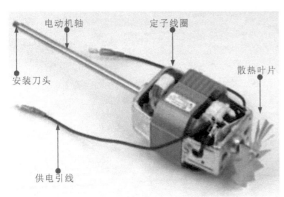
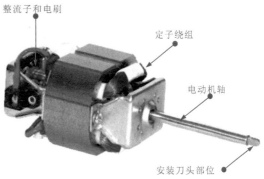

电动机轴　定子线圈　整流子和电刷　定子绕组

散热叶片　电动机轴

安装刀头

供电引线　安装刀头部位

图 21-4　打浆电动机的结构

21.2.2　豆浆机电源变压器的检修方法

豆浆机中都设有电源电路，以产生稳定的直流电压为控制电路供电。应用比较多的是串联式稳压电源，采用降压方式，将交流220V降压为10V或12V后再经稳压电路输出+12V或+5V。

降压变压器的结构如图21-5所示，由初级绕组和次级绕组构成。初级绕组接交流220V电压，阻值比较高，为几百欧姆，次级绕组输出交流低压（～10V、～12V），阻值比较低，为几欧姆到几十欧姆。用万用表检测阻值比较方便。如果出现短路或断路的情况，则表明有故障。将交流220V电源直接加到变压器初级绕组，在次级可以得到交流低压（～10V、～16V）。

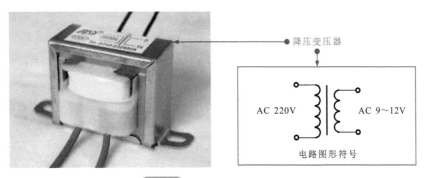

降压变压器

AC 220V　AC 9～12V

电路图形符号

图 21-5　降压变压器的结构

电压值不用很精确。如有交流低压输出，则表明正常。如无输出或输出偏离正常值太多，则表明不良，应更换新品。

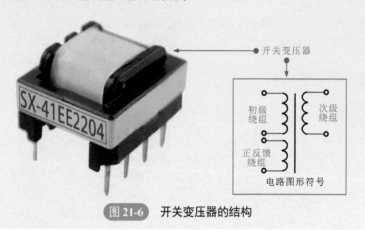

提示

有一些豆浆机采用开关电源，变压器为开关变压器，工作频率较高，多采用铁氧体铁芯。这种变压器的绕组比较多，代换时，注意引脚的排列及安装方向，如图 21-6 所示。检测时，通常检测各绕组的阻值，并观察表面状态，看是否有短路或断路状态。

图 21-6 开关变压器的结构

21.2.3 豆浆机继电器的检修方法

继电器是用于控制打浆电动机和加热器的器件，线圈绕组中有电流流过时，触点就会动作。如图 21-7 所示，有些继电器只有一组常开触点，应用比较多。还有一些继电器有一组常开触点、一组常闭触点。

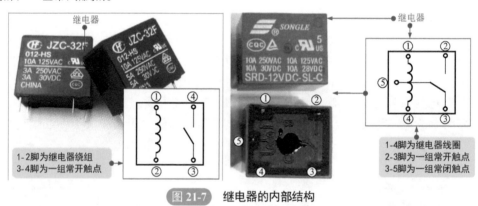

图 21-7 继电器的内部结构

21.3

豆浆机常见故障检修

21.3.1 豆浆机完全不动作的故障检修实例

故障表现：

美的 DJ12-BQ2 型开机后完全不动作。

故障分析：

（1）电源电路

美的 **DJ12-BQ2** 型豆浆机完全不动作的原因可能是电源电路有故障，图 21-8 为美的 DJ12-BQ2 型豆浆机的电路原理图。

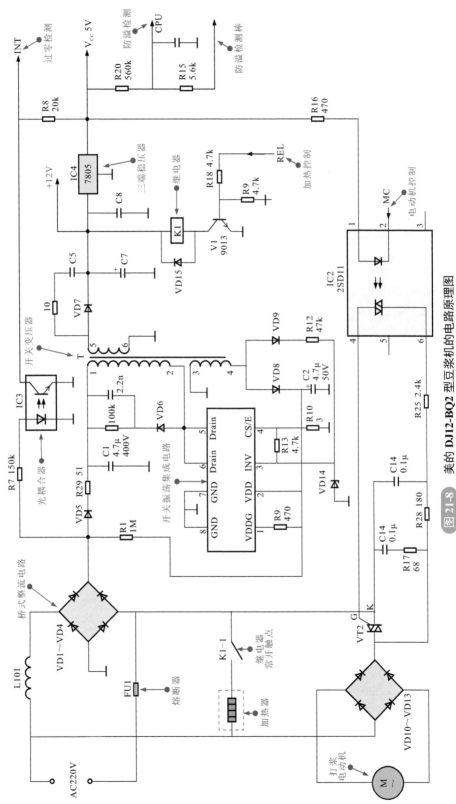

图 21-8 美的 **DJ12-BQ2** 型豆浆机的电路原理图

交流 220V 电压经电感器 L101 和熔断器 FU1 加到桥式整流电路（VD1 ～ VD4）整流形成 +300V 直流电压后，一路经 VD5、R29 加到开关变压器 T 的初级绕组，经初级绕组后加到开关集成电路的⑤脚、⑥脚。⑤脚、⑥脚内接开关管的漏极，同时 +300V 经启动电阻 R1 加到开关集成电路的电源端（VDD）提供启动信号，使开关集成电路进入振荡状态。开关变压器启振后，由开关变压器正反馈绕组的④脚输出经 VD8 整流后也加到开关集成电路的电源端（VDD），维持开关集成电路的振荡状态。开关变压器次级⑤脚的输出经 VD7 整流、C7 滤波后形成 +12V 电压为继电器 K1 供电。+12V 电压再经三端稳压器 IC4（7805）输出 +5V 电压为微处理器（CPU）供电。

（2）加热器控制电路

豆浆机加黄豆、加水（适量）后，接上电源进入待机状态，启动后，由微处理器（CPU）输出加热控制信号（REL）加到 V1 的基极，V1 导通，继电器 K1 线圈得电吸合，触点 K1-1 接通，加热器开始加热，直到温度至 80℃以上，加热停止，开始粉碎程序。

（3）粉碎程序

加热完成后，微处理器输出电动机控制信号（MC）（低电平）加到 IC2（光控晶闸管）的②脚，使 IC2 内的发光二极管发光，IC2 内的晶闸管导通，④脚输出脉冲信号。该信号作为双向晶闸管的触发信号加到触发端 G，使 V2 导通，触发信号的相位关系由 CPU 控制。电源同步信号由 IC3 产生，并送到 CPU 的过零检测端。V2 导通后，交流 220V 电源经桥式整流电路（VD10 ～ VD13）产生的直流电压加到打浆电动机的供电端，电动机高速旋转，粉碎黄豆。

豆浆机完全不动作应检查交流 220V 供电电路、开关电源电路和三端稳压器等部分。检查时应注意，该电路的开关振荡部分，包括 C1、C2、R10、VD14 的接地端都是带市电高压的，应区分带电的范围以防触电。

开关电源振荡电路部分的电压检测应以热区（开关变压器初级绕组及前级电路范围内为热地区域）内的地线为基准。开关电源的次级和微处理器控制电路的检测应以冷区（开关变压器次级绕组及后级电路范围为冷地区域）内的地线为基准。冷区内的电路与热区部分隔离，不带高压。

先检查三端稳压器的输入和输出电压，输入为 +12V，输出为 +5V。如果无 +12V 电压或很低，则表明整流管 VD7 或开关电源有故障。如果有 +12V、无 +5V，则表明三端稳压器部分有故障。

 提示

　　美的 DJ12-BQ2 型豆浆机不加热故障。豆浆机不加热应检查加热器、控制继电器 K1 及驱动三极管 V1，更换损坏的元器件。

　　美的 DJ12-BQ2 型豆浆机能加热但不打浆、电动机不转故障。豆浆机能加热但不打浆、电动机不转应检查电动机及驱动电路。该机的打浆驱动电路由光控集成电路 IC2、双向晶闸管及桥式整流电路控制，应先检查电动机本身，检查转子是否有卡死的情况、定子线圈及供电接头是否良好。如有不良的情况，应更换电动机。最后分别检查桥式整流电路、双向晶闸管及 IC2，更换损坏的元器件。

21.3.2　豆浆机不加热的故障检修实例

故障分析：

图 21-9 为比特豆浆机的电路原理图。该机是由运算放大器 LM324、门电路 CD4025 和计数分频器 CD4060 等电路构成的。检修前了解电路工作过程有助于分析故障原因。

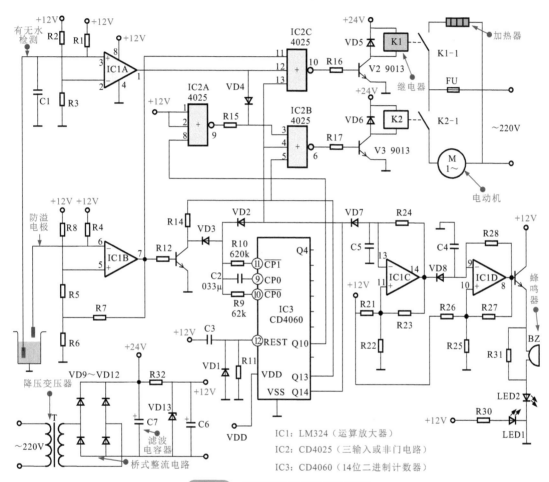

IC1：LM324（运算放大器）
IC2：CD4025（三输入或非门电路）
IC3：CD4060（14位二进制计数器）

图 21-9　比特豆浆机的电路原理图

（1）电源供电电路

交流 220V 经继电器触点 K1-1、K2-1 为打浆电动机 M 和加热器 EH 供电，继电器得电动作，电动机和加热器工作。

交流 220V 电源经降压变压器后，再经桥式整流电路 VD9 ～ VD12 整流后输出 +24V 为继电器供电，由 RC 滤波器滤波后输出 +12V 电压为控制电路供电。

（2）控制电路

豆浆机加电后，由两个运算放大器作为有水、无水检测（防干烧）和防溢出检测，豆浆机内放入适当比例的水和黄豆后，有水检测电极为低电平，则 IC1A 的①脚输出低电平，防溢电极悬空 IC1B 的⑦脚也输出低电平。IC3 的 Q14 也输出低电平，于是 IC2C 的三个输入端均为低电平，IC2C 的⑩脚输出高电平，使 V2 导通，K1 得电，K1-1 接通电源，加热器工作，如在加热过程中豆浆沸腾，防溢电极变为低电平，IC1B 的⑦脚变为高电平，使 IC2C 的⑫脚变为高电平，则 IC2C 的⑩脚变为低电平，V2 截止，继电器 K1 断电，加热器停止，在一定的时间内泡沫减少，加热器又会继续加热，直到 IC3 的 Q14 输出高电平，加热完成。

当加热完成后，IC3 的 Q10 输出高电平，使 IC2A 的⑨脚变为低电平，IC3 的 Q14、Q13 输出低电平时使 IC2B 的⑥脚输出高电平，使 V3 导通，继电器 K2 得电，K2-1 接通电源，打浆电动机工作。

IC3 的⑯脚为电源供电端，⑧脚为地端，12V 电源供电时经 C3、R11 为⑫脚提供复位信号，使电路清零，于是 IC3 的内部时钟振荡器开始工作。其时间常数电路接在⑨脚、⑩脚、⑪脚外部，Q4 ～ Q10、Q12 ～ Q14 为计数器的输出端，通过 Q10、Q13 和 Q14 输出的脉冲相位对加热器和电动机进行控制，完成豆浆机的自动控制功能。

豆浆机不加热。豆浆机不加热的故障原因可能是加热器断路、连接接头接触不良、继电器绕组及触点损坏、驱动晶体管 V2 损坏等，可分别进行检测。

故障检修：

检查加热器及接头，正常，加热器的电阻值约为 60Ω；检查继电器 K1，正常；检查晶体管 V2，发现晶体管被击穿，同时检查二极管 VD5（反峰脉冲吸收电路），被击穿。更换 V2，同时用 1N4007 更换 VD5 后，故障被排除。

第22章

吸尘器维修

22.1 吸尘器的结构原理

22.1.1 吸尘器的结构特点

图 22-1 为典型吸尘器的外部结构图。从外观上看，吸尘器的外部是由电源线收卷控制按钮、吸力调整旋钮、电源开关、电源线、脚轮、提手以及软管等构成。

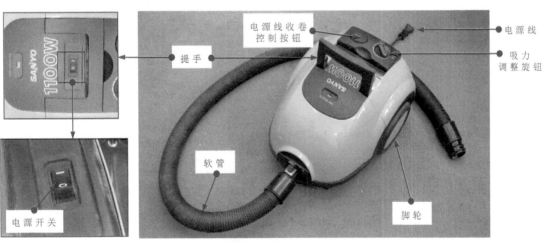

图 22-1 吸尘器外部结构

吸尘器的结构特点

　　打开吸尘器的外壳后，可以看到吸尘器的内部结构，如图 22-2 所示，吸尘器的内部由涡轮式抽气机、卷线器、制动装置、集尘室、集尘袋、电路板等构成。

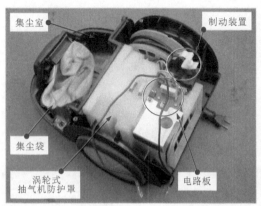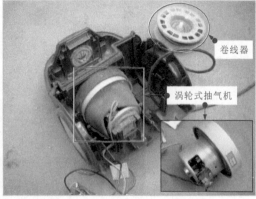

图 22-2　吸尘器的内部结构

22.1.2　吸尘器的工作原理

　　图 22-3 为典型吸尘器的工作原理示意图。当吸尘器通电按下工作按钮后，内部抽气机高速旋转，吸尘器内的空气迅速被排出，使吸尘器内的集尘室形成一个瞬间真空的状态。在此时由于外界气压大于集尘室内的气压，形成一个负压差。使得与外界相通的吸气口会吸入大量的空气，随着空气的灰尘等脏污一起被吸入吸尘器内，收集在集尘袋中，空气可以通过滤尘片排出吸尘器，形成一个循环，只将脏污收集到集尘袋中。

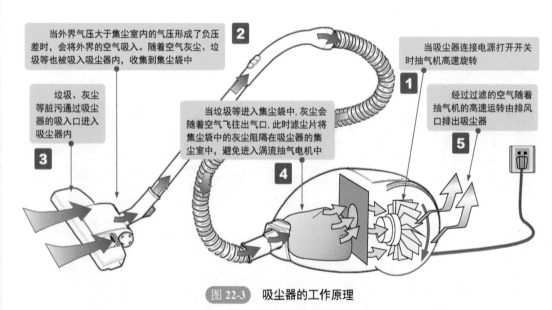

图 22-3　吸尘器的工作原理

　　图 22-4 所示为 SANYO 1100W 型吸尘器电路原理图。

　　可以看到，交流 220V 电源经电源开关 S 为吸尘器电路供电，交流电源经双向晶闸管 VT 为驱动电机提供电流，控制双向晶闸管 VT 的导通角（每个周期中的导通比例），就可以控制提供给驱动电机的能量，从而达到控制驱动电机速度的目的。双向晶闸管 T_2 和 T_1 极之间可以双向导通，这样便可通过交流电流。

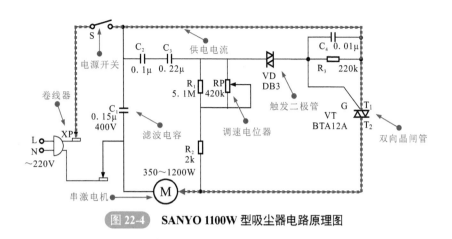

图 22-4　SANYO 1100W 型吸尘器电路原理图

由于双向晶闸管接在交流供电电路中，触发脉冲的极性必须与交流电压的极性一致。因而每半个周期就需要有一个触发脉冲送给 G 极。

控制导通周期的是电位器 RP，调整 RP 的电阻值，可以调整双向二极管（触发二极管）的触发脉冲的相位，就可实现驱动电机的速度控制。如果导通周期长，则驱动电机得到能量多，速度快，反之，则速度慢。

22.2 吸尘器的维修方法

22.2.1 电源开关的维修方法

电源开关是控制吸尘器工作状态的器件。若电源开关发生损坏，可能会导致吸尘器不运转或运转后无法停止。可以使用万用表检测其阻值，当电源开关处于开启状态时，阻值应当为零；当电源开关处于关闭状态时，阻值应当为无穷大。电源开关的检修方法如图 22-5 所示。

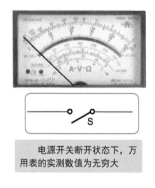

电源开关断开状态下，万用表的实测数值为无穷大

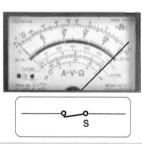

电源开关闭合状态下，万用表的实测数值为零

图 22-5　电源开关的检修方法

22.2.2　启动电容的维修方法

若吸尘器接通电源后，涡轮式抽气机不能正常运行，在排除电源线及电源开关的故障后，则应对抽气机的启动电容进行检测。

启动电容是在吸尘器中使控制涡轮式抽气机进行工作的重要器件，若其发生损坏会导致发生吸尘器电动机不转的故障。可以使用万用表检测其充放电的过程，若其没有充放电的过程，则怀疑其可能损坏。启动电容的检修方法如图 22-6 所示。

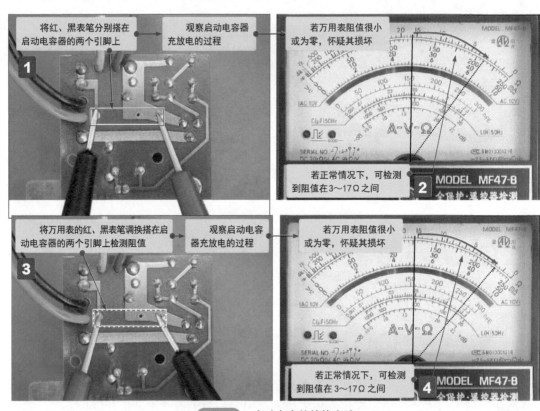

图 22-6　启动电容的检修方法

22.2.3　吸力调整电位器的检测方法

吸力调整电位器主要是用于调整涡轮式抽气机风力大小。若吸力调整电位器发生损坏，可能会导致吸尘器控制失常。当吸尘器出现该类故障时，应先对吸力调整电位器进行检修，一般可以使用万用表电阻挡检测吸力调整电位器位于不同挡位时电阻值的变化情况，来判断好坏。吸力调整旋钮的检修方法如图 22-7 所示。

吸尘器吸力
调整电位器
的检测

22.2.4　涡轮式抽气机的维修方法

涡轮式抽气机是吸尘器中实现吸尘功能的关键器件，若通电后吸尘器出现吸尘能力减弱、无法吸尘或开机不动作等故障时，在排除电源线、电源开关、启动电容以及吸力调整旋钮的故障外，还需要重点对涡轮式抽气机的性能进行检修。

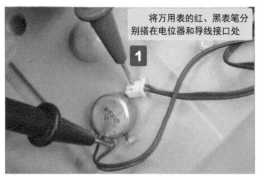

将万用表的红、黑表笔分别搭在电位器和导线接口处

1

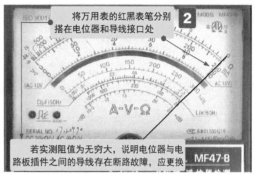

将万用表的红黑表笔分别搭在电位器和导线接口处

2

若实测阻值为无穷大，说明电位器与电路板插件之间的导线存在断路故障，应更换

MF47-B

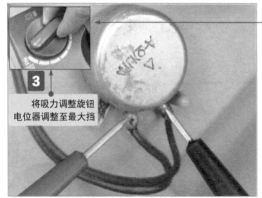

最大挡位时，电位器的电阻值趋于零，使涡轮抽气驱动电动机供电电压最高，转速最快，吸尘器的吸力最强

3

将吸力调整旋钮电位器调整至最大挡

4

正常情况下，万用表阻值应为零

正常情况下，万用表测得阻值应为40Ω

8

正常情况下，万用表阻值应该为20Ω左右

6

将吸力调整旋钮电位器调整至最小挡

7

将吸力调整旋钮电位器调整至中挡

5

图 22-7　吸力调整旋钮的检修方法

若怀疑涡轮式抽气机出现故障时，应当先对其内部的减振橡胶块和减振橡胶帽进行检查，确定其正常后，再使用万用表对驱动电机绕组进行检测。图 22-8 为驱动电机及定子、转子绕组、电刷的连接关系。

涡轮式抽气机的检修方法如图 22-9 所示。

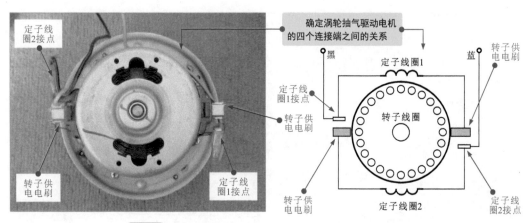

图 22-8　驱动电机及定子、转子绕组、电刷的连接关系

吸尘器涡轮式抽气机的检测方法

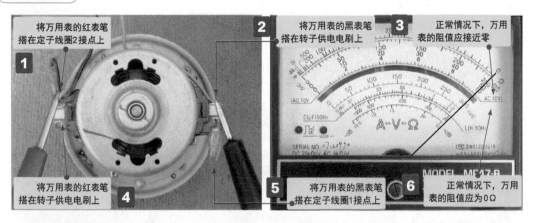

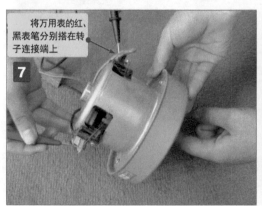

图 22-9　涡轮式抽气机的检修方法

22.3
吸尘器常见故障检修

22.3.1 吸尘器开机正常但不能工作的故障检修实例

故障表现：

将吸尘器打开后可听到有"嗡嗡"的声音，但吸尘器不能正常进行吸尘工作。

故障分析：

因为在开机时可听到"嗡嗡"声，表明吸尘器的电路是接通的，涡轮式抽气机有电流通过，而涡轮式抽气机不转动，就表明故障是由启动电容器电机有故障。

在吸尘器中找到控制电路板，在控制电路板中找到启动电容器的位置，在电路板的背面找到启动电容器的两端引脚，如图 22-10 所示。

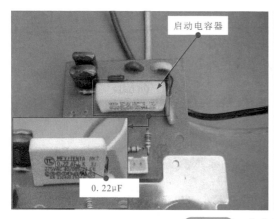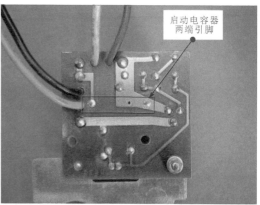

图 22-10 启动电容器及两端引脚

使用万用表检测启动电容器的阻值，将万用表调整至 $R \times 10k$ 挡，再将两表笔分别搭在启动电容器的两端引脚。正常情况下，应可以看到万用表上有一个充放电的过程，若电容器的阻值几乎为零，怀疑其可能损坏。

将红、黑表笔调换，对其进行进一步的检测。经检测该电容器的电阻值很小，几乎为零。检测结果表明该启动电容器已经损坏，更换同型号启动电容器，故障排除。

22.3.2 吸尘器吸尘能力减弱并有噪音

故障表现：

将吸尘器打开使其处于工作状态时，吸尘能力减弱只能清洁较轻的灰尘，无法将纸屑等清除，还伴随着较大的噪声。

故障分析：

当吸尘器出现上述故障现象时，怀疑可能是涡轮式抽气机出现故障。

当将吸尘器的涡轮式抽气机拆卸后，首先检查涡轮式抽气机减振橡胶帽是否有老化现象，如图 22-11 所示。若出现老化现象，将其更换即可。

检查涡轮式抽气机减震
橡胶帽是否出现老化

图 22-11　检查涡轮式抽气机减振橡胶帽

　　经检查后可以确定减振橡胶帽正常，再查看减振橡胶块是否出现老化或裂开等现象，如图 22-12 所示，检查时，要注意减振橡胶块的两边都需要查看。如果减振橡胶块出现老化现象将其更换即可，若减振橡胶块有裂痕，使用固定胶将裂痕部分重新粘牢。

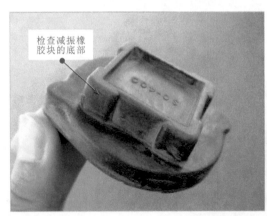

检查减振橡
胶块的底部

检查减振橡
胶块的上部

图 22-12　检查减振橡胶块

　　经检查减振橡胶块正常，应当再将涡轮式抽气装置拆卸，即可看到涡轮式抽气驱动电机的四个连接端。

　　如图 22-13 所示，应当检查涡轮式抽气驱动电机定子连接端是否与线圈连接线断开。若定子线圈断开，将断开连接端的定子线圈重新绕制，重新连接。

　　若连接无误，继续对涡轮式抽气驱动电机的绕组阻值进行检测。

　　经查，涡轮式抽气驱动电机良好。继续按图 22-14 所示。转动涡轮叶片以检查涡轮叶片是否与涡轮式抽气驱动电机固定良好。

　　经检测发现涡轮叶片与涡轮式抽气驱动电机没有固定良好，造成电机组件振动过大，导致吸尘器无法正常进行吸尘工作，重新安装固定，故障排除。

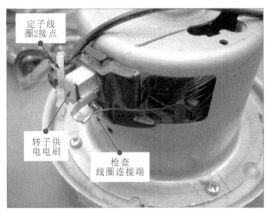
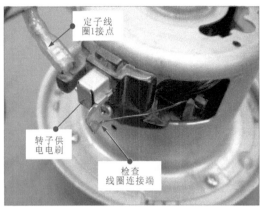

图 22-13   检查定子线圈连接端

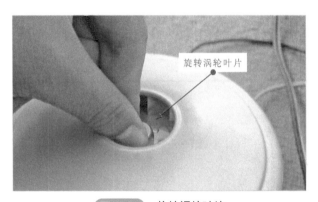

图 22-14   旋转涡轮叶片

第 23 章

电风扇维修

23.1 电风扇的结构原理

23.1.1 电风扇的结构特点

通常，电风扇主要由螺旋风叶机构、电动机及摇头机构、遥控电路及支撑机构等构成。

（1）风叶机构

风叶机构主要由前后两个网罩、网罩箍和风叶构成，如图23-1所示。

图 23-1　风叶机构

（2）电动机及摇头机构

电动机被电动机罩和电动机挡板包裹着，用于驱动风扇转动，因此也称为风扇电动机；而摇头机构位于电动机的后面，用于驱动电风扇摇头摆动，如图23-2所示。

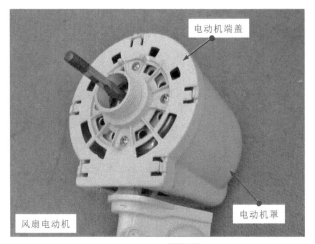

图23-2 电动机及摇头机构

23.1.2 电风扇的工作原理

如图23-3所示，电风扇在工作过程中，风扇电动机高速旋转，并带动风叶一起高速旋转，风叶的叶片是带有一定角度的，旋转时会对空气产生推力，使空气流动，从而促使空气加速流通。

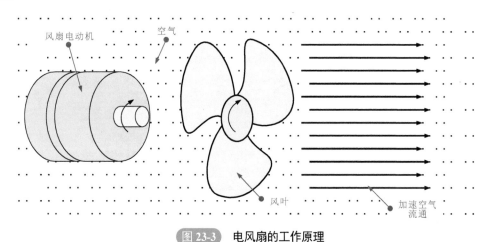

图23-3 电风扇的工作原理

图23-4为典型（长城KYT11-30）电风扇的电路原理图。它是由交流供电电路、电动机和控制电路构成的。

交流220V电源输入后，火线端（L）经由电源开关S1、熔断器和降压电路R1、C1后，由VD1进行整流，再由C2滤波、VD2稳压、C3滤波输出+3V电压，为主控芯片供电，交流输入零线（N）端接地。

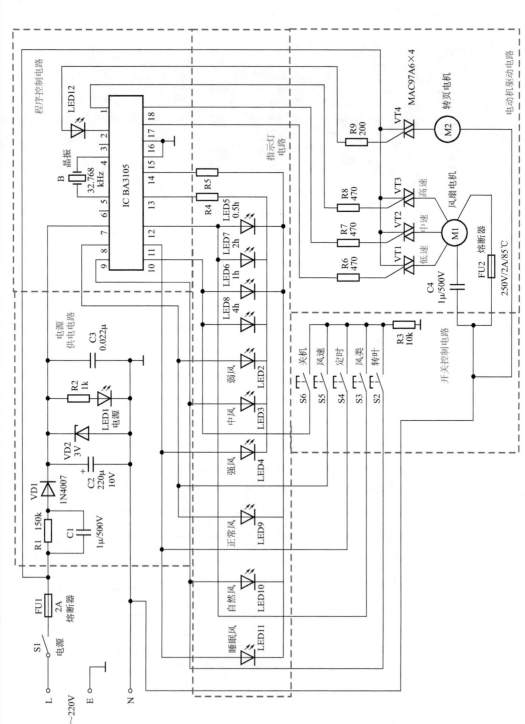

图 23-4　长城 KYT11-30 转页扇的电路结构和工作原理图

IC BA3105 是主控芯片，⑦脚为电源供电端，④、⑤脚外接晶体形成 32.768 kHz 的晶振信号，作为芯片的时钟信号。

IC 芯片的⑧～⑫脚外接操作按键电路和功能显示发光二极管，S2～S6 为人工操作键，按某一键时，按键引脚经 10kΩ 电阻器接地，这些键分别表示相应的操作功能，当按动某一键时，芯片相应引脚变为低电平，在芯片内经引脚功能的识别后，会使相应的引脚输出控制信号。

例如操作开机键后，IC1 的⑰、⑱、①脚，其中会有一脚输出触发脉冲，使被控制的晶闸管导通风扇电动机得电旋转。风扇电动机和转页电动机都是由交流 220V 供电。交流电源的火线经过晶闸管 VT1～VT4 给风扇电动机和转页电动机供电。交流输入零线端（N）经熔断器 FU2 加到运行绕组上，同时经启动电容器 C4 加到电动机的启动绕组上。VT1、VT2、VT3 三个晶闸管相当于三个速度控制开关。VT1 导通时低速绕组供电，VT2 导通时中速绕组供电，VT3 导通时则为高速绕组供电，以此可以控制电动机转速。

VT4 接在转页电动机的供电电路中，如果 IC 芯片②脚输出触发信号使 VT4 导通，则转页电动机旋转。

发光二极管显示电路（LED）受控制芯片的控制，例如操作风速按键使风扇处于强风（高速）状态时，操作后 IC⑪脚保持高电平，⑬脚为低电平，则强风指示灯点亮。

23.2

电风扇的维修方法

电风扇一般都是由于使用时间较长，并且使用时不注意对电风扇进行清洁，以及在使用时不及时对电风扇的轴承进行润滑，导致电风扇的部件磨损等。

在电风扇故障检修中，启动电容器及风扇电动机、调速开关、摇头电机等都是检修的重点。

23.2.1　电风扇启动电容器的检修方法

电风扇的启动电容器损坏将会引起电风扇的风扇电动机无法正常工作，还有可能导致电风扇的整机不工作故障。

在检查是否为启动电容器或风扇电动机出现故障时，先对电风扇进行通电测试，如果可以听到风扇电动机有"嗡嗡"的声音，表明电风扇的启动电容器没有问题；如果无法听到电动机有"嗡嗡"的声音，很可能是电风扇的启动电容器损坏。

将启动电容器与风扇电动机的导线断开后，在使用电阻器对启动电容器进行放电操作，如图 23-5 所示。

对启动电容器放电完成后，可通过万用表检测启动电容器的电容量。如图 23-6 所示，将万用表调整在电容测量挡，红、黑表笔分别搭在启动电容器的两引脚端。观察测量结果，实测电容量为 1.2μF，与标称值相似，说明正常，若实测结果与标称值严重不符，则说明待测启动电容器损坏，需要更换。

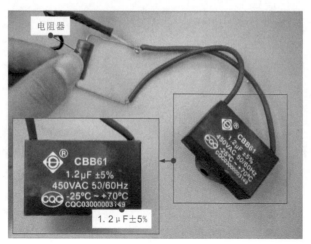

图 23-5　对启动电容器放电

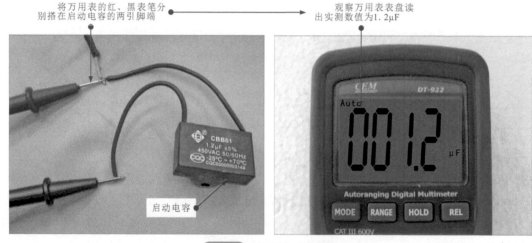

图 23-6　检测启动电容器

23.2.2　电风扇电动机的检修方法

风扇电动机是电风扇的动力源，与扇叶相连，带动扇叶转动。若风扇电动机出现故障，将导致电风扇开启无反应等故障。

风扇电动机有无异常，可借助万用表检测各绕组之间的阻值来判断，如图 23-7 所示。

将万用表的挡位旋钮调整至"欧姆挡"，将红、黑表笔分别搭在电动机的两根线缆上（灰和白），实际测得与启动电容连接的两个引出线之间的阻值为 1.205kΩ。

结合风扇电动机内部的接线关系（图 23-8），可以看到，与启动电容连接的两根引出线即为风扇电动机启动绕组和运行绕组串联后的总阻值。

采用相同的方法，测量橙 - 白、橙 - 灰引出线之间的阻值分别为 698Ω 和 507Ω，即启动绕组阻值为 698Ω，运行绕组阻值为 507Ω。

风扇电动机的检测

风扇电动机

图 23-7　风扇电动机的检测方法

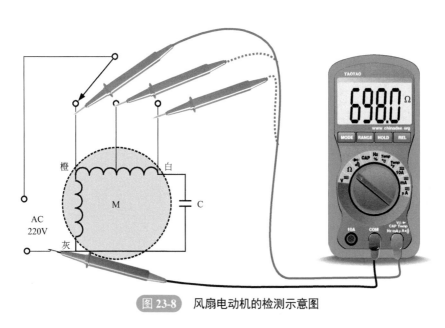

图 23-8　风扇电动机的检测示意图

满足 698Ω+507Ω=1205Ω 的关系，则说明风扇电动机绕组正常，可进一步排查风扇电动机的机械部分。

23.2.3　电风扇摇头电动机的检修方法

摇头电动机如果出现故障主要导致电风扇无法进行摇头工作，如图 23-9 所示，为摇头电动机连线示意图。从图中可以看出，摇头电动机由两条黑色导线连接，其中一条黑色导线连接调速开关，另一条连接摇头开关。

使用万用表检测摇头电动机时，将万用表调整至 $R \times 1k$ 挡，用万用表的两支表笔分别检测摇头电动机两导线端，如图 23-10 所示，如果检测时，万用表指针指向无穷大或指向零均表示摇头电动机已经损坏；如果检测时，所测得的结果在几千欧姆，表明摇头电动机正常。

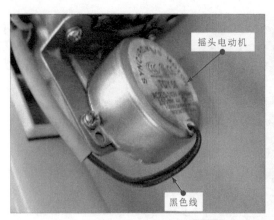
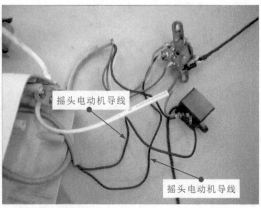

图 23-9　摇头电动机连线示意图

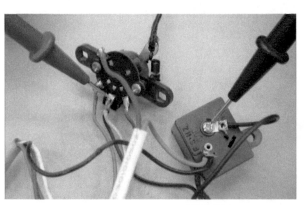

图 23-10　检测摇头电动机

　　检测后，再旋转摇头电动机的轴承，以检查摇头电动机的轴承是否有磨损或松动等现象，并且如果摇头电动机正常，而仍旧无法工作，需要将摇头电动机拆解，查看摇头电动机内的减速齿轮组是否损坏。

23.3
电风扇常见故障检修

23.3.1　落地式电风扇不工作的故障检修实例

　　故障表现：

　　飞鱼 FLYFISH 落地式电风扇通电启动后，电风扇不转，并发出"嗡嗡"的声音。

　　故障分析：

　　由于能够听到电风扇发出的"嗡嗡"声，表明电风扇的启动电容器没有问题，怀疑电动机出现了故障，此时需对电动机进行检修。如图 23-11 所示，该电风扇的风扇电动机绕组有 3

个线路输出端，其中一条引线为接地端，另外两条分别为线圈引线端。

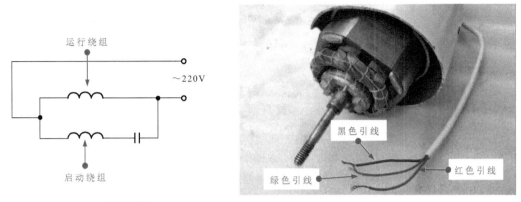

图 23-11　飞鱼 FLYFISH 落地式电风扇电路原理图及实物外形

　　将万用表的量程调整至"$R \times 100$"挡，分别对电动机各绕组之间的阻值进行检测，正常情况下，黑 - 红之间的阻值与黑 - 绿之间的阻值之和应等于红 - 绿之间的阻值。

　　如图 23-12 所示，经检测黑 - 绿之间的阻值为无穷大，因此，可判断该电动机的绿色导线绕组出现断路故障，更换电动机，故障排除。

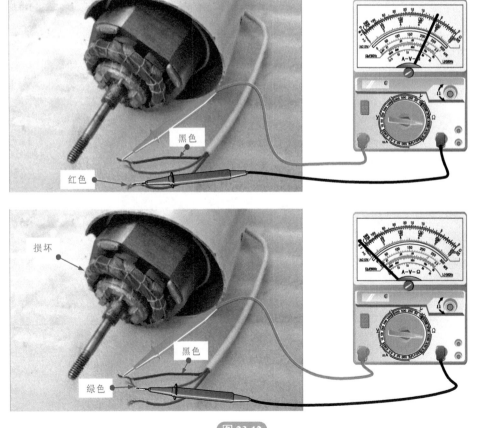

图 23-12

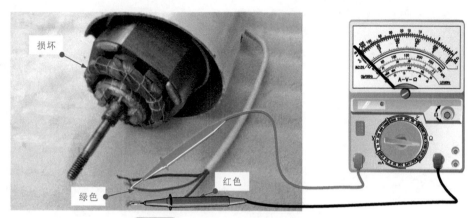

图 23-12　检测电动机各绕组之间的阻值

23.3.2　多挡位电风扇不能设定 3 挡风速的故障检修实例

故障表现：

多挡位电风扇通电启动后，正常工作，但 3 挡风速选择按钮时，电风扇停止运转。

故障分析：

多挡位电风扇启动正常，可运转，说明基本的供电和电动机部分均正常；只有在 3 挡位置停转，怀疑风速选择按钮的 3 挡风速按钮可能出现故障。

如图 23-13 所示，打开电风扇控制器的后盖后，使用合适的螺丝刀将风速选择按钮组件的两个固定螺钉拧下，拧下固定螺钉后，取出风速选择按钮组件。

图 23-13　取出风速选择按钮组件

观察风速选择按钮组件上的触点，经检查发现 3 挡风速按钮上的触点脱落，无法与触片接触，从而导致无法实现电风扇 3 挡风速运转，如图 23-14 所示。

选择合适的触点重新安装上后，启动电风扇，故障排除。

损坏

触点脱落

图 23-14　观察风速选择按钮组件上的触点

第 24 章

电吹风机维修

24.1

电吹风机的结构原理

24.1.1　电吹风机的结构特点

　　电吹风机是一种常见的电热产品。图 24-1 为典型电吹风机的外部结构，可以看到，电吹风机的外部是由外壳、出风口、手柄、调节开关和电源线等部分构成的。

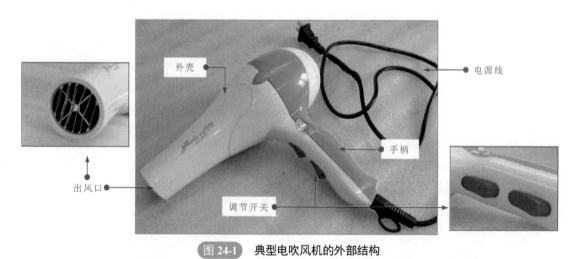

图 24-1　典型电吹风机的外部结构

　　图 24-2 为电吹风机的内部结构。其内部主要由电动机及风扇部分、调节开关、整流二极管、双金属片温度控制器、加热丝等电子元器件和电气部件构成。

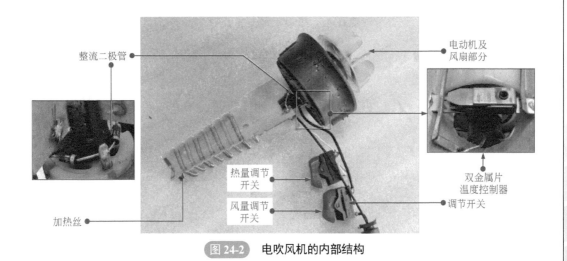

整流二极管

电动机及风扇部分

加热丝

热量调节开关

风量调节开关

双金属片温度控制器

调节开关

图 24-2 电吹风机的内部结构

24.1.2 电吹风机的工作原理

图 24-3 为典型具有热量控制功能电吹风机的工作原理。当电吹风机温度达到限制温度时，双金属片温度控制器的两个触点分离，电路为断路状态，电吹风机停止加热；当温度下降到一定数值后，双金属片温度控制器的金属弹片重新成为导通状态，又可以继续加热。

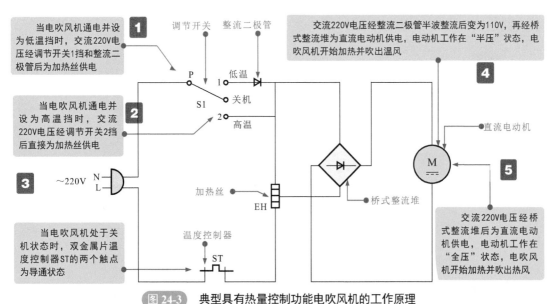

1 当电吹风机通电并设为低温挡时，交流220V电压经调节开关1挡和整流二极管后为加热丝供电

2 当电吹风机通电并设为高温挡时，交流220V电压经调节开关2挡后直接为加热丝供电

3 当电吹风机处于关机状态时，双金属片温度控制器ST的两个触点为导通状态

4 交流220V电压经整流二极管半波整流后变为110V，再经桥式整流堆为直流电动机供电，电动机工作在"半压"状态，电吹风机开始加热并吹出温风

5 交流220V电压经桥式整流堆后为直流电动机供电，电动机工作在"全压"状态，电吹风机开始加热并吹出热风

调节开关　整流二极管

P　　　1　低温
S1　　　关机
　　　2　高温

~220V　N
　　　L

加热丝　EH

桥式整流堆

直流电动机　M

温度控制器　ST

图 24-3 典型具有热量控制功能电吹风机的工作原理

图 24-4 为典型具有热量和风量双控制功能电吹风机的工作原理。可以看到，该电吹风机主要是由风量调节开关 S1、热量调节开关 S2、加热丝 EH1 和 EH2、双金属片温度控制器 ST、桥式整流堆和直流电动机组成的。

典型具有热量和风量双控制功能电吹风机的工作原理

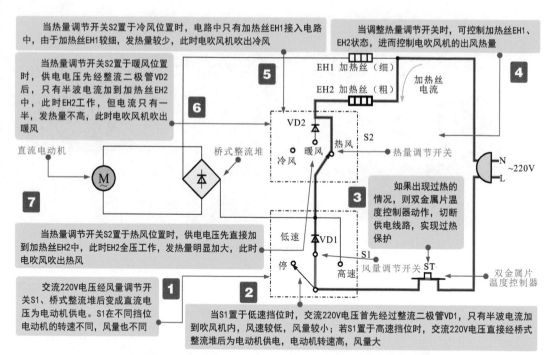

当热量调节开关S2置于冷风位置时，电路中只有加热丝EH1接入电路中，由于加热丝EH1较细，发热量较少，此时电吹风机吹出冷风

当调整热量调节开关时，可控制加热丝EH1、EH2状态，进而控制电吹风机的出风热量

当热量调节开关S2置于暖风位置时，供电电压先经整流二极管VD2后，只有半波电流加到加热丝EH2中，此时EH2工作，但电流只有一半，发热量不高，此时电吹风机吹出暖风

EH1 加热丝（细）
EH2 加热丝（粗）
加热丝电流

直流电动机 桥式整流堆

VD2
暖风 热风 S2
冷风 热量调节开关
N ~220V L

如果出现过热的情况，则双金属片温度控制器动作，切断供电线路，实现过热保护

当热量调节开关S2置于热风位置时，供电电压先直接加到加热丝EH2中，此时EH2全压工作，发热量明显加大，此时电吹风吹出热风

低速 VD1
停 S1
高速 风量调节开关 ST
双金属片温度控制器

交流220V电压经风量调节开关S1、桥式整流堆后变成直流电压为电动机供电。S1在不同挡位电动机的转速不同，风量也不同

当S1置于低速挡位时，交流220V电压首先经过整流二极管VD1，只有半波电流加到吹风机内，风速较低，风量较小；若S1置于高速挡位时，交流220V电压直接经桥式整流堆后为电动机供电，电动机转速高，风量大

图 24-4 典型具有热量和风量双控制功能电吹风机的工作原理

24.2

电吹风机的维修方法

24.2.1 电吹风机电动机的维修方法

电动机是电吹风机中的动力部件，若该部件异常，将直接引起电吹风机不启动、不工作的故障。

怀疑电动机异常，一般可借助万用表对电动机绕组的阻值进行检测，通过测量结果判断电动机是否正常，如图 24-5 所示。

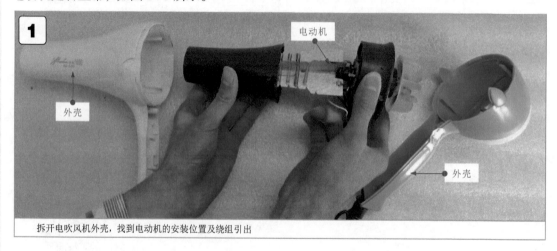

1

电动机

外壳

外壳

拆开电吹风机外壳，找到电动机的安装位置及绕组引出

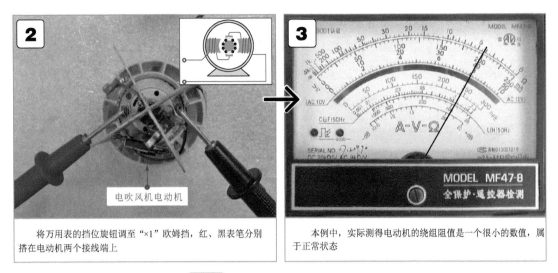

将万用表的挡位旋钮调至"×1"欧姆挡,红、黑表笔分别搭在电动机两个接线端上

本例中,实际测得电动机的绕组阻值是一个很小的数值,属于正常状态

图 24-5 电吹风机电动机的检测方法

在正常情况下,电吹风机电动机绕组有一定的阻值。若测量结果为无穷大,则说明电动机内部绕组断路,应进行更换。

 提示

在电吹风机中,电动机的绕组两端直接连接桥式整流堆的直流输出端。在使用万用表检测前,应先将电动机与桥式整流堆相连的引脚焊开后再检测,否则,所测结果应为桥式整流堆中输出端引脚与电动机绕组并联后的阻值。

24.2.2 电吹风机调节开关的维修方法

当电吹风机中的调节开关损坏时,接通电源后,电吹风机可能会出现不能工作或调节挡位失灵、调节控制失常的故障。

怀疑调节开关异常时,一般可借助万用表检测其在不同挡位状态或不同闭合状态下的通、断情况判断好坏,如图 24-6 所示。

 提示

在正常情况下,调节开关置于 0 挡位时,公共端(P 端)与另外两个引线端的阻值应为无穷大;当调节开关置于 1 挡位时,公共端与黑色引线端(A-1 触点)间的阻值应为零;当调节开关置于 2 挡位时,公共端与红色引线端(A-2 触点)间的阻值为零。若测量结果偏差较大,则表明调节开关已损坏,应进行更换。

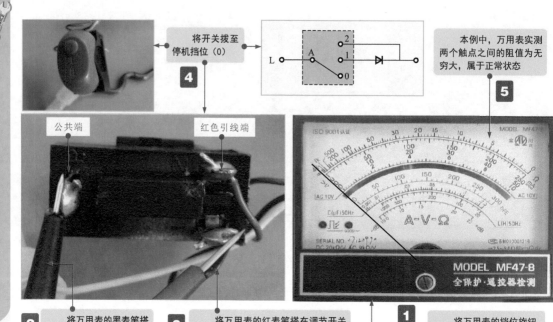

将开关拨至停机挡位（0）

4

本例中，万用表实测两个触点之间的阻值为无穷大，属于正常状态

5

公共端

红色引线端

2 将万用表的黑表笔搭在调节开关的公共端

3 将万用表的红表笔搭在调节开关的黑色引线端（触点1外接引线）

1 将万用表的挡位旋钮调至"×1"欧姆挡

图 24-6　电吹风机调节开关的检测方法

24.2.3　电吹风机双金属片温度控制器的维修方法

双金属片温度控制器是用来控制电吹风机内部温度的重要部件，当出现故障时，可能会导致电吹风机的电动机无法运转或电吹风机温度过高时不能进入保护状态。

怀疑双金属片温度控制器异常时，可根据双金属片温度控制器的控制关系，使用万用表检测常温和高温两种状态下双金属片温度控制器触点的通、断状态，如图 24-7 所示。

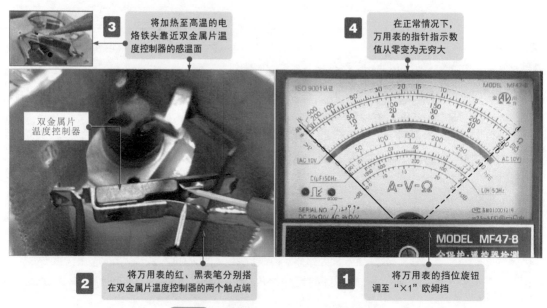

3 将加热至高温的电烙铁头靠近双金属片温度控制器的感温面

4 在正常情况下，万用表的指针指示数值从零变为无穷大

双金属片温度控制器

2 将万用表的红、黑表笔分别搭在双金属片温度控制器的两个触点端

1 将万用表的挡位旋钮调至"×1"欧姆挡

图 24-7　双金属片温度控制器的检测方法

常温时，实测的阻值为0Ω，使用电烙铁加热，直至双金属片触电自动断开，实测阻值变为无穷大。

24.2.4 电吹风机整流二极管的维修方法

在电吹风机中，通常由四只整流二极管构成的桥式整流电路将交流电压转换为直流电压后为电动机供电。若整流二极管损坏，则电动机将无法获得电压，导致电吹风机通电不工作的故障。

怀疑整流二极管异常，可检测整流二极管正、反向阻值，操作如图24-8所示。

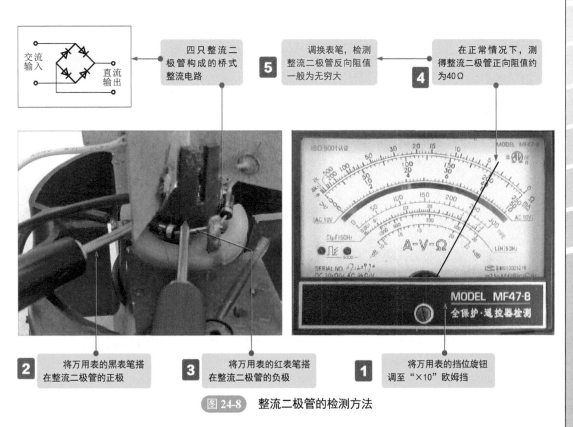

图 24-8 整流二极管的检测方法

若使用指针万用表检测整流二极管时，表针一直不断摆动，不能停止在某一数值上，则多为该整流二极管的热稳定性不好。

 提示说明

判断电吹风机中整流二极管的好坏时，还可以使用数字万用表的二极管挡检测整流二极管的导通电压。

具体检测操作时，将数字万用表的红表笔搭在整流二极管的正极，黑表笔搭在整流二极管的负极，测量结果即为整流二极管的正向导通电压，在正常情况下应有一定的数值（0.2～0.7）；调换表笔测量反向导通电压，正常应无导通电压（数字万用表显示"0L"）。

24.3

电吹风机常见故障检修

24.3.1 电吹风机不能加热的故障检修实例

故障表现：

德明 RCM-2 电吹风机通电后，按动出风温度选择开关无反应，无法加热。

故障分析：

图 24-9 为德明 RCM-2 电吹风机的电路原理图。电吹风机出现不能加热的故障时，根据电路控制关系，应重点对选择开关、桥式整流堆等部分进行检测。

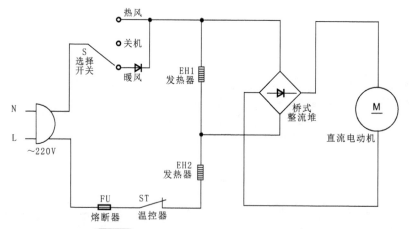

图 24-9　德明 RCM-2 电吹风机电路原理图

首先使用万用表检测选择开关 S 端处于各个挡位的阻值，如图 24-10 所示。

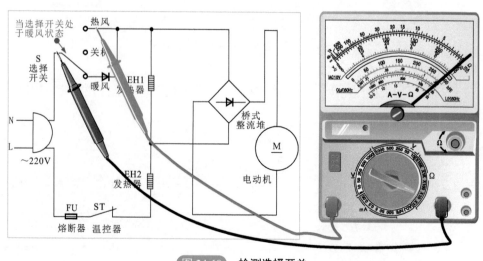

图 24-10　检测选择开关

第②篇／家电维修实战

当选择开关处于关机状态时，检测所有端的阻值应为无穷大；当选择开关位于暖风端时，热风端的阻值为无穷大，而暖风端的阻值为零；当选择开关位于热风端时，其热风端和公共端的阻值均为零。

经检测发现选择开关正常，应当检测电吹风机中最容易损坏的桥式整流堆。将万用表量程调整至"$R \times 1k$"挡，红、黑表笔分别搭在整流堆的两个直流输出端上，如图 24-11 所示。

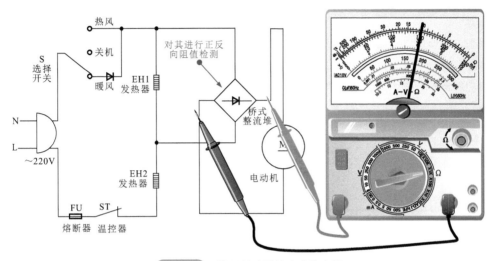

图 24-11　检测整流堆的直流输出端

经检测其直流输出端的正反向阻值均为零，与正常情况下直流输出端的正向阻值为 12kΩ 和反向阻值应当为无穷大的阻值不同，应当继续检测交流输入端的正反向阻值。

将万用表量程调整至"$R \times 1k$"挡，红、黑表笔分别搭在整流堆的两个交流输入端上，如图 24-12 所示。

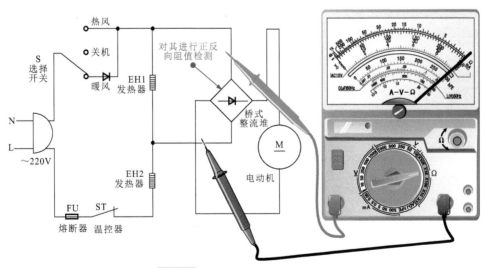

图 24-12　检测整流堆的交流输入端

经检测该交流输入端的正反向阻值均为 10kΩ，与正常情况下其交流输入端的阻值为无穷大不符，可以确定为该整流堆出现故障，应选择型号相同的整流堆对其进行更换，开机测试，故障排除。

24.3.2　电吹风机接通电源后不能正常开机

故障表现：

东立电吹风机接通电源后，按下启动开关无反应，无法开机启动。

故障分析：

图 24-13 为东立电吹风机的电路原理图。该机利用一个发热器降压后再由桥式整流电路进行整流，整流后形成低压直流再给吹风电动机供电。发热器 EH2 的供电受双向晶闸管 VT 的控制。双向晶闸管由双向二极管触发，在触发电路中设有功率调整电位器 RT，用以调整 VT 的触发角。

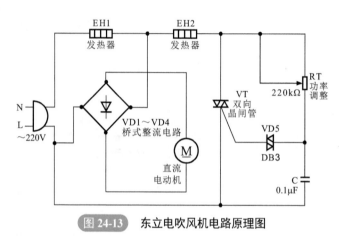

图 24-13　东立电吹风机电路原理图

根据图纸可以看到该电吹风机的发热器是由双向晶闸管来控制。当其不能正常运转时，应重点检测双向晶闸管。

电吹风机电路中双向晶闸管的检测方法如图 24-14 所示。

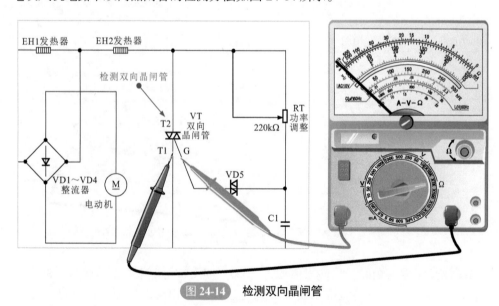

图 24-14　检测双向晶闸管

当双向晶闸管正常的状态下，检测数值如表 24-1 所列。

表 24-1　双向晶闸管的检测数值

方向	黑表笔	红表笔	阻值 /Ω
正向	G	T1	1k
反向	T1	G	1k
正向	T2	T1	∞
反向	T1	T2	∞
正向	G	T2	∞

经检测发现该晶闸管的所有阻值均为无穷大，可以确定其损坏，应当选择同型号的对其进行更换，在对其进行通电测试，故障排除。

第 25 章

智能手机维修

25.1

智能手机的结构原理

25.1.1　智能手机的结构特点

图 25-1 为智能手机的分解示意图。

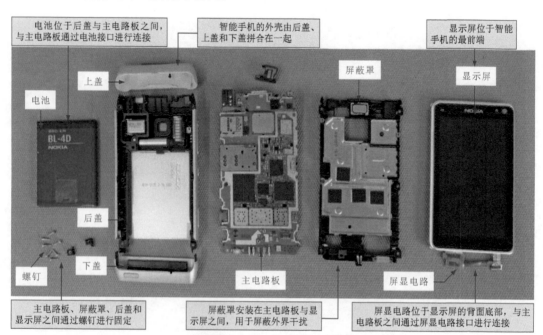

电池位于后盖与主电路板之间，与主电路板通过电池接口进行连接

智能手机的外壳由后盖、上盖和下盖拼合在一起

显示屏位于智能手机的最前端

上盖

电池

屏蔽罩

显示屏

后盖

螺钉

下盖

主电路板

屏显电路

主电路板、屏蔽罩、后盖和显示屏之间通过螺钉进行固定

屏蔽罩安装在主电路板与显示屏之间，用于屏蔽外界干扰

屏显电路位于显示屏的背面底部，与主电路板之间通过屏显电路接口进行连接

图 25-1　智能手机的分解示意图

智能手机的主电路板是智能手机中非常重要的部件，手机信号的输入、处理、手机信号的发送以及整机的供电，控制等工作都需要主电路板工作来完成。

为了便于理解，通常会根据智能手机信号处理的功能特点对智能手机的电路进行划分。将整个电路划分成不同的电路单元，即射频电路、语音电路、微处理器及数据信号处理电路、电源及充电电路、操作及屏显电路、接口电路和其他功能电路，如图25-2所示。

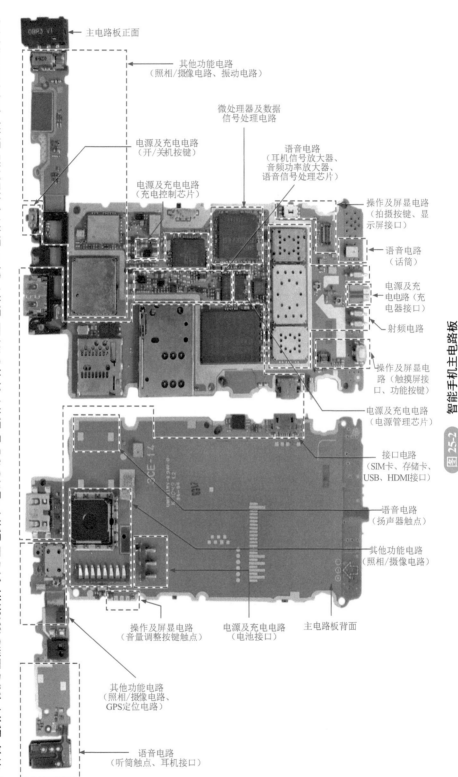

主电路板正面

其他功能电路
（照相/摄像电路、振动电路）

微处理器及数据
信号处理电路

电源及充电电路
（开/关机按键）

语音电路
（耳机信号放大器、
音频功率放大器、
语音信号处理芯片）

电源及充电电路
（充电控制芯片）

操作及屏显电路
（拍摄按键、显
示屏接口）

语音电路
（话筒）

电源及充
电电路（充
电器接口）

射频电路

操作及屏显电
路（触摸屏接
口、功能按键）

电源及充电电路
（电源管理芯片）

接口电路
（SIM卡、存储卡、
USB、HDMI接口）

语音电路
（扬声器触点）

其他功能电路
（照相/摄像电路）

操作及屏显电路
（音量调整按键触点）

电源及充电电路
（电池接口）

主电路板背面

其他功能电路
（照相/摄像电路、
GPS定位电路）

语音电路
（听筒触点、耳机接口）

图 25-2　智能手机主电路板

25.1.2 智能手机的工作原理

图 25-3 为典型智能手机的整机控制过程。由图可知，智能手机的控制过程主要分为手机信号接收的控制过程、手机信号发送的控制过程和手机其他功能的控制过程。

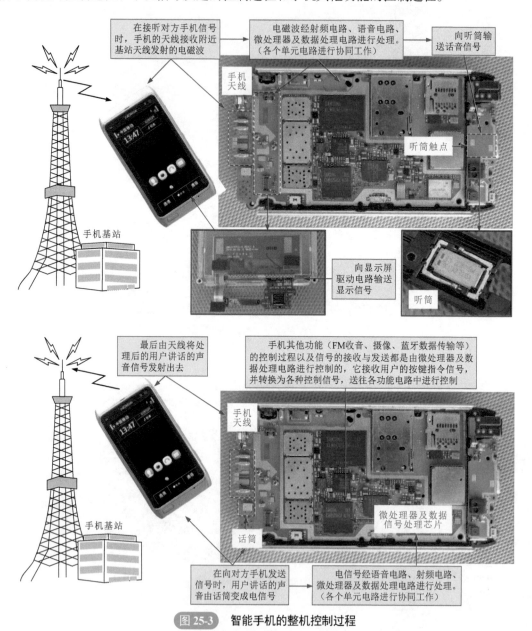

图 25-3 智能手机的整机控制过程

实现手机信号接收、发送以及其他功能的控制，都需要由电源电路为其各功能部件提供所需的直流电压，这样智能手机才能够正常的工作。

通常根据电路的功能特点，将智能手机划分成 7 个单元电路模块，即射频电路，语音电路，微处理器及数据处理电路，电源及充电电路，操作及屏显电路，接口电路，其他功能电路。单元电路之间相互配合，协同工作。图 25-4 为智能手机的信号流程。

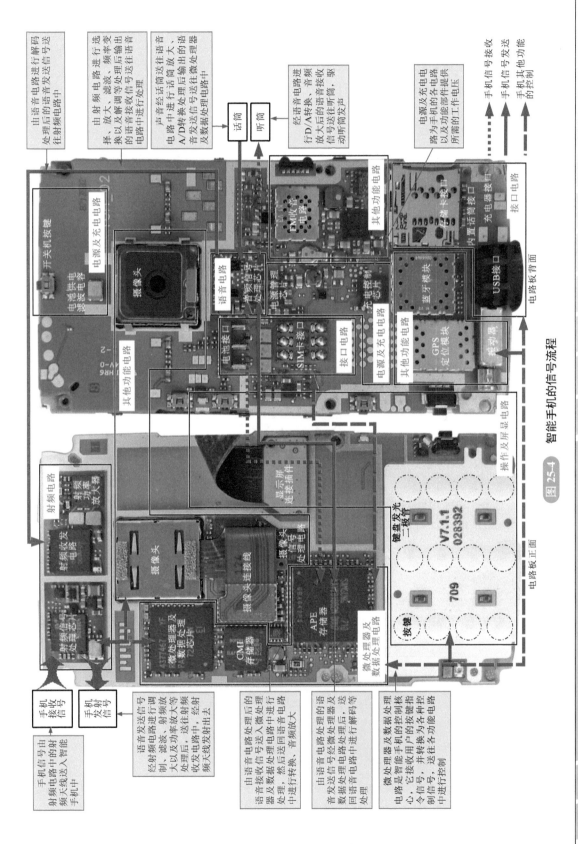

图 25-4 智能手机的信号流程

由语音电路进行解码处理后的语音信号送往射频电路中

由射频电路进行变换、放大、滤波、解调等处理接收到输出的语音电路中进行处理

声音经话筒送往语音电路中进行简放大、A/D转换后输出的语音信号送往数据处理器中及数据处理处理

经语音电路进行D/A转换后放大后的语音信号送往听筒,驱动听筒发声

电源及充电电路为手机的各电路以及功能部件提供所需的工作电压

→ 手机信号接收

---→ 手机信号发送

----→ 手机其他功能的控制

话筒

听筒

FM收音电路

其他功能电路

充电器接口

接口电路

开关机按键

电源及充电电路

电池供电滤波电容

摄像头

语音电路

音频信号处理芯片

电源管理芯片

充电控制芯片

蓝牙模块

内置话筒接口

USB接口

电路板背面

其他功能电路

电池卡接口

SIM卡接口

接口电路

电源及充电电路

其他功能电路

GPS定位模块

振动器

显示屏连接插件

操作及屏显电路

射频电路

射频功率放大器

射频收发电路

摄像头

摄像头连接线

摄像头信号处理电路

键盘发光二极管

V7.1.1
028392

按键

709

CMI存储器

微处理器及数据处理芯片

APE存储器

微处理器及数据处理电路

电路板正面

手机接收信号

手机发射信号

手机接收信号由射频电路中的射频天线送入智能手机中

语音发送信号经射频电路进行调制、滤波、射频放大以及功率放大后,送往射频收发电路中,经发射天线发射出去

由射频接收数据处理微处理器及数据处理器中进行处理,然后送回语音电路中进行转换、音频放大

由语音电路发送处理后的语音发送数据处理电路进行处理,送回语音数据处理电路中进行解码处理

微处理器及数据处理电路是智能手机的控制核心,它接收用户的按键指令及键盘控制令信号,并转换为各种控制信号,送往各功能电路中进行控制

25.2 智能手机的维修方法

25.2.1 按键的维修方法

　　智能手机中的按键出现故障，会使智能手机出现按键失灵等现象。若发现按键出现异常，在排除主电路板的原因后，就需要对按键进行检测。

　　怀疑按键出现故障，可使用万用表通过对微动开关的阻值测量进行判别。按键的检测方法如图 25-5 所示。

对按键进行检查，首先检查按键的按压效果是否良好 ❶

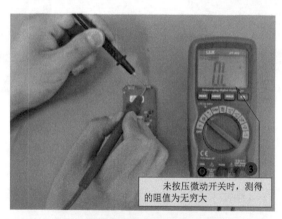

未按压微动开关时，测得的阻值为无穷大 ❸

将万用表调至"欧姆挡"，将红、黑表笔分别搭在微动开关一侧的两个引脚上 ❷

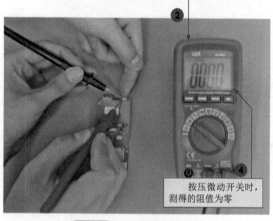

按压微动开关时，测得的阻值为零 ❹

图 25-5　按键的检测方法

若发现按键有损坏的迹象，则应根据智能手机的型号或微动开关的大小、类型对损坏部分进行更换。

25.2.2 话筒的维修方法

话筒是智能手机中重要的声音输入部件，主要用来在通话或语音识别过程中，拾取声音信号，并将其转换成电信号传送到电路板中。

话筒出现故障，会使智能手机在通话中出现声音识别异常等现象。图25-6为话筒的检测方法。

若发现话筒有损坏的迹象，应根据智能手机的型号和话筒的类型对损坏部分进行更换。

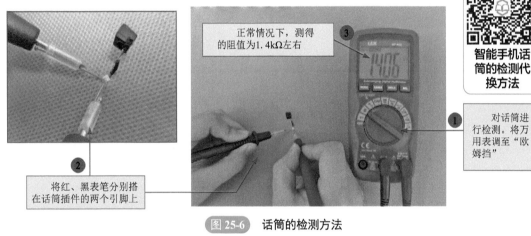

正常情况下，测得的阻值为1.4kΩ左右

智能手机话筒的检测代换方法

对话筒进行检测。将万用表调至"欧姆挡"

将红、黑表笔分别搭在话筒插件的两个引脚上

图 25-6 话筒的检测方法

25.2.3 射频电路的维修方法

射频电路是接收和发射信号的关键电路，若该电路出现故障通常会引起智能手机出现接听、拨打电话异常、无法接听或拨打电话等现象，对该电路进行检修时，应先根据射频电路的信号流程，对射频电路进行检修分析，然后依据检修分析对射频电路进行检修。

当怀疑射频电路出现故障时，可首先采用观察法检查射频电路的主要元件有无明显损坏迹象，如观察射频电路部分有无明显进水引起的元件引脚氧化等。如出现上述情况则应立即对电路板进行清洁处理，若从表面无法观测到故障部位，可按图25-7所示对射频电路进行逐级排查。

25.2.4 语音电路的维修方法

语音电路是处理音频信号的关键电路，若该电路出现故障经常会引起听筒无声音、对方听不到声音（话筒不能接收声音）、扬声器或耳麦声音异常等现象。

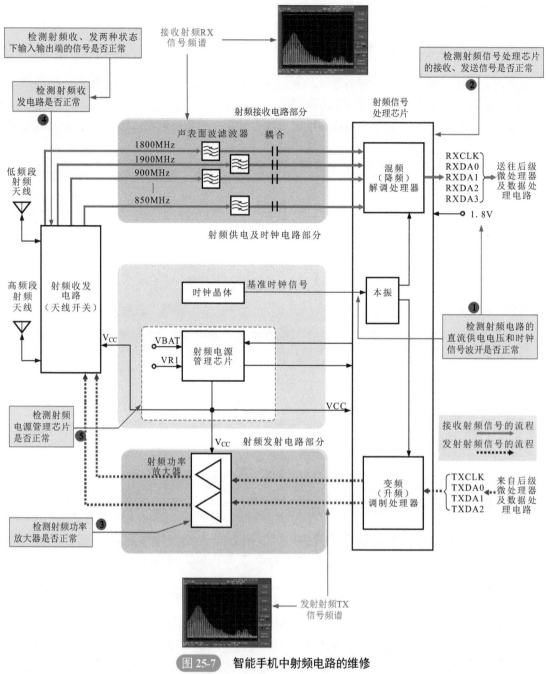

图 25-7 智能手机中射频电路的维修

当怀疑语音电路出现故障时，可首先采用观察法检查语音电路的主要元件有无明显损坏迹象，如观察话筒、听筒、扬声器引脚焊点或接口触点有无脱焊、虚焊、氧化等。如出现上述情况则应立即对虚焊、脱焊部件进行重新焊接或对电路板进行清洁处理，若从表面无法观测到故障部位，按图 25-8 所示对语音电路进行逐级排查。

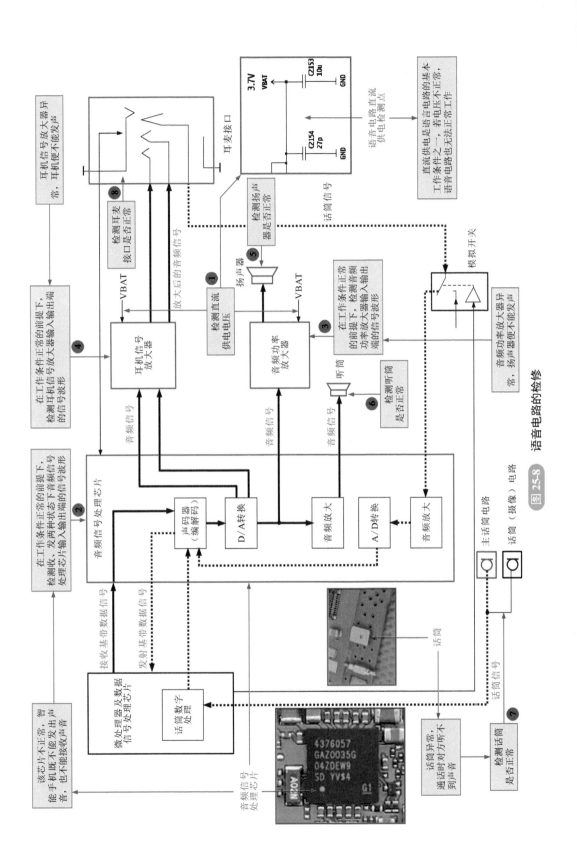

图 25-8　语音电路的检修

25.2.5 主控电路的维修方法

主控电路是实现智能化控制和数据处理的核心电路，若该电路出现故障常会引起控制功能失常、部分功能电路失常、系统紊乱、无法开机、接听或拨打电话失常等情况。

当怀疑主控电路出现故障时，可首先采用观察法检查微处理器及数据处理电路中主要元件有无明显损坏迹象，如观察电路区域范围内有无明显进水引起的元件引脚氧化等。如出现上述情况则应立即对电路板进行清洁处理，若从表面无法观测到故障部位，则需按图 25-9 所示对主控电路进行逐级排查。

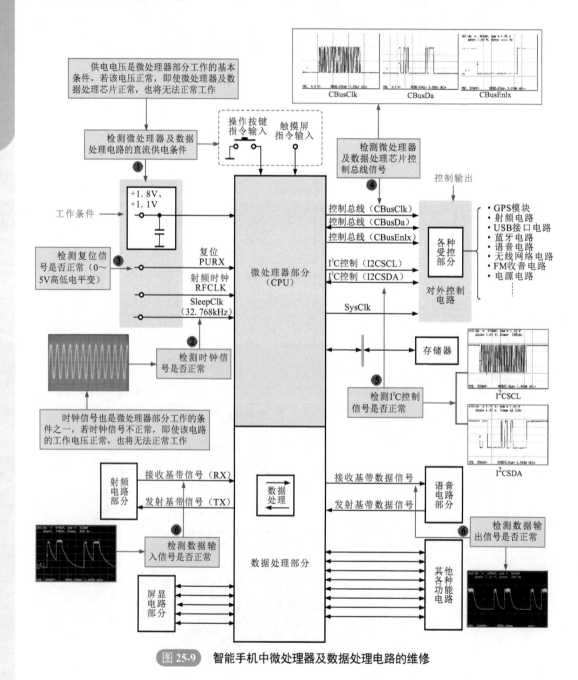

图 25-9 智能手机中微处理器及数据处理电路的维修

25.2.6　电源及充电电路的维修方法

电源及充电电路是供电、充电的能源电路，若该电路出现故障经常会引起不开机、耗电量快、充电不足等故障现象。

当怀疑电源及充电电路出现故障时，可首先采用观察法检查电源及充电电路的主要元件有无明显损坏迹象，如观察充电器接口、USB接口触点有无氧化现象，开/关机按键是否有明显损坏迹象等。如出现上述情况则应立即对氧化的接口触点进行清洁处理，或更换损坏的开/关机按键。若从表面无法观测到故障部位，按图25-10所示对智能手机的电源及充电电路进行逐级排查。

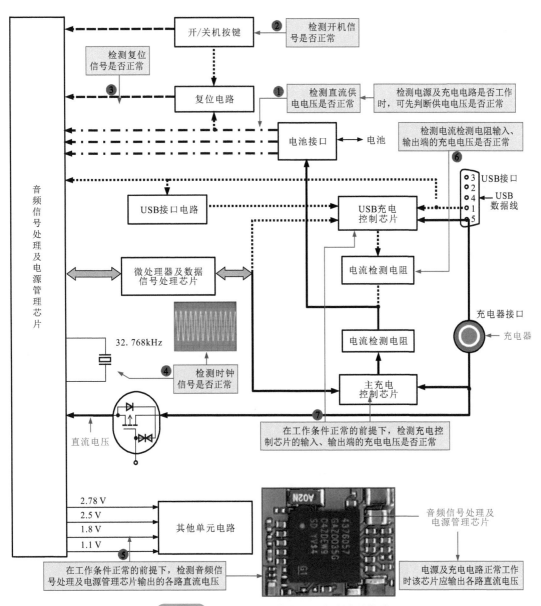

图 25-10　智能手机的电源及充电电路的维修

25.3

智能手机常见故障检修

智能手机听筒的检测代换方法

25.3.1 智能手机听筒异常的故障检修实例

故障表现：

智能手机开机后，运行正常，但无法听到声音。

故障分析：

听筒是智能手机中重要的传声部件，它与电路板相连，由音频信号处理芯片为其提供音频信号。当听筒接收到音频信号后，听筒内部的音圈产生大小方向不同的磁场，而永久磁铁外围也有一个磁场。两个磁场的相互作用使音圈做垂直于音圈中电流方向的运动，进而带动振动膜振动，发出声音。

若发现听筒声音出现异常，在排除主电路板的原因后，就需要对听筒进行检测。听筒的检测方法如图 25-11 所示。

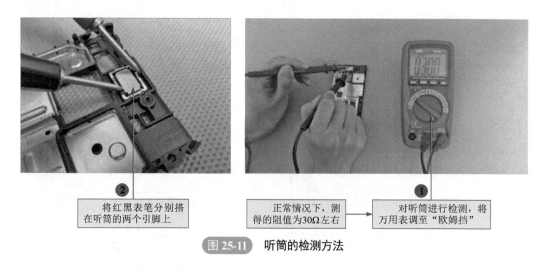

② 将红黑表笔分别搭在听筒的两个引脚上

正常情况下，测得的阻值为30Ω左右

① 对听筒进行检测，将万用表调至"欧姆挡"

图 25-11 听筒的检测方法

实测发现听筒损坏。根据智能手机的型号及听筒的类型更换后，故障排除。

25.3.2 智能手机摄像功能异常的故障检修实例

故障表现：

智能手机开机后运行正常，接听电话都正常，但拍摄异常。

故障分析：

智能手机中的摄像头模块主要是用来拾取图像信息，使智能手机能够进行拍摄或摄像。摄像头出现故障，会使智能手机在拍照或摄像模式下，出现镜头调整失灵、拍摄图像或取景图像显示异常等现象。若发现摄像头出现异常，在排除主电路板的原因后，就需要对摄像头进行检查。图 25-12 为摄像头的检查方法。

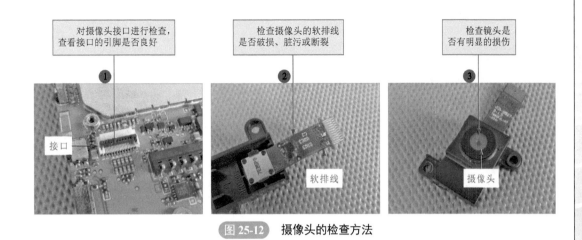

图 25-12　摄像头的检查方法

对摄像头接口进行检查，查看接口的引脚是否良好 ①

检查摄像头的软排线是否破损、脏污或断裂 ②

检查镜头是否有明显的损伤 ③

接口

软排线

摄像头

　　怀疑摄像头出现故障，就需要对摄像头的镜头、软排线等进行检查。

　　发现摄像头有损坏的迹象，根据智能手机的型号或摄像头的型号对损坏部分进行更换，故障排除。

25.3.3　智能手机显示屏故障的检修实例

　　故障表现：

　　智能手机其他功能正常，显示屏损坏。

　　故障分析：

　　显示屏组件是智能手机的主要显示部件，主要用来显示智能手机相关信息。显示屏出现故障，会使智能手机出现屏幕无显示、背光不亮、坏点、显示异常等现象。

　　显示屏组件的检修方法通常可先对显示屏组件进行检查，然后对显示屏组件进行代换。

　　若怀疑显示屏出现故障，应对显示屏组件进行拆卸，在拆卸的同时对显示屏和屏线进行细致检查。智能手机显示屏组件的检查方法如图 25-13 所示。

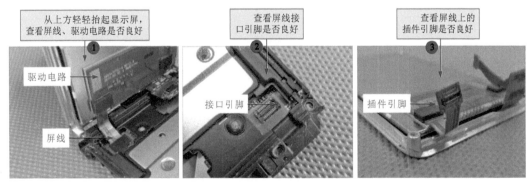

从上方轻轻抬起显示屏，查看屏线、驱动电路是否良好 ①

查看屏线接口引脚是否良好 ②

查看屏线上的插件引脚是否良好 ③

驱动电路

屏线

接口引脚

插件引脚

图 25-13　智能手机显示屏组件的检查方法

　　若发现显示屏组件有损坏的迹象，则应根据智能手机的型号或显示屏、屏线的型号对损坏部分进行更换。代换方法如图 25-14 所示。

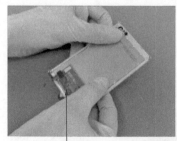

用手将显示屏屏线插件按压在主电路板接口上

①将新的显示屏组件安装到上盖中，用手压紧显示屏

③再将触摸板的插件按压在主电路板接口上

将显示屏和上盖轻轻地按压在手机正面，直到扣紧卡扣

装好手机后，开机查看显示效果，正常说明故障排除

图 25-14　智能手机显示屏组件的代换方法